国家精品课程配套教材
高等教育国家级教学成果二等奖

清华大学计算机基础教育课程系列教材

C++ 程序设计基础教程

郑莉 董渊 编著

清华大学出版社
北京

内 容 简 介

本书针对程序设计的初学者,以面向对象的程序设计思想为主线,以通俗易懂的方法介绍 C++ 语言,引导读者以最自然的方式,将人类习惯的面向对象的思维方法运用到程序设计中。主要内容包括程序设计基础知识、类与对象的基本概念、继承与多态以及输入输出流。整套教材语言生动、流畅,深入浅出。适用于各类学校的 C++ 语言程序设计课程。

图书在版编目(CIP)数据

C++ 程序设计基础教程 / 郑莉,董渊编著. —北京:清华大学出版社,2010.8(2022.9重印)
(清华大学计算机基础教育课程系列教材)
ISBN 978-7-302-23361-9

Ⅰ. ①C… Ⅱ.①郑… ②董… Ⅲ. ①C语言—程序设计—高等学校—教材 Ⅳ. ①TP312

中国版本图书馆 CIP 数据核字(2010)第 145980 号

责任编辑:谢 琛 薛 阳
责任校对:白 蕾
责任印制:宋 林

出版发行:清华大学出版社
  网　　　址:http://www.tup.com.cn,http://www.wqbook.com
  地　　　址:北京清华大学学研大厦 A 座　　　　邮　　编:100084
  社 总 机:010-83470000　　　　　　　　　邮　　购:010-62786544
  投稿与读者服务:010-62776969,c-service@tup.tsinghua.edu.cn
  质 量 反 馈:010-62772015,zhiliang@tup.tsinghua.edu.cn
  课 件 下 载:http://www.tup.com.cn,010-83470236
印 装 者:三河市少明印务有限公司
经　　销:全国新华书店
开　　本:185mm×260mm　　　**印　张:**22.25　　**字　数:**515 千字
版　　次:2010 年 8 月第 1 版　　　　　　**印　次:**2022 年 9 月第 14 次印刷
定　　价:66.00 元

产品编号:037925-05

序

计算机科学技术的发展不仅极大地促进了整个科学技术的发展,而且明显地加快了经济信息化和社会信息化的进程。因此,计算机教育在各国备受重视,计算机知识与能力已成为 21 世纪人才素质的基本要素之一。

清华大学自 1990 年开始将计算机教学纳入基础课的范畴,作为校重点课程进行建设和管理,并按照"计算机文化基础"、"计算机技术基础"和"计算机应用基础"三个层次的课程体系组织教学:

第一层次"计算机文化基础"的教学目的是培养学生掌握在未来信息化社会里更好地学习、工作和生活所必须具备的计算机基础知识和基本操作技能,并进行计算机文化道德规范教育。

第二层次"计算机技术基础"是讲授计算机软硬件的基础知识、基本技术与方法,从而为学生进一步学习计算机的后续课程,并利用计算机解决本专业及相关领域中的问题打下必要的基础。

第三层次"计算机应用基础"则是讲解计算机应用中带有基础性、普遍性的知识,讲解计算机应用与开发中的基本技术、工具与环境。

以上述课程体系为依据,设计了计算机基础教育系列课程。随着计算机技术的飞速发展,计算机教学的内容与方法也在不断更新。近几年来,清华大学不断丰富和完善教学内容,在有关课程中先后引入了面向对象技术、多媒体技术、Internet 与互联网技术等。与此同时,在教材与 CAI 课件建设、网络化的教学环境建设等方面也正在大力开展工作,并积极探索适应 21 世纪人才培养的教学模式。

为进一步加强计算机基础教学工作,适应高校正在开展的课程体系与教学内容的改革,及时反映清华大学计算机基础教学的成果,加强与兄弟院校的交流,清华大学在原有工作的基础上,重新规划了"清华大学计算机基础教育课程系列教材"。

该系列教材有如下几个特色:

1. 自成体系:该系列教材覆盖了计算机基础教学三个层次的教学内容。其中既包括所有大学生都必须掌握的计算机文化基础,又包括适用于各专业的软、硬件基础知识;既包括基本概念、方法与规范,又包括计算机应用开发的工具与环境。

2. 内容先进:该系列教材注重将计算机技术的最新发展适当地引入教学中来,保持了教学内容的先进性。例如,系列教材中包括了面向对象与可视化编程、多媒体技术与应用、Internet 与互联网技术、大型数据库技术等。

3. 适应面广：该系列教材照顾了理、工、文等各种类型专业的教学要求。

4. 立体配套：为适应教学模式、教学方法和手段的改革，该系列教材中多数都配有习题集和实验指导、多媒体电子教案，有的还配有 CAI 课件以及相应的网络教学资源。

本系列教材源于清华大学计算机基础教育的教学实践，凝聚了工作在第一线的任课教师的教学经验与科研成果。我希望本系列教材不断完善，不断更新，为我国高校计算机基础教育做出新的贡献。

注：周远清，曾任教育部副部长，原清华大学副校长、计算机专业教授。

前 言

一、版本说明

本书是《C++语言程序设计(第 4 版)》的姊妹篇。《C++语言程序设计》第 1 版于 1999 年出版,第 2 版于 2001 年出版,第 3 版于 2003 年出版。在前三版基础上,广泛听取了读者和同行的建议,参考了最新的资料,并根据作者本人在授课过程中的经验,针对不同的教学要求,将这本书分成了两个不同的版本:《C++程序设计基础教程》和《C++语言程序设计(第四版)》。本书适合用于程序设计课程学时较少的学校和专业。

与《C++语言程序设计(第 3 版)》相比,本书主要在以下方面作了修订:

1. 去掉了原来的第 9、10、12、13 章。

2. 从第 4 章开始,每章编写了新的综合实例"个人银行账户管理程序"。

3. 部分例题有更新。

与《C++语言程序设计(第 4 版)》相比,去年了第 9、10、12 章,去掉了每章的"深度探索"一节。

二、本书的编写背景

C++是从 C 语言发展演变而来的一种面向对象的程序设计语言。C++语言的主要特点表现在两个方面:一是兼容 C,二是支持面向对象的方法。

面向对象的程序设计(OOP)方法将数据及对数据的操作方法封装在一起,作为一个相互依存、不可分离的整体——对象。对同类型对象抽象出其共性,形成类。类中的大多数数据,只能用本类的方法进行处理。类通过一个简单的外部接口,与外界发生关系,对象与对象之间通过消息进行通讯。这样,程序模块间的关系简单,程序模块的独立性、数据的安全性具有良好的保障,通过继承与多态性,使程序具有很高的可重用性,使得软件的开发和维护都更为方便。

由于面向对象方法的突出优点,目前它已经成为开发大型软件时所采用的主要方法。而 C++语言是应用最广泛的面向对象的程序设计语言之一。

长期以来,C++语言被认为是较难使用的专业开发语言,特别是对于程序设计类课程学时较少的学校和专业,很难开设 C++程序设计课程。

实际上面向对象方法的出现,是程序设计方法发展的一个返朴归真过程。软件开发从本质上讲,就是对软件所要处理的问题域进行正确的认识,并把这种认识正确地描述出来。面向对象方法所强调的基本原则,就是直接面对客观存在的事物来进行软件开发,将人们在日常生活中习惯的思维方式和表达方式应用在软件开发中,使软件开发从过分专业化的方法、规则和技巧中回到客观世界,回到人们通常的思维。

虽然 C++语言是从 C 语言发展而来的,但是学习 C++可以不必从 C 语言开始,C++

本身是一个完整的程序设计语言,是可以作为入门的程序设计语言来学习的。

本书就是针对初学者的入门教程,适合用于开设一门学时不多的C++课程。

三、本书的特色

本书的特色是涵盖了C++语言的主要语法、面向对象的程序设计方法,内容深入浅出、立体配套。

全书以面向对象的程序设计方法贯穿始终,每一章都是首先阐述面向对象的程序设计思想和方法,由实际问题入手,然后引出必要的语法知识,在讲解语法时着重从程序设计方法学的角度讲述其意义和用途。本书的宗旨是,不仅要使读者掌握C++语言本身,而且要能够对现实世界中较简单的问题及其解决方法用计算机语言进行描述。当然,要达到能够描述较复杂的问题域还需要学习面向对象的软件工程课等其他课程。

针对初学者和自学者的特点,本书力求做到深入浅出,将复杂的概念用简洁浅显的语言娓娓道来。

本书建议的讲课学时数为 24 学时。建议讲课学时数分配如下:

第 1 章 2 学时,第 2 章 4 学时,第 3 章 2 学时,第 4 章 4 学时,第 5 章 2 学时,第 6 章 4 学时,第 7 章 2 学时,第 8 章 2 学时,第 9 章 2 学时。

实验学时数的分配请参考配套的《C++ 程序设计基础教程学生用书》。

学生可以通过配套的《C++ 程序设计基础教程学生用书》,在实践中达到对内容的深入理解和熟练掌握。为了方便教师备课,本书还配有电子教案(PPT 文件)。

四、内容摘要

第 1 章 绪论:从发展的角度概要介绍了面向对象程序设计语言的产生和特点,面向对象方法的由来和主要的基本概念,并简单介绍了什么是面向对象的软件工程。最后介绍了信息在计算机中的表示和存储以及程序的开发过程。

第 2 章 C++ 简单程序设计:讲述 C++ 程序设计的基础知识。首先简要介绍 C++语言的发展历史及其特点;接着学习构成 C++ 语句的基本部分,包括字符集、关键字、标识符、操作符等;还有 C++ 的基本数据类型和自定义数据类型以及算法的控制结构,包括顺序、选择和循环结构。"深度探索"介绍变量的实现机制和 C++ 表达式的执行原理。

第 3 章 函数:讲述 C++ 语言的函数。在面向对象的程序设计中,函数对处理问题过程的基本抽象单元,是对功能的抽象。同时,使用函数也为代码的重用提供了技术上的支持。我们主要从应用的角度讲述各种函数的定义和使用方法。"深度探索"介绍运行栈与函数调用的执行、函数声明与类型安全。

第 4 章 类与对象:首先介绍面向对象程序设计的基本思想及其主要特点,包括抽象、封装、继承和多态;接着围绕数据封装这一特点,着重讲解面向对象设计方法的核心概念—类,其中包括类的定义、实现以及如何利用类来解决具体问题;最后,简单介绍了如何用 UML 语言描述类的特性。"深度探索"介绍位域、用构造函数定义类型转换,以及对象作为函数参数和返回值的传递方式。

第 5 章 数据的共享与保护:讲述标识符的作用域和可见性及变量、对象的生存期;

使用局部变量、全局变量、类的数据成员、类的静态成员和友元来实现数据共享，共享数据的保护，以及使用多文件结构来组织和编写程序解决较为复杂的问题。"深度探索"介绍常成员函数的声明原则、代码的编译连接与执行过程。

第 6 章　数组、指针与字符串：讨论数组、指针与字符串。数组和指针是 C++ 语言中最常用的复合（构造）类型数据，是数据和对象组织、表示的最主要手段，也是组织运算的有力工具。本章首先介绍数组、指针的基本概念动态存储分配以及动态数组对象。接着围绕数据和对象组织这一问题，着重讲解如何通过使用数组和指针解决数据、函数以及对象之间的联系和协调。对于字符串及其处理，本章重点介绍 string 类。"深度探索"介绍指针与引用的联系、指针的安全性隐患及其应对方案，以及 const_cast 的应用。

第 7 章　继承与派生：讲述类的继承特性。围绕派生过程，着重讨论不同继承方式下的基类成员的访问控制问题、添加构造函数和析构函数。接着讨论在较为复杂的继承关系中，类成员的唯一标识和访问问题。"深度探索"介绍组合与继承的区别与联系、派生类对象的内存布局，以及基类向派生类的转换及其安全性问题。

第 8 章　多态性：讲述类的另一个重要特性—多态性。多态是指同样的消息被不同类型的对象接收时导致完全不同的行为，是对类的特定成员函数的再抽象。C++ 语言支持的多态有多种类型，重载（包括函数重载和运算符重载）和虚函数是其中主要的方式。"深度探索"介绍多态类型与非多态类型的区别、运行时类型识别机制，以及虚函数动态绑定的实现原理。

第 9 章　流类库与输入输出：讲述流的概念，然后介绍流类库的结构和使用。就像 C 语言一样，C++ 语言中也没有输入输出语句。但 C++ 编译系统带有一个面向对象的 I/O软件包，它就是 I/O 流类库。"深度探索"介绍宽字符、宽字符串与宽流，以及对象的串行化问题。

第 10 章　异常处理。

感谢读者选择使用本书，欢迎您对本书内容提出意见和建议，我们将不胜感激。作者的电子邮件地址：zhengli@mail. tsinghua. edu. cn，来信标题请包含"C++ book"。

作　者

2010 年 5 月于清华大学

目 录

第1章

绪　论

　　本章首先从发展的角度概要介绍面向对象程序设计语言的产生和特点、面向对象方法的由来及其基本概念,以及什么是面向对象的软件工程,然后介绍信息在计算机中的表示与存储以及程序的开发过程。

1.1　计算机程序设计语言的发展

　　语言是一套具有语法、词法规则的系统。语言是思维的工具,思维是通过语言来表述的。计算机程序设计语言是计算机可以识别的语言,用于描述解决问题的方法,供计算机阅读和执行。

1.1.1　机器语言与汇编语言

　　自从1946年2月世界上第一台数字电子计算机ENIAC诞生以来,在这短暂的60多年间,计算机科学得到了迅猛发展,计算机及其应用已渗透到社会的各个领域,有力地推动了整个信息化社会的发展,计算机已成为信息化社会中必不可少的工具。

　　计算机系统包括硬件和软件。计算机之所以有如此强大的功能,不仅因为它具有强大的硬件系统,而且依赖于软件系统。**软件包括了使计算机运行所需的各种程序及其有关的文档资料**。计算机的工作是用程序来控制的,离开了程序,计算机将一事无成。**程序是指令的集合**。软件工程师将解决问题的方法、步骤编写为由一条条指令组成的程序,输入到计算机的存储设备中。计算机执行这一指令序列,便可完成预定的任务。

　　所谓指令,就是计算机可以识别的命令。虽然在人类社会中,各民族都有丰富的语言用来表达思想、交流感情、记录信息,但计算机却不能识别它们。计算机所能识别的指令形式,只能是简单的“0”和“1”的组合。**一台计算机硬件系统能够识别的所有指令的集合,称为它的指令系统**。

　　由计算机硬件系统可以识别的二进制指令组成的语言称为机器语言。毫无疑问,虽然机器语言便于计算机识别,但对于人类来说却是晦涩难懂,更难以记忆。可是在计算机发展的初期,软件工程师们只能用机器语言来编写程序。这一阶段,在人类的自然语言和计算机编程语言之间存在着巨大的鸿沟,软件开发的难度大、周期长,开发出的软件功能却很简单,界面也不友好。

　　不久,出现了**汇编语言**,它将机器指令映射为一些可以被人读懂的助记符,如ADD、SUB等。此时编程语言与人类自然语言间的鸿沟略有缩小,但仍与人类的思维相差甚远。因为它的抽象层次太低,程序员需要考虑大量的机器细节。

尽管如此,从机器语言到汇编语言,仍是一大进步。这意味着人与计算机的硬件系统不必非得使用同一种语言。程序员可以使用较适合人类思维习惯的语言,而计算机硬件系统仍只识别机器指令。那么两种语言间的沟通如何实现呢? 这就需要一种翻译工具(软件)。汇编语言的翻译软件称为汇编程序,它可以将程序员写的助记符直接转换为机器指令,然后再由计算机去识别和执行。

1.1.2　高级语言

高级语言的出现是计算机编程语言的一大进步。**它屏蔽了机器的细节,提高了语言的抽象层次**,程序中可以采用具有一定含义的数据命名和容易理解的执行语句。这使得在书写程序时可以联系到程序所描述的具体事物。

20 世纪 60 年代末开始出现的结构化编程语言进一步提高了语言的层次。结构化数据、结构化语句、数据抽象、过程抽象等概念使程序更便于体现客观事物的结构和逻辑含义,这使得编程语言与人类的自然语言更接近。但是二者之间仍有不少差距。主要问题是程序中的数据和操作分离,不能够有效地组成与自然界中的具体事物紧密对应的程序成分。

目前应用比较广泛的几种高级语言有 FORTRAN,BASIC,Pascal,C 等。当然本书介绍的 C++ 语言也是高级语言,但它与其他面向过程的高级语言有着根本的不同。

1.1.3　面向对象的语言

面向对象的编程语言与以往各种编程语言的根本不同点在于,它设计的出发点就是为了能更直接地描述客观世界中存在的事物(即对象)以及它们之间的关系。

开发一个软件是为了解决某些问题,这些问题所涉及的业务范围称为该软件的**问题域**。**面向对象的编程语言将客观事物看作具有属性和行为(或称服务)的对象,通过抽象找出同一类对象的共同属性(静态特征)和行为(动态特征),形成类**。通过类的继承与多态可以很方便地实现代码重用,大大缩短了软件开发周期,并使得软件风格统一。因此,面向对象的编程语言使程序能够比较直接地反映问题域的本来面目,软件开发人员能够利用人类认识事物所采用的一般思维方法来进行软件开发。

面向对象的程序设计语言经历了一个很长的发展阶段。例如,LISP 家族的面向对象语言、Simula67 语言、Smalltalk 语言以及 CLU,Ada,Modula-2 等语言,或多或少地都引入了面向对象的概念,其中 Smalltalk 是第一个真正的面向对象的程序语言。

然而,应用最广的面向对象程序语言是在 C 语言基础上扩充出来的 C++ 语言。由于 C++ 对 C 兼容,而 C 语言又早已被广大程序员所熟知,所以,C++ 语言也就理所当然地成为应用最广的面向对象程序语言。

1.2　面向对象的方法

程序设计语言是编写程序的工具,因此程序设计语言的发展恰好反映了程序设计方法的演变过程。下面首先初步介绍一下面向对象方法的基本概念和基本思想,学习完本书之后，相信你会对面向对象的方法有一个深入、完整的认识。

1.2.1 面向对象方法的由来

在面向对象的方法出现以前，我们都是采用面向过程的程序设计方法。早期的计算机是用于数学计算的工具，例如，用于计算炮弹的飞行轨迹。为了完成计算，就必须设计出一个计算方法或解决问题的过程。因此，软件设计的主要工作就是设计求解问题的过程。

随着计算机硬件系统的高速发展，计算机的性能越来越强，用途也更加广泛，不再仅限于数学计算。由于所处理的问题日益复杂，程序也就越来越复杂和庞大。20 世纪 60 年代产生的结构化程序设计思想，为使用面向过程的方法解决复杂问题提供了有力的手段。因而，在 20 世纪 70 年代到 80 年代，结构化程序设计方法成为所有软件开发设计领域及每个程序员都采用的方法。**结构化程序设计的思路是：自顶向下、逐步求精；其程序结构是按功能划分为若干个基本模块，这些模块形成一个树状结构；各模块之间的关系尽可能简单，在功能上相对独立；每一模块内部均是由顺序、选择和循环 3 种基本结构组成；其模块化实现的具体方法是使用子程序。**结构化程序设计由于采用了模块分解与功能抽象以及自顶向下、分而治之的方法，从而有效地将一个较复杂的程序系统设计任务分解成许多易于控制和处理的子任务，便于开发和维护。

虽然结构化程序设计方法具有很多优点，但它仍是一种面向过程的程序设计方法。它把数据和处理数据的过程分离为相互独立的实体，当数据结构改变时，所有相关的处理过程都要进行相应的修改，每一种相对于老问题的新方法都要带来额外的开销，程序的可重用性差。另外，由于图形用户界面的应用，使得软件使用起来越来越方便，但开发起来却越来越困难。一个好的软件，应该随时响应用户的任何操作，而不是请用户按照既定的步骤循规蹈矩地使用。例如，我们都熟悉文字处理程序的使用，一个好的文字处理程序使用起来非常方便，几乎可以随心所欲，软件说明书中绝不会规定任何固定的操作顺序，因此对这种软件的功能很难用过程来描述和实现，如果仍使用面向过程的方法，开发和维护都将很困难。

那么，什么是面向对象的方法呢？**首先，它将数据及对数据的操作方法放在一起，作为一个相互依存、不可分离的整体——对象。对同类型对象抽象出其共性，形成类。类中的大多数数据，只能用本类的方法进行处理。类通过一个简单的外部接口与外界发生关系，对象与对象之间通过消息进行通信。**这样，程序模块间的关系更为简单，程序模块的独立性、数据的安全性就有了良好的保障。另外，通过后续章节中将介绍的继承与多态性，还可以大大提高程序的可重用性，使得软件的开发和维护都更为方便。

面向对象的方法有如此多的优点，然而对于初学程序设计的人来说，是否容易理解、容易掌握呢？回答是肯定的。面向对象方法的出现，实际上是程序设计方法发展的一个返璞归真过程。软件开发从本质上讲，就是对软件所要处理的问题域进行正确的认识，并把这种认识正确地描述出来。面向对象方法所强调的基本原则，就是直接面对客观存在的事物来进行软件开发，将人们在日常生活中习惯的思维方式和表达方式应用在软件开发中，使软件开发从过分专业化的方法、规则和技巧中回到客观世界，回到人们通常的思维方式。

1.2.2　面向对象的基本概念

下面简单介绍一下面向对象方法中的几个基本概念。当然我们不能期望通过几句话的简单介绍就完全理解这些概念,在本书的后续章节中,会不断帮助读者加深对这些概念的理解,以达到熟练运用的目的。

1. 对象

从一般意义上讲,对象是现实世界中一个实际存在的事物,它可以是有形的(比如一辆汽车),也可以是无形的(比如一项计划)。对象是构成世界的一个独立单位,它具有自己的静态特征(可以用某种数据来描述)和动态特征(对象所表现的行为或具有的功能)。

面向对象方法中的对象,是系统中用来描述客观事物的一个实体,它是用来构成系统的一个基本单位。对象由一组属性和一组行为构成。属性是用来描述对象静态特征的数据项,行为是用来描述对象动态特征的操作序列。

2. 类

把众多的事物归纳、划分成一些类,是人类在认识客观世界时经常采用的思维方法。**分类所依据的原则是抽象**,即忽略事物的非本质特征,只注意那些与当前目标有关的本质特征,从而找出事物的共性,把具有共同性质的事物划分为一类,得出一个抽象的概念。例如,石头、树木、汽车、房屋等都是人们在长期的生产和生活实践中抽象出的概念。

面向对象方法中的"类",是具有相同属性和服务的一组对象的集合。它为属于该类的全部对象提供了抽象的描述,其内部包括属性和行为两个主要部分。类与对象的关系犹如模具与铸件之间的关系,一个属于某类的对象称为该类的一个实例。

3. 封装

封装是面向对象方法的一个重要原则,就是把对象的属性和服务结合成一个独立的系统单位,并尽可能隐蔽对象的内部细节。这里有两个含义:第一个含义是把对象的全部属性和全部服务结合在一起,形成一个不可分割的独立单位。第二个含义也称做"信息隐蔽",即尽可能隐蔽对象的内部细节,对外形成一个边界(或者说一道屏障),只保留有限的对外接口使之与外部发生联系。

4. 继承

继承是面向对象技术能够提高软件开发效率的重要原因之一,其定义是:**特殊类的对象拥有其一般类的全部属性与服务,称做特殊类对一般类的继承。**

继承具有重要的实际意义,它简化了人们对事物的认识和描述。比如我们认识了轮船的特征之后,再考虑客轮时,因为知道客轮也是轮船,于是可以认为它理所当然地具有轮船的全部一般特征,从而只需要把精力用于发现和描述客轮独有的那些特征。

继承对于软件复用有着重要意义,使特殊类继承一般类,本身就是软件复用。不仅于此,如果将开发好的类作为构件放到构件库中,在开发新系统时便可以直接使用或继承使用。

5. 多态性

多态性是指在一般类中定义的属性或行为,被特殊类继承之后,可以具有不同的数据

类型或表现出不同的行为。这使得同一个属性或行为在一般类及其各个特殊类中具有不同的语义。例如,可以定义一个一般类"几何图形",它具有"绘图"行为,但这个行为并不具有具体含义,也就是说并不确定执行时到底画一个什么样的图(因为此时尚不知道"几何图形"到底是一个什么图形,"绘图"行为当然也就无从实现)。然后再定义一些特殊类,如"椭圆"和"多边形",它们都继承一般类"几何图形",因此也就自动具有了"绘图"行为。接下来,可以在特殊类中根据具体需要重新定义"绘图",使之分别实现画椭圆和多边形的功能。进而,还可以定义"矩形"类继承"多边形"类,在其中使"绘图"实现绘制矩形的功能。这就是面向对象方法中的多态性。

1.3　面向对象的软件开发

在整个软件开发过程中,编写程序只是相对较小的一个部分。软件开发的真正决定性因素来自前期概念问题的提出,而非后期的实现问题。只有识别、理解和正确表达了应用问题的内在实质,才能做出好的设计,然后才是具体的编程实现。

早期的软件开发所面临的问题比较简单,从认清要解决的问题到编程实现并不是太难的事。随着计算机应用领域的扩展,计算机所处理的问题日益复杂,软件系统的规模和复杂度增加,以至于软件的复杂性和其中包含的错误已达到软件人员无法控制的程度,这就是 20 世纪 60 年代初期的"软件危机"。软件危机的出现,促进了软件工程学的形成与发展。

我们学习面向对象的程序设计,首先应该对软件开发和维护的全过程有一个初步了解。因此,在这里先简要介绍一下什么是面向对象的软件工程。**面向对象的软件工程是面向对象方法在软件工程领域的全面应用。它包括面向对象的分析(OOA)、面向对象的设计(OOD)、面向对象的编程(OOP)、面向对象的测试(OOT)和面向对象的软件维护(OOSM)等主要内容。**

1.3.1　分析

在分析阶段,要从问题的陈述着手,建立一个说明系统重要特性的真实情况模型。为理解问题,系统分析员需要与客户一起工作。系统分析阶段应该扼要精确地抽象出系统必须做什么,而不是关心如何去实现。

面向对象的系统分析,直接用问题域中客观存在的事物建立模型中的对象,无论是对单个事物还是对事物之间的关系,都保留它们的原貌,不做转换,也不打破原有界限而重新组合,因此能够很好地映射客观事物。

1.3.2　设计

在设计阶段,是针对系统的一个具体实现运用面向对象的方法。其中包括两方面的工作,一是把 OOA 模型直接搬到 OOD,作为 OOD 的一部分;二是针对具体实现中的人-机界面、数据存储、任务管理等因素补充一些与实现有关的部分。

1.3.3　编程

编程是面向对象的软件开发最终落实的重要阶段。在 OOA 和 OOD 理论出现之前，程序员要写一个好的面向对象的程序，首先要学会运用面向对象的方法来认识问题域，所以 OOP 被看作一门比较高深的技术。现在，OOP 的工作比较简单了，认识问题域与设计系统成分的工作已经在 OOA 和 OOD 阶段完成。OOP 工作就是用一种面向对象的编程语言把 OOD 模型中的每个成分书写出来。

尽管如此，我们学习面向对象的程序设计仍然要注重学习基本的思考过程，而不能仅仅学习程序的实现技巧。因此，虽然本书面向的是初学编程的读者，介绍的主要是 C++ 语言和面向对象的程序设计方法，但仍然用了一定的篇幅，通过例题介绍设计思路。

1.3.4　测试

测试的任务是发现软件中的错误，任何一个软件产品在交付使用之前都要经过严格的测试。在面向对象的软件测试中继续运用面向对象的概念与原则来组织测试，以对象的类作为基本测试单位，可以更准确地发现程序错误，提高测试效率。

1.3.5　维护

无论经过怎样的严格测试，软件中通常还是会存在错误。因此软件在使用的过程中，需要不断地维护。

使用面向对象的方法开发的软件，其程序与问题域是一致的，软件工程各个阶段的表示是一致的，从而减少了维护人员理解软件的难度。无论是发现了程序中的错误而追溯到问题域，还是因需求发生变化而追踪到程序，道路都是比较平坦的；而且对象的封装性使一个对象的修改对其他对象的影响很少。因此，运用面向对象的方法可以大大提高软件维护的效率。

读者在初学程序设计的时候，教科书中的例题都比较简单，从这些简单的例题中读者很难体会到软件工程的作用。而且题目本身往往已经对需要解决的问题做了清楚准确的描述。尽管如此，我们也不应直接开始编程，而应该首先进行对象设计。当然，本书主要的目的是介绍编程方法，建议读者在熟练掌握了 C++ 语言编程技术后，另外专门学习面向对象的软件工程。

1.4　信息的表示与存储

计算机加工的对象是数据信息，而指挥计算机操作的是控制信息，因此计算机内部的信息可以分成两大类，如图 1-1 所示。

本节主要介绍数据信息，有关控制信息的细节请参考有关硬件书籍。

1.4.1　计算机的数字系统

人们最熟悉十进制数系，但是，几乎所有的计算机采用的都是二进制数系。所有的外

图 1-1　计算机内部信息分类示意图

界信息在被转化为不同的二进制数后，计算机才能对其进行传送、存储和加工处理。当进行程序设计时，与二进制之间进行转换比较方便的八进制、十六进制数系表示法也经常使用。无论哪种数系，其共同之处都是进位记数制。

一般说来，如果数制只采用 R 个基本符号，则称为基 R 数制，R 称为数制的"基数"，而数制中每一固定位置对应的单位值称为"权"。

进位记数制的编码符合"逢 R 进位"的规则，各位的权是以 R 为底的幂，一个数可按权展开成为多项式。例如，一个十进制数 256.47 可按权展开为：

$$256.47 = 2 \times 10^2 + 5 \times 10^1 + 6 \times 10^0 + 4 \times 10^{-1} + 7 \times 10^{-2}$$

对任意一个 R 进制的数 X，其值 $V(X)$ 可表示为：

$$V(X) = \underbrace{\sum_{i=0}^{n-1} X_i R^i}_{\text{整数部分}} + \underbrace{\sum_{i=-1}^{-m} X_i R^i}_{\text{小数部分}}$$

这里 m, n 为正整数，R^i 是第 i 位的权，在 X_0 与 X_{-1} 之间用小数点隔开。通常，数字 X_i 应满足下列条件：

$$0 \leqslant X_i < R$$

换句话说，R 进制中的数使用 $0 \sim (R-1)$ 个数字符号。

表 1-1 是我们需要熟悉的几种进位数制。其中，十六进制的数符 A～F 分别对应十进制的 10～15。

表 1-1　几种进位数制

进　制	基　数	进位原则	基　本　符　号
二进制	2	逢 2 进 1	0,1
八进制	8	逢 8 进 1	0,1,2,3,4,5,6,7
十进制	10	逢 10 进 1	0,1,2,3,4,5,6,7,8,9
十六进制	16	逢 16 进 1	0,1,2,3,4,5,6,7,8,9,A,B,C,D,E,F

对于二进制数来说，基数为 2，每位的权是以 2 为底的幂，遵循逢二进一原则，基本符号只有两个——0 和 1。下面是二进制数的例子：

$$1011.01$$

几乎所有的计算机都采用二进制的数系。采用二进制码表示信息，有如下几个优点。

（1）易于物理实现

因为具有两种稳定状态的物理器件是很多的，如门电路的导通与截止，电压的高与低，而它们恰好对应表示 1 和 0 两个符号。假如采用十进制，要制造具有 10 种稳定状态的物理电路，那是非常困难的。

（2）二进制数运算简单

数学推导证明，对 R 进制的算术求和、求积规则各有 $R(R+1)/2$ 种。如采用十进制，就有 55 种求和与求积的运算规则；而二进制仅各有 3 种，因而简化了运算器等物理器件的设计。

（3）机器可靠性高

由于电压的高低、电流的有无等都是一种质的变化，两种状态分明。所以基 2 码的传递抗干扰能力强，鉴别信息的可靠性高。

（4）通用性强

基 2 码不仅成功地运用于数值信息编码（二进制），而且适用于各种非数值信息的数字化编码。特别是仅有的两个符号 0 和 1 正好与逻辑命题的两个值"真"与"假"相对应，从而为计算机实现逻辑运算和逻辑判断提供了方便。

虽然计算机内部均用基 2 码（0 和 1）来表示各种信息，但计算机与外部交往仍采用人们熟悉和便于阅读的形式，如十进制数据、文字显示以及图形描述等。其间的转换，则由计算机系统的硬件和软件来实现。

然而，基 2 码也有其不足之处，如它表示数的容量最小。表示同一个数，二进制较其他进制需要更多的位数。

1.4.2 几种进位记数制之间的转换

1. R 进制转换为十进制

基数为 R 的数字，只要将各位数字与它的权相乘，其积相加，和数就是十进制数。例如：

$$(11111111.11)_2 = 1 \times 2^7 + 1 \times 2^6 + 1 \times 2^5 + 1 \times 2^4 + 1 \times 2^3 + 1 \times 2^2$$
$$+ 1 \times 2^1 + 1 \times 2^0 + 1 \times 2^{-1} + 1 \times 2^{-2}$$
$$= (255.75)_{10}$$

$$(3506.2)_8 = 3 \times 8^3 + 5 \times 8^2 + 0 \times 8^1 + 6 \times 8^0 + 2 \times 8^{-1} = (1862.25)_{10}$$

$$(0.2A)_{16} = 2 \times 16^{-1} + 10 \times 16^{-2} = (0.1640625)_{10}$$

从上面几个例子可以看到：当从 R 进制转换到十进制时，可以把小数点作为起点，分别向左右两边进行，即对其整数部分和小数部分分别转换。对于二进制来说，只要把数位是 1 的那些位的权值相加，其和就是等效的十进制数。因此，二-十进制转换是最简便的，同时也是最常用的一种。

2. 十进制转换为 R 进制

将十进制数转换为基数为 R 的等效表示时，可将此数分成整数与小数两部分分别转换，然后再拼接起来即可。

（1）十进制整数转换成 R 进制的整数

十进制整数转换成 R 进制的整数，可用十进制数连续地除以 R，其余数即为相应 R 进制数的各位系数。此方法称为除 R 取余法。

我们知道，任何一个十进制整数 N，都可以用一个 R 进制数来表示：

$$N = X_0 + X_1 R^1 + X_2 R^2 + \cdots + X_{n-1} R^{n-1}$$
$$= X_0 + (X_1 + X_2 R^1 + \cdots + X_{n-1} R^{n-2}) R$$
$$= X_0 + Q_1 R$$

由此可知，若用 N 除以 R，则商为 Q_1，余数是 X_0。同理：

$$Q_1 = X_1 + Q_2 R$$

Q_1 再除以 R，则商为 Q_2，余数是 X_1。以此类推：

$$Q_i = X_i + (X_{i+1} + X_{i+2} R^1 + \cdots + X_{n-1} R^{n-2-i}) R$$
$$= X_i + Q_{i+1} R$$

Q_i 除以 R，则商为 Q_{i+1}，余数是 X_i。这样除下去，直到商为 0 时为止，每次除 R 的余数 $X_0, X_1, X_2, \cdots, X_{n-1}$ 即构成 R 进制数。例如，将十进制数 68 转化为二进制数，用除 2 取余法：

所以 $68_{10} = 1000100_2$。将 168_{10} 转换为八进制数，用除 8 取余法：

所以 $168_{10} = 250_8$。

（2）十进制小数转换成 R 进制小数

十进制小数转换成 R 进制数时，可连续地乘以 R，得到的整数即组成 R 进制的数，此法称为"乘 R 取整"。

可将某十进数小数用 R 进制数表示：

$$V = \frac{X_{-1}}{R^1} + \frac{X_{-2}}{R^2} + \frac{X_{-3}}{R^3} + \cdots + \frac{X_{-m}}{R^m}$$

等式两边乘以 R 得到

$$V \times R = X_{-1} + \left(\frac{X_{-2}}{R^1} + \frac{X_{-3}}{R^2} + \cdots + \frac{X_{-m}}{R^{m-1}}\right) = X_{-1} + F_1$$

X_{-1} 是整数部分,即 R 进制数小数点后第一位,F_1 是小数部分。小数部分再乘以 R:

$$F_1 \times R = X_{-2} + \left(\frac{X_{-3}}{R^1} + \frac{X_{-4}}{R^2} + \cdots + \frac{X_{-m}}{R^{m-2}}\right) = X_{-2} + F_2$$

X_{-2} 是整数部分,即 R 进制数小数点后第二位。依次乘下去,直到小数部分为 0 或达到所要求的精度为止(小数部分可能永不为 0)。例如,将 0.3125_{10} 转换成二进制数:

$$
\begin{aligned}
0.3125 \times 2 &= \boxed{0}.625 \quad \text{高位} \\
0.625 \times 2 &= \boxed{1}.25 \\
0.25 \times 2 &= \boxed{0}.5 \\
0.5 \times 2 &= \boxed{1}.0
\end{aligned}
$$

所以 $(0.3125)_{10} = (0.0101)_2$。

需要注意的是,十进制小数常常不能准确地换算为等值的二进制小数(或其他 R 进制数),有换算误差存在。

若将十进制数 68.3125 转换成二进制数,可分别进行整数部分和小数部分的转换,然后再拼在一起:

$$(68.3125)_{10} = (1000100.0101)_2$$

3. 二、八、十六进制的相互转换

二、八、十六进制 3 种进制的权值有内在的联系,即每位八进制数相当于 3 位二进制数($2^3 = 8$),每位十六进制数相当于 4 位二进制数(2^4)$= 16$。下面我们结合实际例题来学习它们之间的转换。

二进制数,从小数点开始,向左右分别按三(四)位为一个单元划分,每个单元单独转换成为一个八进制(十六进制)数,就完成了二进制到八、十六进制数的转换。在转换时,位组划分是以小数点为中心向左右两边延伸,中间的 0 不能省略,两头不够时可以补 0。

八(十六)进制数的每一位,分别独立转换成三(四)位二进制数。除了左边最高位,其他位如果不足三(四)位的要用 0 来补足,按照由高位到低位的顺序写在一起,就是相应的二进制数。例如:

$$(1000100)_2 = (\underline{1}\ \underline{000}\ \underline{100})_2 = (104)_8$$
$$(1000100)_2 = (\underline{100}\ \underline{0100})_2 = (44)_{16}$$
$$(1011010.10)_2 = (\underline{001}\ \underline{011}\ \underline{010}\ .\ \underline{100})_2 = (132.4)_8$$
$$(1011010.10)_2 = (\underline{0101}\ \underline{1010}\ .\ \underline{1000})_2 = (5A.8)_{16}$$
$$(F)_{16} = (\underline{1111})_2$$
$$(7)_{16} = (\underline{0111})_2$$
$$(F7)_{16} = (\underline{1111}\ \underline{0111})_2 = (11110111)_2$$

1.4.3 信息的存储单位

在计算机内部,各种信息都是以二进制编码形式存储,因此这里有必要介绍一下信息存储的单位。

信息的单位通常采用"位"、"字节"、"字"。

- 位(bit)：量度数据的最小单位,表示 1 位二进制信息。
- 字节(Byte)：一个字节由 8 位二进制数字组成(1Byte＝8bit)。字节是信息存储中最常用的基本单位。计算机的存储器(包括内存与外存)通常也是以多少字节来表示它的容量。常用的单位有：

K 字节	1K＝1024B
M(兆)字节	1M＝1024K
G 字节	1G＝1024M

- 字(Word)：字是位的组合,并作为一个独立的信息单位处理。字又称为计算机字,它的含义取决于机器的类型、字长以及使用者的要求。常用的固定字长有 8 位、16 位、32 位等。

信息单位用来描述机器内部数据格式,即数据(包括指令)在机器内的排列形式,如单字节数据、可变长数据(以字节为单位组成几种不同长度的数据格式)等。

- 机器字长：在讨论信息单位时,还有一个与机器硬件指标有关的单位,这就是机器字长。机器字长一般是指参加运算的寄存器所含有的二进制数的位数,它代表了机器的精度,如 32 位、64 位等。

1.4.4 二进制数的编码表示

一个数在机内的表达形式称为"机器数",而它代表的数值称为此机器数的"真值"。

前面已经提到,数值信息在计算机内是采用二进制编码表示。数有正负之分,在计算机中如何表示符号呢?一般情况下,用"0"表示正号,"1"表示负号,符号位放在数的最高位。例如,8 位二进制数 $A＝(＋1011011)_2$, $B＝(－1011011)_2$, 它们在机器中可以表示为：

A:	0	1	0	1	1	0	1	1
B:	1	1	0	1	1	0	1	1

其中最左边一位代表符号位,连同数字本身一起作为一个数。

数值信息在计算机内采用符号数字化处理后,计算机便可以识别和表示数符了。为了改进符号数的运算方法和简化运算器的硬件结构,人们研究了符号数的多种二进制编码方法,**其实质是对负数表示的不同编码**。

下面就来介绍几种常用的编码——原码、反码和补码。

1. 原码

将符号位数字化为 0 或 1,数的绝对值与符号一起编码,即所谓**"符号-绝对值表示"**的编码,称为原码。

首先介绍如何用原码表示一个带符号的整数。

如果用一个字节存放一个整数,其原码表示如下：

$$X=+0101011 \quad [X]_原=00101011$$
$$X=-0101011 \quad [X]_原=10101011$$

这里,"$[X]_原$"就是机器数,X 称为机器数的真值。

对于一个带符号的纯小数,它的原码表示就是把小数点左边一位用作符号位。例如:

$$X=0.1011 \quad [X]_原=0.1011$$
$$X=-0.1011 \quad [X]_原=1.1011$$

当采用原码表示法时,编码简单直观,与真值转换方便。但原码也存在一些问题,一是零的表示不唯一,因为:

$$[+0]_原=000\cdots0 \quad [-0]_原=100\cdots0$$

零有二义性,给机器判零带来麻烦。二是用原码进行四则运算时,符号位需单独处理,且运算规则复杂。例如加法运算,若两数同号,两数相加,结果取共同的符号;若两数异号,则要由大数减去小数,结果冠以大数的符号。还要指出,借位操作如果用计算机硬件来实现是很困难的。正是原码的不足之处,促使人们去寻找更好的编码方法。

2. 反码

反码很少使用,但作为一种编码方式和求补码的中间码,我们不妨先介绍一下。

正数的反码与原码表示相同。

负数的反码与原码有如下关系:**负数反码的符号位与原码相同(仍用 1 表示),其余各位取反(0 变 1,1 变 0)。**例如:

$$X=+1100110 \quad [X]_原=01100110 \quad [X]_反=01100110$$
$$X=-1100110 \quad [X]_原=11100110 \quad [X]_反=10011001$$
$$X=+0000000 \quad [X]_原=00000000 \quad [X]_反=00000000$$
$$X=-0000000 \quad [X]_原=10000000 \quad [X]_反=11111111$$

和原码一样,反码中零的表示也不唯一。

当 X 为纯小数时,反码表示如下:

$$X=0.1011 \quad [X]_原=0.1011 \quad [X]_反=0.1011$$
$$X=-0.1011 \quad [X]_原=1.1011 \quad [X]_反=1.0100$$

3. 补码

(1) 模数的概念

模数从物理意义上讲,是某种计量器的容量。例如,我们日常生活中用的钟表,模数就是 12。钟表计时的方式是达到 12 就从零开始(扔掉一个 12),这在数学上是一种"取模(或取余)运算(mod)"。"%"是 C++ 语言中求除法余数的算术运算符。例如:

$$14\%12=2$$

如果现在的准确时间是 6 点整,而你的手表指向 8 点,怎样把表拨准呢? 可以有两种方法:把表往后拨 2 小时,或把表往前拨 10 小时,效果是一样的,即:

$$8-2=6$$
$$(8+10)\bmod 12=6$$

在模数系统中,

$$8-2=8+10 \quad (\text{mod } 12)$$

上式之所以成立,是因为 2 与 10 对模数 12 是互为补数的($2+10=12$)。因此,可以认可这样一个结论:在模数系统中,一个数减去另一个数,或者说一个数加上一个负数,等于第一个数加上第二个数的补数:

$$8+(-2)=8+10 \quad (\text{mod } 12)$$

我们称 10 为 -2 在模 12 下的"补码"。负数采用补码表示后,可以使加减法统一为加法运算。

在计算机中,机器表示数据的字长是固定的。对于 n 位数来说,模数的大小是: n 位数全为 1,且最末位再加 1。实际上模数的值已经超过了机器所能表示的数的范围,因此模数在机器中是表示不出来的(关于数的表示范围,将在 1.4.6 小节中介绍)。若运算结果大于模数,则模数自动丢掉,也就等于实现了取模运算。

如果有 n 位整数(包括一位符号位),则它的模数为 2^n;如果有 n 位小数,小数点前一位为符号位,则它的模数为 2。

(2) 补码表示法

由以上讨论得知,对于一个二进制负数,可用其模数与真值做加法(模减去该数的绝对值)求得其补码。

例: $\qquad X=-0110 \qquad [X]_\text{补}=2^4+(-0110)=1010$

$\qquad X=-0.1011 \quad [X]_\text{补}=2+(-0.1011)=1.0101$

由于机器中不存在数的真值形式,用上述公式求补码在机器中不易实现,但从上式可推导出一个简便方法。

对于一个负数,其补码由该数反码的最末位加 1 求得。

例:求 $X=-1010101$ 的补码。

$$[X]_\text{原}=11010101$$
$$[X]_\text{反}=10101010$$
$$[X]_\text{补}=10101011$$

例:求 $X=-0.1011$ 的补码。

$[X]_\text{原}=1.1011$ (求反码:保留符号位,其余各位求反)

$[X]_\text{反}=1.0100$ (求补码:反码$+0.0001$)

$[X]_\text{补}=1.0101$

对于正数来说,其原码、反码、补码形式相同。

补码的特点之一就是零的表示唯一:

$$[+0]_\text{补}=\underline{0\ 0\cdots0} \qquad [-0]_\text{补}=\underline{1\ 1\cdots1}+1=\boxed{1}\ \underline{0\ 0\cdots0}$$
$$\quad\ \ n\ \text{位} \qquad\qquad\quad n\ \text{位} \qquad\qquad\quad n\ \text{位}$$

———— 自动丢失

这种简便的求补码方法经常被简称为"求反加 1"。本书不打算对此做推导和证明,读者只要初步了解补码的表示方法,在学习后续章节时对内存中数据的存储形式不感到费解就可以了。

（3）补码运算规则

采用补码表示的另一个好处就是当数值信息参与算术运算时，采用补码方式是最方便的。首先，**符号位可作为数值参加运算**，最后仍可得到正确的结果符号，符号无须单独处理；其次，采用补码进行运算时，减法运算可转换为加法运算，简化了硬件中的运算电路。

例：计算 $67-10=?$

让我们看一下计算机中的运算过程（这里用下脚标的方式表示数的进制）：

$$[+67_{10}]_原=01000011_2 \qquad [+67_{10}]_补=[+67_{10}]_原$$
$$[-10_{10}]_原=10001010_2 \qquad [-10_{10}]_补=11110110_2$$

$$
\begin{array}{r}
01000011_2 \qquad [+67_{10}]_补\\
+\quad 11110110_2 \qquad [-10_{10}]_补\\
\hline
1\quad 00111001_2=57_{10}
\end{array}
$$

└────最高位的进位自然丢失

由于字长只有 8 位，因此加法最高位的进位自然丢失，达到了取模效果（即丢掉一个模数）。

应当指出：**补码运算的结果仍为补码**。上例中，从结果符号位得知，结果为正，所以补码即为原码，转换成十进制数为 57。

如果结果为负，则是负数的补码形式，若要变成原码，需要对补码再求补，即可还原为原码。

例：$10-67=?$

$$[+10]_原=00001010_2=[+10_{10}]_补$$
$$[-67]_原=11000011_2[-67_{10}]_补=10111101_2$$

$$
\begin{array}{r}
00001010_2\\
+\quad 10111101_2\\
\hline
11000111_2
\end{array}
$$

$$[结果]_补=11000111_2 \quad [结果]_原=10111001_2$$

所以结果的真值为 -0111001，十进制为 -57。

用上面两个例子是否就可以说明补码运算的结果总是正确的呢？下面再看一个例子：

例：$85_{10}+44_{10}=?$

$$
\begin{array}{r}
01010101_2\\
+\quad 00101100_2\\
\hline
10000001_2
\end{array}
$$

从结果的符号位可以看出，结果是一负数。但两个正数相加不可能是负数，问题出在什么地方呢？原来这是由于"**溢出**"造成的，即结果超出了一定位数的二进制数所能表示的数的范围（关于数的表示范围，将在 1.4.6 小节中介绍）。

1.4.5　定点数和浮点数

数值数据既有正负之分,又有整数和小数之分,本节要介绍小数点如何处理。在计算机中通常采用浮点方式表示小数,下面就来介绍数的浮点表示法。

一个数 N 用浮点形式表示(即科学表示法),可以写成:

$$N = M \times R^E$$

其中 R 表示基数,一旦机器定义好了基数值,就不能再改变了。因此基数在数据中不出现,是隐含的。在人工计算中,一般采用十进制,10 就是基数。在计算机中一般用二进制,因此以 2 为基数。

E 表示 R 的幂,称为数 N 的阶码。阶码确定了数 N 的小数点的位置,其位数反映了该浮点数所表示的数的范围。

M 表示数 N 的全部有效数字,称为数 N 的尾数,其位数反映了数据的精度。

阶码和尾数都是带符号的数,可以采用不同的码制表示法,例如尾数常用原码或补码表示,阶码多用补码表示。

浮点数的具体格式随不同机器而有所区别。例如,假设有一台 16 位机,其二进制浮点数组成为阶码 4 位,尾数 12 位,则浮点数格式如下:

下面是一个实际的例子,其中阶码、尾数分别用补码和原码表示。

| 0 | 010 | 1 | 110…0 | 表示二进制 -0.11×10^{10} |
| 1 | 101 | 0 | 110…0 | 表示二进制 0.11×10^{-11} |

1.4.6　数的表示范围

机器中数的表示范围与数据位数及表示方法有关。一个 m 位整数(包括一位符号位),如果采用原码或反码表示法,能表示的最大数为 $2^{m-1}-1$,最小数为 $-(2^{m-1}-1)$;若用补码表示,能表示的最大数值为 $2^{m-1}-1$,最小数为 -2^{m-1}。

这里要说明一点,由于补码中"0"的表示是唯一的,故 $[X]_补 = 100\cdots0$,对应的真值 $X = -2^{m-1}$,从而使补码的表示范围与原码有一点差异。(注意:补码 $100\cdots0$ 的形式是一个特殊的情况,权为 2^{m-1} 位的 1 既代表符号又表示数值)。对补码的表示范围,本书不做证明,读者如果感兴趣,可以自行验证一下。

例如,设 $m=8$,则原码表示范围为 $-127 \sim +127$,反码的表示范围也是 $-127 \sim +127$,补码的表示范围是 $-128 \sim +127$。

一个 n 位定点小数,小数点左边一位表示数的符号,采用原码或反码表示时,表示范

围为 $-(1-2^{-n})\sim(1-2^{-n})$；采用补码表示时，表示范围为 $-1\sim(1-2^{-n})$。

至于浮点数的表示范围，则由阶码位数和尾数位数决定。若阶码用 r 位整数（补码）表示，尾数用 n 位定点小数（原码）表示，则浮点数范围是：

$$-(1-2^{-n})\times2^{(2^{r-1}-1)}-1\sim+(1-2^{-n})\times2^{(2^{r-1}-1)}$$

为了扩大数的表示范围，应该增加阶码的位数，每加一位，数的表示范围就扩大一倍。而要增加精度，就需要增加尾数的位数，在定长机器字中，阶码位数和尾数位数的比例要适当。但为了同时满足对数的范围和精度的要求，往往采用双倍字长甚至更多个字长来表示一个浮点数。

1.4.7　非数值信息的表示

在计算机内部，非数值信息也是采用"0"和"1"两个符号来进行编码表示的。下面着重介绍一下中西文的编码方案。

西文字符的最流行编码方案是"美国信息交换标准代码"，简称 ASCII 码。它包括了10 个数字，大小写英文字母和专用字符共 95 种可打印字符和 33 个控制字符。ASCII 码用一个字节中的 7 位二进制数来表示一个字符，最多可以表示 $2^7=128$ 个字符。

由于 ASCII 码采用 7 位编码，所以没有用到字节的最高位。而很多系统就利用这一位作为校验码，以便提高字符信息传输的可靠性。

除了常用的 ASCII 编码外，用于表示字符的还有另一种 EBCDIC 码，即 Extended Binary Coded Decimal Interchange Code（扩展的二-十进制交换码），采用 8 位二进制表示，有 256 个编码状态。

汉字在计算机内如何表示呢？自然，也只能采用二进制的数字化信息编码。

汉字的数量大，常用的也有几千个之多，显然用一个字节（8 位编码）是不够的。目前的汉字编码方案有 2 字节、3 字节甚至 4 字节的。应用较为广泛的是"国家标准信息交换用汉字编码"（GB2312—1980 标准），简称国标码。国标码是 2 字节码，用两个 7 位二进制数编码表示一个汉字。

在计算机内部，汉字编码和西文编码是共存的，如何区分它们是个很重要的问题，因为对不同的信息有不同的处理方式。方法之一是：对于双字节的国标码，将两个字节的最高位都置成"1"，而 ASCII 码所用字节最高位保持"0"，然后由软件（或硬件）根据字节最高位来做出判断。

1.5　程序开发的基本概念

在学习编程之前，首先来简单了解一下程序的开发过程及基本术语。在后续章节的学习和编程实践中，读者将对它们有不断深入的理解。

1.5.1　基本术语

源程序：用源语言编写的、有待翻译的程序，称为"源程序"。源语言可以是汇编语言，也可以是高级程序设计语言（比如 C++ 语言），用它们写出的程序都是源程序。

目标程序：是源程序通过翻译加工以后所生成的程序。目标程序可以用机器语言表示(因此也称之为"目标代码"),也可以用汇编语言或其他中间语言表示。

翻译程序：是指用来把源程序翻译为目标程序的程序。对翻译程序来说,源程序是它的输入,而目标程序则是其输出。

翻译程序有 3 种不同类型：汇编程序、编译程序、解释程序。

汇编程序：其任务是把用汇编语言写成的源程序翻译成机器语言形式的目标程序。所以,用汇编语言编写的源程序先要经过汇编程序的加工,变为等价的目标代码。

编译程序：若源程序是用高级程序设计语言所写,经翻译程序加工生成目标程序,那么,该翻译程序就称为"编译程序"。所以,高级语言编写的源程序要上机执行,通常首先要经编译程序加工成为机器语言表示的目标程序。若目标程序是用汇编语言表示,则还要经过一次汇编程序的加工。

解释程序：这也是一种翻译程序,同样是将高级语言源程序翻译成机器指令。它与编译程序的不同点就在于：它是边翻译边执行的,即输入一句,翻译一句,执行一句,直至将整个源程序翻译并执行完毕。解释程序不产生整个的目标程序,对源程序中要重复执行的语句(例如循环体中的语句)需要重复地解释执行,因此较之编译方式要多花费执行时间,效率较低。

1.5.2　完整的程序过程

C++ 程序的开发通常要经过编辑、编译、连接、运行调试这几个步骤,如图 1-2 所示。

图 1-2　C++ 程序的开发过程

编辑是将源程序输入到计算机中,生成后缀为.cpp 的磁盘文件。编译是将程序的源代码转换为机器语言代码。但是编译后的程序还不能由计算机执行,还需要连接。连接是将多个目标文件以及库中的某些文件连在一起,生成一个后缀为.exe 的可执行文件。最后,还要对程序进行运行和调试。

在编译和连接时,都会对程序中的错误进行检查,并将查出的错误显示在屏幕上。编译阶段查出的错误是语法错,连接时查出的错误称连接错。

1.6　小结

语言是一套具有语法、词法规则的系统。语言是思维的工具,思维是通过语言来表述的。计算机程序设计语言是计算机可以识别的语言,用于描述解决问题的方法,供计算机阅读和执行。计算机语言可以分为机器语言、汇编语言、高级语言和面向对象的语言。在本书中我们要学习的 C++ 语言就是使用最为广泛的面向对象语言。

面向对象的软件工程是面向对象方法在软件工程领域的全面应用。它包括面向对象的分析(OOA)、面向对象的设计(OOD)、面向对象的编程(OOP)、面向对象的测试(OOT)和面向对象的软件维护(OOSM)等主要内容。

计算机加工的对象是数据信息,而指挥计算机操作的是控制信息。所有的信息在计算机内部都是用二进制数表示的,具体的表示方式根据信息的类型有所不同,这些不同的表示方式也是本章的内容之一。

习　　题

1-1　简述计算机程序设计语言的发展历程。

1-2　面向对象的编程语言有哪些特点?

1-3　什么是结构化程序设计方法? 这种方法有哪些优点和缺点?

1-4　什么是对象? 什么是面向对象方法? 这种方法有哪些特点?

1-5　什么叫做封装?

1-6　面向对象的软件工程包括哪些主要内容?

1-7　计算机内部的信息可分为几类? 简述之。

1-8　什么叫做二进制? 使用二进制有哪些优点和缺点?

1-9　请将以下十进制数值转换为二进制和十六进制补码。

(1) 2　　　　　　　(2) 9　　　　　　　(3) 93

(4) −32　　　　　　(5) 65 535　　　　　(6) −1

1-10　请将以下数值转换为十进制:

(1) $(1010)_2$　　　(2) $(10001111)_2$　　　(3) $(0101111111000011)_2$

(4) $(7F)_{16}$　　　(5) $(2D3E)_{16}$　　　(6) $(F10E)_{16}$

1-11　简要比较原码、反码、补码等几种编码方法。

第 2 章

C++ 简单程序设计

本章首先简要介绍 C++ 语言的发展历史及其特点,接着介绍构成 C++ 语句的基本部分——字符集、关键字、标识符、操作等。程序设计工作主要包括数据结构和算法的设计,数据类型、数据的类型转换及简单输入输出是关于数据的基础知识,本章介绍 C++ 的基本数据类型和自定义数据类型。算法要由一系列控制结构组成,本章介绍的顺序、选择和循环结构是程序设计中最基本的控制结构,也是构成复杂算法的基础。

2.1 C++ 语言概述

2.1.1 C++ 的产生

C++ 是从 C 语言发展演变而来的,因此介绍 C++ 就不能不首先回顾一下 C 语言。C 语言最初是贝尔实验室的 Dennis Ritchie 在 B 语言基础上开发出来的。1972 年在一台 DEC PDP-11 计算机上实现了最初的 C 语言,以后经过了多次改进。目前比较流行的 C 语言版本基本上都是以 ANSI C 为基础的。

C 语言具有许多优点,例如:语言简洁灵活、运算符和数据结构丰富、具有结构化控制语句、程序执行效率高,而且同时具有高级语言与汇编语言的优点。与其他高级语言相比,C 语言具有可以直接访问物理地址的优点,与汇编语言相比又具有良好的可读性和可移植性。因此 C 语言得到了极为广泛的应用,有大量的程序员在使用 C 语言,并且,有许多 C 语言的库代码和开发环境。

尽管如此,由于 C 语言毕竟是一个面向过程的编程语言,因此与其他面向过程的编程语言一样,已经不能满足运用面向对象方法开发软件的需要。C++ 便是在 C 语言基础上为支持面向对象的程序设计而研制的、一个通用目的的程序设计语言,它是在 1980 年由 AT&T 贝尔实验室的 Bjarne Stroustrup 博士创建的。

研制 C++ 的一个首要目标是使 C++ 首先是一个更好的 C,所以 C++ 解决了 C 中存在的一些问题。C++ 的另一个重要目标就是支持面向对象的程序设计,因此在 C++ 中引入了类的机制。最初的 C++ 被称为"带类的 C",1983 年正式取名为 C++。C++ 语言的标准化工作从 1989 年开始,于 1994 年制订了 ANSI C++ 标准草案。以后又经过不断完善,于 1998 年 11 月被国际标准化组织(ISO)批准为国际标准,2003 年 10 月 ISO 又发布了第二版的 C++ 标准,成为目前的 C++。

2.1.2 C++ 的特点

C++ 语言的主要特点表现在两个方面,一是尽量兼容 C,二是支持面向对象的方法。

首先,C++ 的确是一个更好的 C。它保持了 C 的简洁、高效和接近汇编语言等特点,对 C 的类型系统进行了改革和扩充,因此 C++ 比 C 更安全,C++ 的编译系统能检查出更多的类型错误。

由于 C++ 与 C 保持兼容,这就使许多 C 代码不经修改就可以为 C++ 所用,用 C 编写的众多的库函数和实用软件可以用于 C++ 中。另外,由于 C 语言已被广泛使用,因而极大地促进了 C++ 的普及和面向对象技术的广泛应用。

然而,也正是由于对 C 的兼容使得 C++ 不是一个纯正的面向对象的语言,C++ 既支持面向过程的程序设计,又支持面向对象的程序设计。

C++ 语言最有意义的方面是支持面向对象的特征。虽然与 C 的兼容使得 C++ 具有双重特点,但它在概念上是和 C 完全不同的语言,我们应该注意按照面向对象的思维方式去编写程序。

如果读者已经有其他面向过程高级语言的编程经验,那么学习 C++ 语言时应该着重学习它的面向对象的特征,对于与 C 语言兼容的部分只要了解一下就可以了。因为 C 语言与其他面向过程的高级语言在程序设计方法上是类似的。

如果读者是初学编程,那么,虽然与 C 兼容的部分不是 C++ 的主要成分,你依然不能越过它。像数据类型、算法的控制结构、函数等,不仅是面向过程程序设计的基本成分,也是面向对象编程的基础。因为,对象是程序的基本单位,然而对象的静态属性往往需要用某种类型的数据来表示,对象的动态属性要由成员函数来实现,而函数的实现归根到底还是算法的设计。

2.1.3 C++ 程序实例

现在,来看一个简短的程序实例。由于还没有介绍有关面向对象的特征,例 2-1 只是一个面向过程的程序,我们只是通过这个程序看一看,计算机程序是个什么样子,如何能够通过程序来控制计算机的操作。

例 2-1 一个简单的 C++ 程序。

```
//2_1.cpp
#include <iostream>
using namespace std;
int main() {
    cout<<"Hello!"<<endl;
    cout<<"Welcome to C++!"<<endl;
    return 0;
}
```

这里 main 是主函数名,函数体用一对大括号包围。函数是 C++ 程序中最小的功能单位。在 C++ 程序中,必须有且只能有一个名为 main 的函数,它表示了程序执行的开始点。main()函数之前的 int 表示 main()函数的返回值类型(关于函数的返回值将在第 3 章详细介绍)。程序由语句组成,每条语句由分号(;)作为结束符。cout 是一个输出流对象,它是 C++ 系统预定义的对象,其中包含了许多有用的输出功能。输出操作由操作符"<<"来表达,其作用是将紧随其后的双引号中的字符串输出到标准输出设备(显示器)上。endl 表示一个换行符。在第 11 章中将对输出流做详细介绍,在这里读者只要知道可以用"cout<<"实现输出就可以了。return 0 表示退出 main()函数并以 0 作为返回值。main()函数的返回值是 0 意味着程序正常结束,如果 main()以非 0 值返回,则意味着程序异常结束。

程序中的下述内容:

```
#include <iostream>
```

指示编译器在对程序进行预处理时,将文件 iostream 中的代码嵌入到程序中该指令所在的地方,其中 #include 被称为预处理指令。文件 iostream 中声明了程序所需要的输入和输出操作的有关信息。cout 和"<<"操作的有关信息就是在该文件中声明的。由于这类文件常被嵌入在程序的开始处,所以称之为头文件。在 C++ 程序中如果使用了系统中提供的一些功能,就必须嵌入相关的头文件。

"using namespace"是针对命名空间的指令。关于命名空间的概念,将在第 5 章介绍。编写简单程序时读者只要在嵌入 iostream 文件之后,加上如下语句即可:

```
using namespace std;
```

当编写完程序文本后,要将它存储为后缀为.cpp 的文件,称为 C++ **源文件**,经过编译系统的编译、连接后,产生**可执行文件**。本书中的例题都可以使用 Windows 下的 Microsoft Visual C++ 2008 集成环境和 Linux 下的 GNU C++ Compiler 4.2 编译器正确编译并执行。对于开发环境的使用方法,读者可以参考与本书配套的习题解答与实验指导。

例 2-1 运行时在屏幕上输出如下结果:

```
Hello!
Welcome to c++!
```

2.1.4　字符集

字符集是构成 C++ 语言的基本元素。用 C++ 语言编写程序时,除字符型数据外,其他所有成分都只能由字符集中的字符构成。C++ 语言的字符集由下述字符构成。

- 英文字母:A~Z,a~z
- 数字字符:0~9
- 特殊字符:

```
!       #       %       ^       &       *       _(下划线)  +
=       -       ~       <       >       /       \         '
"       ;       .       ,       :       ?       (         )
[       ]       {       }
```

2.1.5　词法记号

词法记号是最小的词法单元,下面将介绍 C++ 的关键字、标识符、文字、运算符、分隔符和空白符。

1. 关键字

关键字是 C++ 预先声明的单词,它们在程序中有不同的使用目的。下面列出的是 C++ 中的关键字。

asm	auto	bool	break	case	catch	char
class	const	const_cast	continue	default	delete	do
double	dynamic_cast	else	enum	explicit	export	extern
false	float	for	friend	goto	if	inline
int	long	mutable	namespace	new	operator	private
protected	public	register	reinterpret_cast	return	short	signed
sizeof	static	static_cast	struct	switch	template	this
throw	true	try	typedef	typeid	typename	union
unsigned	using	virtual	void	volatile	wchar_t	while

关于这些关键字的意义和用法,将在以后逐渐介绍。

2. 标识符

标识符是程序员定义的单词,它命名程序正文中的一些实体,如函数名、变量名、类名、对象名等。C++ 标识符的构成规则如下。

- 以大写字母、小写字母或下划线(_)开始。
- 可以由以大写字母、小写字母、下划线(_)或数字 0~9 组成。
- 大写字母和小写字母代表不同的标识符。
- 不能是 C++ 关键字。

例如:Rectangle,Draw_line,_No1 都是合法的标识符,而 No.1,1st 则是不合法的标识符。

3. 文字

文字是在程序中直接使用符号表示的数据,包括数字、字符、字符串和布尔文字,在 2.2 节中将详细介绍各种文字。

4. 操作符(运算符)

操作符是用于实现各种运算的符号,例如:+,−,∗,/,…。在 2.2 节及后续章节,将详细介绍各种操作符。

5. 分隔符

分隔符用于分隔各个词法记号或程序正文,C++ 分隔符是:

$$() \quad \{\} \quad , \quad : \quad ;$$

这些分隔符不表示任何实际的操作,仅用于构造程序,其具体用法会在以后的章节中介绍。

6. 空白

在程序编译时的词法分析阶段将程序正文分解为词法记号和空白。空白是空格、制表符（Tab 键产生的字符）、垂直制表符、换行符、回车符和注释的总称。

空白符用于指示词法记号的开始和结束位置，但除了这一功能之外，其余的空白将被忽略。因此，C++ 程序可以不必严格地按行书写，凡是可以出现空格的地方，都可以出现换行。例如：

```
int i;
```

与

```
int  i;
```

或与

```
int
i
;
```

是等价的。尽管如此，在书写程序时，仍要力求清晰、易读。因为一个程序不只是要让编译器分析，还要给人阅读，以便于修改、维护。

注释在程序中的作用是对程序进行注解和说明，以便于阅读。编译系统在对源程序进行编译时处理注释部分，因此注释对于程序的功能实现不起任何作用。而且由于编译时忽略注释部分，所以注释内容不会影响最终产生的可执行程序的大小。适当地使用注释，能够提高程序的可读性。

在 C++ 中，有两种给出注释的方法。一种是沿用 C 语言的方法，使用"/ * "和" * /"括起注释文字。例如：

```
/ * This is
a comment.
 * /
int i;                    / * i is an integer * /
```

这里"/ * "和" * /"之间的所有字符都被作为注释处理。

另一种方法是使用"//"，从"//"开始，直到它所在行的行尾，所有字符都被作为注释处理。例如：

```
//This is a comment.
int i;                    //i is an integer
```

2.2　基本数据类型和表达式

数据是程序处理的对象，数据可以依其本身的特点进行分类。我们知道在数学中有整数、实数等概念，在日常生活中需要用字符串来表示人的姓名和地址，有些问题的回答只能是"是"或"否"（即逻辑"真"或"假"）。不同类型的数据有不同的处理方法，例如：整数和实数可以参加算术运算,但实数的表示又不同于整数,要保留一定的小数位;字符串可以拼接;逻辑数据可以参加"与"、"或"、"非"等逻辑运算。

我们编写计算机程序,目的就是为了解决客观世界中的现实问题。所以,高级语言中也为我们提供了丰富的数据类型和运算。C++ 中的数据类型分为基本类型和自定义类型。基本类型是 C++ 编译系统内置的。本节将首先介绍基本数据类型。

2.2.1　基本数据类型

C++ 的基本数据类型如表 2-1 所示(表中各类型的长度和取值范围,以面向 IA-32 处理器的 VC++ 2008 和 gcc 4.2 为准)。

表 2-1　C++ 的基本数据类型

类 型 名	长度(字节)	整数表示范围及浮点数绝对值的精度范围
bool	1	false,true
char	1	−128～127
signed char	1	−128～127
unsigned char	1	0～255
short(signed short)	2	−32 768～32 767
unsigned short	2	0～65 535
int(signed int)	4	−2 147 483 648～2 147 483 647
unsigned int	4	0～4 294 967 295
long(signed long)	4	−2 147 483 648～2 147 483 647
unsigned long	4	0～4 294 967 295
float	4	$3.4 \times 10^{-38} \sim 3.4 \times 10^{38}$
double	8	$1.7 \times 10^{-308} \sim 1.7 \times 10^{308}$
long double	8	$1.7 \times 10^{-308} \sim 1.7 \times 10^{308}$

从表 2-1 中可以看到,C++ 的基本数据类型有 bool(布尔型)、char(字符型)、int(整型)、float(浮点型,表示实数)、double(双精度浮点型,简称双精度型)。除了 bool 型外,主要有两大类:整数和浮点数。因为 char 型从本质上说也是整数类型,它是长度为 1 个字节的整数,通常用来存放字符的 ASCII 码。其中关键字 signed 和 unsigned,以及关键字 short 和 long 被称为修饰符。

用 short 修饰 int 时,short int 表示短整型,占 2 字节。此时 int 可以省略,因此表 2-1 中列出的是 short 型而不是 short int 型。long 可以用来修饰 int 和 double。用 long 修饰 int 时,long int 表示长整型,占 4 字节,同样此时 int 也可以省略。

细节　ISO C++ 标准并没有明确规定每种数据类型的字节数和取值范围,它只是规定它们之间的字节数大小顺序满足:

(signed/unsigned)char≤(unsigned)short≤(unsigned)int≤(unsigned) long

不同的编译器对此会有不同的实现。面向 32 位处理器(IA-32)的 C++ 编译器通常将 int 和 long 两种数据类型皆用 4 个字节表示,但一些面向 64 位处理器(IA-64 或 x86-64)的 C++ 编译器中,int 用 4 个字节表示,long 用 8 个字节表示。因此(unsigned)int 和

（unsigned）long 虽然在表 2-1 中具有相同的取值范围,但仍然是两种不同的类型。

一般情况下,如果对一个整数所占字节数和取值范围没有特殊要求,使用（unsigned）int 型为宜,因为它通常具有最高的处理效率。

signed 和 unsigned 可以用来修饰 char 型和 int 型（也包括 short 和 long）,signed 表示有符号数,unsigned 表示无符号数。有符号整数在计算机内是以二进制补码形式存储的,其最高位为符号位,"0"表示"正","1"表示"负"。无符号整数只能是正数,在计算机内是以绝对值形式存放的。int 型（也包括 short 和 long）在默认（不加修饰）情况下是有符号（signed）的。

细节　char 与 int,short,long 有所不同,ISO C++ 标准并没有规定它在默认（不加修饰）情况下是有符号的还是无符号的,它会因不同的编译环境而异。因此,char,signed char 和 unsigned char 是 3 种不同的数据类型。

两种浮点类型除了取值范围有所不同外,精度也有所不同,float 可以保存 7 位有效数字,double 可以保存 15 位有效数字。

bool（布尔型,也称逻辑型）数据的取值只能是 false（假）或 true（真）。bool 型数据所占的字节数在不同的编译系统中有可能不一样,在 VC++ . NET 2005 编译环境中 bool 型数据占 1 字节。

程序所处理的数据不仅分为不同的类型,而且每种类型的数据还有常量与变量之分。接下来,将详细介绍各种基本类型的数据。

2.2.2　常量

所谓常量是指在程序运行的整个过程中其值始终不可改变的量,也就是直接使用符号（文字）表示的值。例如：12,3.5,'A'都是常量。

1. 整型常量

整型常量即以文字形式出现的整数,包括正整数、负整数和零。整型常量的表示形式有十进制、八进制和十六进制。

十进制整型常量的一般形式与数学中我们所熟悉的表示形式是一样的：

[±]若干个 0~9 的数字

即符号加若干个 0~9 的数字,但数字部分不能以 0 开头,正数前边的正号可以省略。

八进制整常量的数字部分要以数字 0 开头,一般形式为：

0 若干个 0~7 的数字

十六进制整常量的数字部分要以 0x 开头,一般形式为：

0x 若干个 0~9 的数字及 A~F 的字母 (大小写均可)

由于八进制和十六进制形式的整型常量一般用来表示无符号整数,所以前面不应带正负号。

整型常量可以用后缀字母 L（或 l）表示长整型,后缀字母 U（或 u）表示无符号型,也可同时后缀 L 和 U（大小写无关）。

例如：$-123,0123,0x5af$ 都是合法的常量形式。

2. 实型常量

实型常量即以文字形式出现的实数,实数有两种表示形式：一般形式和指数形式。

一般形式：例如,$12.5,-12.5$ 等。

指数形式：例如,$0.345E+2$ 表示 0.345×10^2,$-34.4E-3$ 表示 -34.4×10^{-3}。其中,字母 E 可以大写或小写。当以指数形式表示一个实数时,整数部分和小数部分可以省略其一,但不能都省略。例如：$.123E-1,12.E2,1.E-3$ 都是正确的,但不能写成 $E-3$ 这种形式。

实型常量默认为 double 型,如果后缀 F(或 f)可以使其成为 float 型,例如：12.3f。

3. 字符常量

字符常量是单引号括起来的一个字符,如：'a','D','?','$'等。

另外,还有一些字符是不可显示字符,也无法通过键盘输入,例如响铃、换行、制表符、回车等。这样的字符常量该如何写到程序中呢？C++ 提供一种称为转义序列的表示方法来表示这些字符,表 2-2 列出了 C++ 预定义的转义序列。

表 2-2   C++ 预定义的转义序列

字符常量形式	ASCII 码（十六进制）	含 义	字符常量形式	ASCII 码（十六进制）	含 义
\a	07	响铃	\r	0D	回车
\n	0A	换行	\v	0C	换页
\t	09	水平制表符	\\	5C	字符"\"
\v	0B	垂直制表符	\"	22	双引号
\b	08	退格	\'	27	单引号

无论是不可显示字符还是一般字符,都可以用十六进制或八进制 ASCII 码来表示,表示形式是：

\nnn   八进制形式
\xnnn   十六进制形式

其中 nnn 表示 3 位八进制或十六进制数。

例如,'a' 的十六进制 ASCII 码是 61,于是'a'也可以表示为'\x61'。

由于单引号是字符的界限符,所以单引号本身就要用转移序列表示为'\'。

字符数据在内存中以 ASCII 码的形式存储,每个字符占 1 字节,使用 7 个二进制位。

4. 字符串常量

字符串常量简称字符串,是用一对双引号括起来的字符序列。例如："abcd","China","This is a string."都是字符串常量。由于双引号是字符串的界限符,所以字符串中间的双引号就要用转义序列来表示。例如：

"Please enter \"Yes\" or \"No\""

表示的是下列文字：

Please enter "Yes" or "No"

　　字符串与字符是不同的,它在内存中的存放形式是:按串中字符的排列次序顺序存
放,每个字符占一个字节,并在末尾添加'\0'作为结尾标
记。图 2-1 是字符数据及其存储形式的举例。从图中可
以看出,字符串"a"与字符'a'是不同的。

| "CHINA" | C | H | I | N | A | \0 |

| "a" | a | \0 |

| 'a' | a |

5. 布尔常量

布尔型常量只有两个：false(假)和 true(真)。

图 2-1　字符数据及其
　　　　存储形式举例

2.2.3　变量

　　在程序的执行过程中其值可以变化的量称为变量,变量是需要用名字来标识的。

1. 变量的声明和定义

　　就像常量具有各种类型一样,变量也具有相应的类型。**变量在使用之前需要首先声
明其类型和名称**。变量名也是一种标识符,因而给变量命名时,应该遵守 2.1 节中介绍的
标识符构成规则。在同一语句中可以声明同一类型的多个变量。变量声明语句的形式
如下：

数据类型　变量名 1, 变量名 2, …, 变量名 n;

　　例如,下列两条语句声明了两个 int 型变量和 3 个 float 型变量：

```
int num, total;
float v, r, h;
```

　　声明一个变量只是将变量名标识符的有关信息告诉编译器,使编译器"认识"该标识
符,但是声明并不一定引起内存的分配。而定义一个变量意味着给变量分配内存空间,用
于存放对应类型的数据,变量名就是对相应内存单元的命名。在 C++ 程序中,大多数情
况下变量声明也就是变量定义,声明变量的同时也就完成了变量的定义,只有声明外部变
量时例外。关于外部变量将在第 5 章介绍。**在定义一个变量的同时,也可以给它赋予初
值**,而这实质上就是给对应的内存单元赋值。例如：

```
int a=3;
double f=3.56;
char c='a';
```

　　在定义变量的同时赋初值还有另外一种形式,例如：

```
int a(3);
```

　　注意　虽然 C++ 中有字符串常量,却没有字符串变量。那么用什么类型的变量来存
放字符串呢？在第 6 章中,将介绍用字符串类来存储字符串的方法。

2. 变量的存储类型

　　变量除了具有数据类型外,还具有存储类型。变量的存储类型决定了其存储方式,具
体介绍如下：

auto 存储类型：采用堆栈方式分配内存空间，属于暂时性存储，其存储空间可以被若干变量多次覆盖使用。

register 存储类型：存放在通用寄存器中。

extern 存储类型：在所有函数和程序段中都可引用。

static 存储类型：在内存中是以固定地址存放的，在整个程序运行期间都有效。

对于初学编程的读者，在此可以先不必注意存储类型，在学习了第 5 章中有关变量的作用域与可见性后，便会对变量的存储类型有进一步的理解。

2.2.4　符号常量

除了前面讲过的直接用文字表示常量外，也可以为常量命名，这就是符号常量。**符号常量在使用之前一定要首先声明**，这一点与变量很相似。常量声明语句的形式为：

```
const   数据类型说明符   常量名=常量值；
```

或

```
数据类型说明符   const   常量名=常量值；
```

例如，可以声明一个代表圆周率的符号常量：

```
const float PI=3.1415926；
```

注意　符号常量在声明时一定要赋初值，而在程序中间不能改变其值。例如，下列语句是错误的：

```
const float PI；
PI=3.1415926；              //错！常量不能被赋值
```

与直接使用文字常量相比，给常量起个有意义的名字有利于提高程序的可读性。而且如果程序中多处用到同一个文字常量（如圆周率 3.14），当需要对该常量值进行修改时（例如改为 3.1416），往往顾此失彼，引起不一致性。使用符号常量，由于只在声明时赋予初值，修改起来十分简单，因而可以避免因修改常量值带来的不一致性。

2.2.5　运算符与表达式

到现在为止，我们了解了 C++ 语言中各种类型数据的特点及其表示形式。那么如何对这些数据进行处理和计算呢？通常当要进行某种计算时，都要首先列出算式，然后求解其值。当利用 C++ 语言编写程序求解问题时也是这样。在程序中，表达式是计算求值的基本单位。

我们可以简单地将表达式理解为用于计算的公式，它由运算符（例如：＋，－，＊，/）、运算量（也称操作数，可以是常量、变量等）和括号组成。执行表达式所规定的运算，所得到的结果值便是表达式的值。例如：a＋b，x/y 都是表达式。

下面再用较严格的语言给表达式下一个定义，读者如果不能够完全理解也不要紧，表达式在程序中无处不在，而且接下来还要详细介绍各种类型的表达式，用得多了自然也就理解了。

表达式可以被定义为：

- 一个常量或标识对象的标识符是一个最简单的表达式，其值是常量或对象的值。
- 一个表达式的值可以用来参与其他操作，即用作其他运算符的操作数，这就形成了更复杂的表达式。
- 包含在括号中的表达式仍是一个表达式，其类型和值与未加括号时的表达式相同。

C++ 语言中定义了丰富的运算符，如算术运算符、关系运算符、逻辑运算符等。有些运算符需要两个操作数，使用形式为：

操作数 1　运算符　操作数 2

这样的运算符称为**二元运算符**（或二目运算符）。另一些运算符只需要一个操作数，称为**一元运算符**（或单目运算符）。

运算符具有优先级与结合性。当一个表达式中包含多个运算符时，先进行优先级高的运算，再进行优先级低的运算。如果表达式中出现了多个相同优先级的运算，运算顺序就要看运算符的结合性了。所谓结合性是指当一个操作数左右两边的运算符优先级相同时，按什么样的顺序进行运算，是自左向右，还是自右向左。

下面就来详细介绍各种类型的运算符及表达式。

1. 算术运算符与算术表达式

C++ 中的算术运算符包括基本算术运算符和自增自减运算符。由**算术运算符、操作数和括号构成的表达式称为算术表达式**。

基本算术运算符有：＋（加或正号）、－（减或负号）、＊（乘）、/（除）、％（取余）。其中"＋"作为正号、"－"作为负号时为一元运算符，其余都为二元运算符。这些基本算术运算符的意义与数学中相应符号的意义是一致的。它们之间的相对优先级关系与数学中也是一致的，即先乘除、后加减，同级运算自左至右进行。

"％"是取余运算，只能用于整型操作数，表达式 $a\%b$ 的结果是 a 被 b 除的余数。"％"的优先级与"/"相同。

当"/"用于两个整型数据相除时，其结果取商的整数部分，小数部分被自动舍弃。因此，表达式 1/2 的结果为 0，这一点需要特别注意。

另外，C++ 中的＋＋（自增）、－－（自减）运算符是使用方便的两个运算符，它们都是一元运算符。这两个运算符都有前置和后置两种使用形式，如：i＋＋，－－j 等。无论写成前置还是后置的形式，它们的作用都是将操作数的值增 1（减 1）后，重新写回该操作数在内存中原有的位置。所以如果变量 i 原来的值是 1，计算表达式 i＋＋后，表达式的结果为 2，并且 i 的值也被改变为 2。如果变量 j 原来的值是 2，计算表达式－－j 后，表达式的结果为 1，并且 j 的值也被改变为 1。但是，当自增、自减运算的结果要被用来继续参与其他操作时，前置与后置时的情况就完全不同了。例如，如果 i 的值为 1，则下列两条语句的执行效果是不一样的：

```
cout<<i++;        //首先使 i 自增为 2,然后输出 i 自增前的值 1
```

```
cout<<++i;          //首先使 i 自增为 2,然后输出 i 的当前值 2
```

2. 赋值运算符与赋值表达式

C++ 提供了几个赋值运算符,最简单的赋值运算符就是"＝"。**带有赋值运算符的表达式被称为赋值表达式**。例如,n＝n＋5 就是一个赋值表达式。赋值表达式的作用就是将等号右边表达式的值赋给等号左边的对象。赋值表达式的类型为等号左边对象的类型,其结果值为等号左边对象被赋值后的值,运算的结合性为自右向左。请看下列赋值表达式的例子。

a＝5	表达式值为 5。
a＝b＝c＝5	表达式值为 5,a,b,c 均为 5。这个表达式从右向左运算,在 c 被更新为 5 后,表达式 c＝5 的值为 5,接着 b 的值被更新为 5,最后 a 被赋值为 5。
a＝5 + (c＝6)	表达式值为 11,a 为 11,c 为 6。
a＝(b＝4)+ (c＝6)	表达式值为 10,a 为 10,b 为 4, c 为 6。
a＝(b＝10)/(c＝2)	表达式值为 5,a 为 5,b 为 10,c 为 2。

除了"＝"以外,C++ 还提供了 10 种复合的赋值运算符:＋＝,－＝,＊＝,/＝,％＝,<<＝,>>＝,&＝,^＝,|＝。其中前 5 个是由赋值运算符与算术运算符复合而成的,后 5 个是赋值运算符与位运算符复合而成的。关于位运算,稍后再做介绍。这 10 种复合的赋值运算符都是二元运算符,优先级与"＝"相同,结合性也是自右向左。现在举例说明复合赋值运算符的功能,例如:

a＋＝3	等价于	a＝a＋3
x＊＝y＋8	等价于	x＝x＊(y＋8)
a＋＝a－＝a＊a	等价于	a＝a＋(a＝a－a＊a)

3. 逗号运算和逗号表达式

在 C++ 中,逗号也是一个运算符,它的使用形式为:

表达式 1,表达式 2

求解顺序为先求解 1,再求解 2,最终结果为表达式 2 的值。

```
a=3 * 5, a * 4          最终结果为 60
```

4. 逻辑运算与逻辑表达式

在解决许多问题时都需要进行情况判断,对复杂的条件进行逻辑分析。C++ 中也提供了用于比较、判断的关系运算符和用于逻辑分析的逻辑运算符。

关系运算是比较简单的一种逻辑运算,关系运算符及其优先次序为:

<u><(小于),<=(小于或等于),>(大于),>=(大于或等于)</u>,<u>==（等于),!=(不等于)</u>

　　　　　优先级相同(较高)　　　　　　　　　　　优先级相同(较低)

用关系运算符将两个表达式连接起来,就是关系表达式。关系表达式是一种最简单的逻辑表达式,其结果类型为 bool,值只能为 true 或 false。

例如:a>b,c<=a＋b,x＋y==3 都是关系表达式。当 a 大于 b 时,表达式 a>b 的值为 true,否则为 false;当 c 小于或者等于 a＋b 时,表达式 c<=a＋b 的值为 true,否则

为 false;当 x+y 的值为 3 时,表达式 x+y==3 为 true,注意这里是连续的两个等号,不要误写为赋值运算符"="。

若只有简单的关系比较是远不能满足编程需要的,我们还需要用逻辑运算符将简单的关系表达式连接起来,构成较复杂的逻辑表达式。逻辑表达式的结果类型为 bool,值只能为 true 或 false。C++ 中的逻辑运算符及其优先次序为:

$$!(非)\qquad \&\&(与)\qquad \|(或)$$

优先级次序:　　　　　　　高　　→　　　　　低

"!"是一元运算符,使用形式是:!操作数。非运算的作用是对操作数取反,如果操作数 a 的值为 true,则表达式!a 的值为 false。如果操作数 a 的值为 false,则表达式!a 的值为 true。

"&&"和"‖"都是二元运算符。"&&"运算的作用是求两个操作数的逻辑"与",只有当两个操作数的值都为 true 时,与运算结果才为 true,其他情况下"与"运算结果均为 false。"‖"运算的作用是求两个操作数的逻辑"或",只有当两个操作数的值都为 false 时,"或"运算结果才为 false,其他情况下"或"运算结果均为 true。

逻辑运算符的运算规则可以用真值表来说明,表 2-3 给出了操作数 a 和 b 值的各种组合,以及逻辑运算的结果。

表 2-3　逻辑运算符的真值表

a	b	!a	a && b	a ‖ b
true	true	false	true	true
true	false	false	false	true
false	true	true	false	true
false	false	true	false	false

例如,假设已有如下声明:

```
int a=5, b=3, x=10, y=20;
```

则逻辑表达式(a>b)&&(x>y)的值为 false。

注意　"&&"和"‖"运算符具有"短路"特性。这种特性具体是指:对于"&&",运行时先对第一个操作数求值,如果其值为 false,则不再对第二个操作数求值,因为这时无论第二个操作数的值是多少,"&&"表达式的值都是 false;类似地,对于"‖",运行时先对第一个操作数求值,如果其值为 true,则不再对第二个操作数求值。

当"&&"或"‖"的第二个操作数在求值的过程中,还会产生副作用(例如使某些变量的值发生变化,或者产生了输入输出等),这种"短路"特性尤其值得注意。例如,对于(a==b)‖(++c==1)这个表达式,a==b 的求值结果会影响到 c 的值,只有当 a==b 结果为 false 时,c 的自增才会被执行。

5. 条件运算符与条件表达式

C++ 中唯一的一个三元运算符是条件运算符"?",它能够实现简单的选择功能。条件表达式的形式是:

表达式 1?　表达式 2:表达式 3

其中表达式 1 必须是 bool 类型,表达式 2,3 可以是任何类型,且类型可以不同。条件表达式的最终类型为 2 和 3 中较高的类型(稍后介绍类型转换时会解释类型的高与低)。

条件表达式的执行顺序为:先求解表达式 1。若表达式 1 的值为 true,则求解表达式 2,表达式 2 的值为最终结果;若表达式 1 的值为 false,则求解表达式 3,表达式 3 的值为最终结果。注意,条件运算符优级高于赋值运算符,低于逻辑运算符。结合方向为自右向左。

下面我们来看看条件表达式的应用举例。

(1) 设 a 和 b 是两个整型变量,则表达式(a<b)? a:b 的功能是求出整数 a 和 b 中较小数的值。

(2) 设变量 score 中存放着某学生的成绩,现在需要对成绩进行判断,若成绩大于或等于 60,则输出"pass",否则输出"fail"。下列语句可以实现这一功能:

```
cout<<(score>=60?"pass" : "fail");
```

6. sizeof 运算符

sizeof 运算符用于计算某种类型的对象在内存中所占的字节数。该操作符使用的语法形式为:

```
sizeof (类型名)
```

或

```
sizeof 表达式
```

运算结果值为"类型名"所指定的类型或"表达式"的结果类型所占的字节数。注意在这个计算过程中,并不对括号中的表达式本身求值。

7. 位运算

在本章的开头曾提到,C 语言同时具有高级语言与汇编语言的优点。具有位运算能力便是这种优点的一个体现。一般的高级语言处理数据的最小单位只能是字节,C 语言却能对数据按二进制位进行操作。当然这一优点现在也被 C++ 完全继承下来了。在 C++ 中提供了 6 个位运算符,可以对整数进行位操作。

(1) 按位与(&)

按位与操作的作用是将两个操作数对应的每一位分别进行逻辑与操作。

例如:计算 3&5

```
        3:        00000011
        5: (&)    00000101
      ─────────────────────
    3 & 5:        00000001
```

使用按位与操作可以将操作数中的若干位置 0(其他位不变);或者取操作数中的若干指定位。请看下面两个例子。

① 下列语句将 char 型变量 a 的最低位置 0:

```
a=a & 0xfe;
```

② 假设有 char c；int a；下列语句取出 a 的低字节,置于 c 中：

```
c=a & 0xff;
```

(2) 按位或(|)

按位或操作的作用是将两个操作数对应的每一位分别进行逻辑或操作。

例如：计算 3|5

```
      3：      00000011
      5：(|)   00000101
 ─────────────────────
    3|5：      00000111
```

使用按位或操作可以将操作数中的若干位置 1(其他位不变)。例如：将 int 型变量 a 的低字节置 1：

```
a=a|0xff;
```

(3) 按位异或(^)

按位异或操作的作用是将两个操作数对应的每一个位进行异或,具体运算规则是：若对应位相同,则该位的运算结果为 0；若对应位不同,则该位的运算结果为 1。

例如：计算 0x39^0x2a

```
   0x39：       00111001
   0x2a：  (^)  00101010
 ──────────────────────
 0x39^0x2a：    00010011
```

使用按位异或操作可以将操作数中的若干指定位翻转。如果使某位与 0 异或,结果是该位的原值。如果使某位与 1 异或,则结果与该位原来的值相反。

例如：要使 01111010 低 4 位翻转,可以与 00001111 进行异或：

```
        01111010
 (^)    00001111
 ───────────────
        01110101
```

(4) 按位取反(~)

按位取反是一个单目运算符,其作用是对一个二进制数的每一位取反。例如：

```
  025：0000000000010101
 ~025：1111111111101010
```

(5) 移位

C++ 中有两个移位运算符,左移运算(＜＜)和右移运算(＞＞),都是二元运算符。移位运算符左边的操作数是需要移位的数值,右边的操作数是左移或右移的位数。

左移是按照指定的位数将一个数的二进制值向左移位。左移后,低位补 0,移出的高位舍弃。

右移是按照指定的位数将一个数的二进制值向右移位。右移后,移出的低位舍弃。如果是无符号数则高位补 0；如果是有符号数,则高位补符号位或补 0,对这一问题不同的系统可能有不同的处理方法。面向 IA-32 处理器的 VC++ 2008 和 gcc 4.2 采用的都是补符号位的方法。

下面我们看两个例子。

① 如果有 char 型变量 a 的值为-8,则 a 在内存中的二进制补码值为11111000,于是表达式 a>>2 的值为-2。图 2-2 说明了移位操作的过程。

图 2-2　a>>2 的移位操作过程

② 表达式 2<<1 的值为 4。图 2-3 说明了移位操作的过程。

图 2-3　2<<1 的移位操作过程

这里应该注意,移位运算的结果是位运算表达式(a>>2 和 2<<1)的值,移位运算符左边的表达式(变量 a 和常量 2)值本身并不会被改变。

8. 运算符优先级与结合性

在表 2-4 中列出了 C++中全部运算符的优先级与结合性,其中有一些本章已经介绍过,还有一些将在以后的章节中陆续介绍。

表 2-4　运算符优先级

优先级	运　算　符	结合性
1	[],(),.,->,后置++,后置--	左→右
2	前置++,前置--,sizeof,&,*,+(正号),-(负号),~,!	右→左
3	(强制转换类型)	右→左
4	.*,->*	左→右
5	*,/,%	左→右
6	+,-	左→右
7	<<,>>	左→右
8	<,>,<=,>=	左→右
9	==,!=	左→右
10	&	左→右
11	^	左→右
12			左→右
13	&&	左→右
14	||	左→右
15	?:	右→左
16	=,*=,/=,%=,+=,-=,<<=,>>=,&=,^=,|=	右→左
17	,	左→右

9. 混合运算时数据类型的转换

当表达式中出现了多种类型数据的混合运算时,往往需要进行类型转换。表达式中的类型转换分为两种:隐含转换和显式转换。

（1）隐含转换

算术运算符、关系运算符、逻辑运算符、位运算符和赋值运算符这些二元运算符，要求两个操作数的类型一致。在算术运算和关系运算中如果参与运算的操作数类型不一致，编译系统会自动对数据进行转换（即隐含转换）。转换的基本原则是将**低类型数据转换为高类型数据**。类型越高，数据的表示范围越大，精度也越高，各种类型的高低顺序如下：

char　short　int　unsigned　long　unsigned long　float　double

低————————————————————————————————————高

表 2-5 中列出了隐含转换的规则。**这种转换是安全的，因为在转换过程中数据的精度没有损失。**

表 2-5　混合运算时数据类型的转换

条　　件		转　　换
有一个操作数是 long double 型		将另一个操作数转换为 long double 型
前述条件不满足，并且有一个操作数是 double 型		将另一个操作数转换为 double 型
前述条件不满足，并且有一个操作数是 float 型		将另一个操作数转换为 float 型
前述条件不满足（两个操作数都不是浮点数）	有一个操作数 是 unsigned long 型	将另一个操作数转换为 unsigned long 型
	有一个操作数是 long 型，另一个操作数是 unsigned int 型	将两个操作数都转换为 unsigned long 型
	前述条件不满足，并且有一个操作数是 long 型	将另一个操作数转换为 long 型
	前述条件不满足，并且有一个操作数是 unsigned int 型	将另一个操作数转换为 unsigned int 型
	前述条件都不满足	将两个操作数都转换为 int 型

逻辑运算符要求参与运算的操作数必须是 bool 型，如果操作数是其他类型，编译系统会自动将其转换为 bool 型。转换方法是：非 0 数据转换为 true，0 转换为 false。

位运算的操作数必须是整数，当二元位运算的操作数是不同类型的整数时，编译系统也会自动进行类型转换，转换时会遵循表 2-5 中列出的隐含转换的规则。

赋值运算要求左值（赋值运算符左边的值）与右值（赋值运算符右边的值）的类型相同，若类型不同，编译系统会自动进行类型转换。但这时的转换不适用表 2-5 中列出的隐含转换的规则，而是一律将右值转换为左值的类型。

下面的程序段说明了类型转换的规则。

```
float fVal;
double dVal;
int iVal;
unsigned long ulVal;
dVal=iVal * ulVal;      //iVal 被转换为 unsigned long, 乘法运算的结果被转换为 double
dVal=ulVal + fVal;      //ulVal 被转换为 float, 加法运算的结果被转换为 double
```

（2）显式转换

显式类型转换的作用是将表达式的结果类型转换为另一种指定的类型。例如在标准 C++ 之前，显式类型转换语法形式有两种：

```
类型说明符 (表达式)          //C++ 风格的显式转换符号
```

或

```
(类型说明符) 表达式          //C 语言风格的显式转换符号
```

这两种写法只是形式上有所不同，功能完全相同。

显式类型转换的作用是将表达式的结果类型转换为类型说明符所指定的类型。例如：

```
float z=7.56, fractionPart;
int wholePart;
wholePart=int(z);                //将 float 型转换为 int 型时，取整数部分，舍弃小数部分
fractionPart=z-(int)z;           //用 z 减去其整数部分，得到小数部分
```

标准 C++ 也支持上面两种类型显式转换语法，此外又定义了 4 种类型转换操作符：static_cast，dynamic_cast，const_cast 和 reinterpret_cast，语法形式如下：

```
const_cast<类型说明符> (表达式)
dynamic_cast<类型说明符> (表达式)
reinterpret_cast<类型说明符> (表达式)
static_cast<类型说明符> (表达式)
```

下面对这 4 种类型转换操作符与前面所介绍的两种类型转换语法的关系进行简单介绍。由于我们已经学过的知识有限，所以这里不可能把它们的关系分析得十分透彻，如果读者有所疑惑，也没有关系，读者可以通过后面的学习，对这一问题的认识逐渐清晰。

static_cast，const_cast 和 reinterpret_cast 三种类型转换操作符的功能，都可以用标准 C++ 之前的两种类型转换语法来描述。用"类型说明符（表达式）"和"（类型说明符）表达式"所描述的显式类型转换，也可以用 static_cast，const_cast 和 reinterpret_cast 中的一种或两种的组合加以描述。也就是说，标准 C++ 之前的类型转换语法所能完成的功能被细化为 3 类，分别对应于 static_cast，const_cast 和 reinterpret_cast。初学者如果不能区分这 3 种类型转换操作符，可以统一写成"（类型说明符）表达式"的形式，但这 3 种类型转换操作符的好处在于，由于分类被细化，语义更加明确，也就更不容易出错。

本章所介绍的基本数据类型之间的转换都适用于 static_cast。例如，上例中的 int(z) 和 (int)z 都可以替换为 static_cast<int>(z)。static_cast 除了在基本数据类型之间转换外，还有其他功能。static_cast 的其他功能和 const_cast，dynamic_cast，reinterpret_cast 的用法将在后面的章节中陆续加以介绍。

使用显式类型转换时，应该注意以下两点。

- 这种转换可能是不安全的。从上面的例子中可以看到，将高类型数据转换为低类型时，数据精度会受到损失。

- 这种转换是暂时的、一次性的。比如在上面的例子中第三行，强制类型转换 int(z) 只是将 float 型变量 z 的值取出来，临时转换为 int 型，然后赋给 whole Part。这时变量 z 所在的内存单元中的值并未真正改变，因此再次使用 z 时，用的仍是 z 原来的浮点类型值。

2.2.6　语句

程序的执行流程是由语句来控制的，执行语句便会产生相应的效果。C++ 语言的语句包括空语句、声明语句、表达式语句、选择语句、循环语句、跳转语句、复合语句、标号语句几类。一个独立的分号（;）就构成一个空语句，空语句不产生任何操作。变量的声明就是通过声明语句来实现的。如果在表达式末尾添加一个分号（;）便构成了一个表达式语句，将多个语句用一对大括号包围，便构成一个复合语句。对于其他语句将在 2.4 节详细介绍。

应该注意的是，C++ 语言没有赋值语句也没有函数调用语句，赋值与函数调用功能都是通过表达式来实现的。2.2.5 小节已经介绍了赋值表达式，第 3 章将介绍函数调用。

如果在赋值表达式后面加上分号，便成为了语句。例如：

```
a=a+3;
```

便是一个表达式语句，它实现的功能与赋值表达式相同。

表达式与表达式语句的不同点在于：一个表达式可以作为另一个更复杂表达式的一部分，继续参与运算；而语句则不能。

2.3　数据的输入与输出

2.3.1　I/O 流

在 C++ 中，将数据从一个对象到另一个对象的流动抽象为"流"。流在使用前要被建立，使用后要被删除。从流中获取数据的操作称为提取操作，向流中添加数据的操作称为插入操作。数据的输入与输出是通过 I/O 流来实现的，cin 和 cout 是预定义的流类对象。cin 用来处理标准输入，即键盘输入。cout 用来处理标准输出，即屏幕输出。

2.3.2　预定义的插入符和提取符

"<<"是预定义的插入符，作用在流类对象 cout 上便可以实现最一般的屏幕输出。格式如下：

```
cout<<表达式 1<<表达式 2<<…
```

在输出语句中，可以串联多个插入运算符，输出多个数据项。在插入运算符后面可以写任意复杂的表达式，编译系统会自动计算出它们的值并传递给插入符。例如：

```
cout<<"Hello!\n";
```

将字符串"Hello!"输出到屏幕上并换行。

```
cout<<"a+b="<<a+b;
```

将字符串"a+b="和表达式 a+b 的计算结果依次输出在屏幕上。

最一般的键盘输入是将提取符作用在流类对象 cin 上。格式如下：

```
cin>>表达式 1>>表达式 2>>…
```

在输入语句中，提取符可以连续写多个，每个后面跟一个表达式，该表达式通常是用于存放输入值的变量。例如：

```
int a, b;
cin>>a>>b;
```

要求从键盘上输入两个 int 型数，两数之间以空格分隔。若输入：

```
5  6↵
```

这时，变量 a 得到的值为 5，变量 b 得到的值为 6。

2.3.3　简单的 I/O 格式控制

当使用 cin,cout 进行数据的输入和输出时，无论处理的是什么类型的数据，都能够自动按照正确的默认格式处理。但这还是不够，我们经常会需要设置特殊的格式。设置格式有很多方法，将在第 11 章做详细介绍，本节只介绍最简单的格式控制。

C++ I/O 流类库提供了一些操纵符，可以直接嵌入到输入输出语句中来实现 I/O 格式控制。要使用操纵符，首先必须在源程序的开头包含 iomainp 头文件。表 2-6 中列出了几个常用的 I/O 流类库操纵符。

表 2-6　常用的 I/O 流类库操纵符

操 纵 符 名	含　　义
dec	数值数据采用十进制表示
hex	数值数据采用十六进制表示
oct	数值数据采用八进制表示
ws	提取空白符
endl	插入换行符，并刷新流
ends	插入空字符
setsprecision(int)	设置浮点数的小数位数（包括小数点）
setw(int)	设置域宽

例如，要输出浮点数 3.1415 并换行，设置域宽为 5 个字符，小数点后保留两位有效数字，输出语句如下：

```
cout<<setw(5)<<setprecision(3)<<3.1415<<endl;
```

2.4　算法的基本控制结构

学习了数据类型、表达式、赋值语句和数据的输入输出后,可以编写程序完成一些简单的功能了。但是我们现在写的程序还只是一些顺序执行的语句序列。实际上,我们所面对的客观世界远不是这么简单,通常解决问题的方法也不是用这样的顺序步骤就可以描述清楚的。

例如:有一分段函数如下,要求输入一个 x 值,求出 y 值。

$$y = \begin{cases} -1 & (x < 0) \\ 0 & (x = 0) \\ 1 & (x > 0) \end{cases}$$

这个问题人工计算起来并不复杂,但问题是如何将这一计算方法用编程语言描述清楚,使计算机能够计算呢? 这个例子虽然可以用两次条件运算符(? :)加以描述,写法是 x<0? −1:(x==0? 0 : 1),但这种写法缺乏条理性,而且当分支变多、每种分支下所需进行的操作变得复杂时,程序会变得更加混乱。事实上,条件运算符只适合执行最简单的选择判断,对于复杂情况,需要用选择型控制结构。

再举一个简单的例子,比如统计任意一个人群的平均身高。这个问题人工计算起来方法很简单,每一个小学生都会做。但是当统计数据量非常大的时候,我们就不得不借助于计算机了。而计算机的优势只是在于运算速度快,至于计算方法却必须由我们为它准确地描述清楚。这个算法中的一个主要部分就是进行累加,这种大量重复的相同动作,显然不适宜(数据量大的时候也不可能)用顺序执行的语句来罗列,这就需要用循环型控制结构。

算法的基本控制结构有 3 种:顺序结构、选择结构和循环结构。其中顺序结构的程序是最简单的,我们已经能够编写了,下面将详细介绍 C++ 中的选择结构和循环结构控制语句。在此之前,为了便于描述算法,先介绍一下程序流程图。流程图是用来描述算法的工具,与自然语言相比它具有简洁、直观、准确的优点。流程图中可以使用的符号如图 2-4 所示。

图 2-4　流程图的标准符号

2.4.1　用 if 语句实现选择结构

if 语句是专门用来实现选择型结构的语句。其语法形式为:

```
if   (表达式)   语句 1
else 语句 2
```

执行顺序是：首先计算表达式的值，若表达式为 true 则执行语句 1，否则执行语句 2。如图 2-5 所示。

其中语句 1 和语句 2 不仅可以是一条语句，而且可以是大括号括起来的多条语句（称为复合语句）。

例如：

图 2-5　if else 语句流程图

```
if (x>y)
    cout<<x;
else
    cout<<y;
```

实现了从 x 和 y 中选择较大的一个输出。

if 语句中的语句 2 可以为空，当语句 2 为空时，else 可以省略，成为如下形式：

```
if   (表达式)   语句
```

例如：

```
if (x>y) cout<<x;
```

例 2-2　输入一个年份，判断是否是闰年。

分析：闰年的年份可以被 4 整除而不能被 100 整除，或者能被 400 整除。因此，首先输入年份存放到变量 year 中，如果表达式$((year\%4==0$ && $year\%100!=0)$ || $(year\%400==0))$的值为 true，则为闰年；否则就不是闰年。

源程序：

```
//2_2.cpp
#include <iostream>
using namespace std;
int main() {
    int year;
    bool isLeapYear;

    cout<<"Enter the year: ";
    cin>>year;
    isLeapYear=((year%4==0 && year%100!=0)||(year%400==0));

    if (isLeapYear)
        cout<<year<<" is a leap year"<<endl;
    else
        cout<<year<<" is not a leap year"<<endl;
```

```
        return 0;
    }
```

运行结果(有下划线的是输入的内容,其余为输出内容。以后各例题均如此表示):

```
Enter the year: 2000
2000 is a leap year
```

2.4.2 多重选择结构

有很多问题是一次简单的判断所解决不了的,需要进行多次判断选择。这可以有以下几种方法。

1. 嵌套的 if 语句

语法形式:

```
if    (表达式 1)
    if    (表达式 2)    语句 1
    else    语句 2
else
    if    (表达式 3)    语句 3
    else    语句 4
```

注意 语句 1,2,3,4 可以是复合语句;每层的 if 要与 else 配对,如果省略某一个 else,便要用{}括起该层的 if 语句来确定层次关系。

例 2-3 比较两个数的大小。

分析:将两个数 x 和 y 进行比较,结果有 3 种可能性:x=y,x>y,x<y。因此需要进行多次判断,要用多重选择结构,这里选用嵌套的 if else 语句。

源程序:

```cpp
//2_3.cpp
#include <iostream>
using namespace std;

int main() {
    int x, y;
    cout<<"Enter x and y:";
    cin>>x>>y;

    if (x!=y)
        if (x>y)
            cout<<"x>y"<<endl;
        else
            cout<<"x<y"<<endl;
    else
        cout<<"x=y"<<endl;
```

```
    return 0;
}
```

运行结果 1：

```
Enter x and y:5 8
x<y
```

运行结果 2：

```
Enter x and y:8 8
x=y
```

运行结果 3：

```
Enter x and y:12 8
x>y
```

2. if…else if 语句

如果 if 语句的嵌套都是发生在 else 分支中，就可以应用 if…else if 语句。语法形式为：

```
if   (表达式 1)  语句 1
else  if  (表达式 2)  语句 2
else  if  (表达式 3)  语句 3
           ⋮
else  语句 n
```

其中，语句 1，2，3，…，n 可以是复合语句。if…else if 语句的执行顺序如图 2-6 所示。

图 2-6   if…else if 语句流程图

3. switch 语句

在有的问题中，虽然需要进行多次判断选择，但是每一次都是判断同一表达式的值，这样就没有必要在每一个嵌套的 if 语句中都计算一遍表达式的值,为此 C++ 中由 switch 语句专门用来解决这类问题。switch 语句的语法形式如下:

```
switch  (表达式)
  { case    常量表达式 1:语句 1
    case    常量表达式 2:语句 2
                ⋮
    case    常量表达式 n:语句 n
    default :   语句 n+1
  }
```

switch 语句的执行顺序是:首先计算 switch 语句中表达式的值,然后在 case 语句中寻找值相等的常量表达式,并以此为入口标号,由此开始顺序执行。如果没有找到相等的常量表达式,则从"default:"开始执行。

使用 switch 语句应注意下列问题。

- switch 语句后面的表达式可以是整型、字符型、枚举型。
- 每个常量表达式的值不能相同,但次序不影响执行结果。
- 每个 case 分支可以有多条语句,但不必用{}。
- 每个 case 语句只是一个入口标号,并不能确定执行的终止点,因此每个 case 分支最后应该加 break 语句,用来结束整个 switch 结构,否则会从入口点开始一直执行到 switch 结构的结束点。
- 当若干分支需要执行相同操作时,可以使多个 case 分支共用一组语句。

例 2-4　输入一个 0~6 的整数,转换成星期输出。

分析:本题需要根据输入的数字决定输出的信息,由于数字 0~6 分别对应 Sunday、Monday,……7 种情况,因此需要运用多重分支结构。但是每次判断的都是星期数,所以选用 switch 语句最为适宜。

源程序:

```cpp
//2_4.cpp
#include <iostream>
using namespace std;

int main() {
    int day;

    cin>>day;
    switch (day) {
    case 0:
        cout<<"Sunday"<<endl;
        break;
    case 1:
        cout<<"Monday"<<endl;
        break;
```

```
    case 2:
        cout<<"Tuesday"<<endl;
        break;
    case 3:
        cout<<"Wednesday"<<endl;
        break;
    case 4:
        cout<<"Thursday"<<endl;
        break;
    case 5:
        cout<<"Friday"<<endl;
        break;
    case 6:
        cout<<"Saturday"<<endl;
        break;
    default:
        cout<<"Day out of range Sunday…Saturday"<<endl;
        break;
    }
    return 0;
}
```

运行结果：

<u>2</u>
Tuesday

2.4.3　循环结构

在 C++ 中有如下 3 种循环控制语句。

1. while 语句

语法形式：

```
while （表达式）语句
```

执行顺序是：先判断表达式（循环控制条件）的值，若表达式的值为 true，再执行循环体(语句)。

图 2-7　while 语句的流程图

图 2-7 是 while 语句的流程图。

应用 while 语句时应该注意，**一般来说在循环体中，应该包含改变循环条件表达式值的语句**，否则便会造成无限循环（死循环）。

例 2-5　求自然数 1～10 之和。

分析：本题需要用累加算法，累加过程是一个循环过程，可以用 while 语句实现。

源程序：

```cpp
//2_5.cpp
#include <iostream>
using namespace std;

int main() {
    int i=1, sum=0;
    while (i<=10) {
        sum +=i;
        i++;
    }
    cout<< "sum="<< sum<<endl;
    return 0;
}
```

运行结果：

sum=55

2. do…while 语句
语法形式：

```
do   语句
while (表达式)
```

执行顺序是：先执行循环体语句，后判断循环条件表达式的值，表达式为 true 时，继续执行循环体，表达式为 false 则结束循环。图 2-8 是 do…while 语句的流程图。

与应用 while 语句时一样，应该注意，**在循环体中要包含改变循环条件表达式值的语句**，否则便会造成无限循环（死循环）。

例 2-6 输入一个整数，将各位数字反转后输出。
分析：将一个整数反转输出，即先输出个位然后十位、百位、……，可以采用不断除以 10 取余数的方法，直到商数等于 0

图 2-8 do…while 语句
的流程图

为止。这是一个循环过程，由于无论整数是几，至少要输出一个个位数（即使是 0），因此可以使用 do…while 循环语句，先执行循环体，后判断循环控制条件。
源程序：

```cpp
//2_6.cpp
#include <iostream>
using namespace std;

int main() {
    int n, right_digit, newnum=0;
```

```
    cout<<"Enter the number: ";
    cin>>n;

    cout<<"The number in reverse order is ";
    do {
        right_digit=n%10;
        cout<<right_digit;
        n/=10;
    } while (n!=0);
    cout<<endl;

    return 0;
}
```

运行结果:

```
Enter the number: 365
The number in reverse order is   563
```

do…while 与 while 语句都是实现循环结构,两者的区别是:while 语句先判断表达式的值,为 true 时,再执行循环体;而 do…while 语句是先执行循环体,再判断表达式的值,下面的例 2-7 用 do…while 语句完成了与例 2-5 同样的功能。

例 2-7　用 do…while 语句编程,求自然数 1～10 之和。

```
//2_7.cpp
#include<iostream>
using namespace std;

int main() {
    int i=1, sum=0;
    do {
        sum+=i;
        i++;
    } while (i<=10);
    cout<<"sum="<<sum<<endl;

    return 0;
}
```

运行结果:

```
sum=55
```

可以看出与例 2-5 的运行结果是一样的。在大多数情况下,如果循环控制条件和循环体中的语句都相同,while 循环和 do…while 循环的结果是相同的。这是因为,大多数情况下在循环开始时控制条件都为真,所以是否先判断循环控制条件都不影响运行结果。

但是如果一开始循环控制条件就为假，这两种循环的执行结果就不同了，do…while 循环至少执行一次循环体，while 循环却一次都不执行。下面将例 2-5 和例 2-7 的题目稍做修改，改为从键盘输入整数 i，请读者分析在输入的 i 值大于 10 和不大于 10 的情况下，下面两个程序的运行结果。

程序 1：

```cpp
#include<iostream>
using namespace std;
int main() {
    int i, sum=0;
    cin>>i;
    while (i<=10) {
        sum+=i;
        i++;
    }
    cout<< "sum= "<< sum<<endl;
}
```

程序 2：

```cpp
#include<iostream>
using namespace std;
int main() {
    int i, sum=0;
    cin>>i;
    do {
        sum+=i;
        i++;
    } while ( i<=10);
    cout<< "sum= "<< sum<<endl;
}
```

3. for 语句

for 语句的使用最为灵活，既可以用于循环次数确定的情况，也可以用于循环次数未知的情况。for 语句的语法形式如下：

```
for   (初始语句;表达式 1;表达式 2)
语句
```

图 2-9 是 for 语句的执行流程。

由图 2-9 可以看到，for 语句的执行流程是：首先执行初始语句，再计算表达式 1（循环控制条件）的值，并根据表达式 1 的值判断是否执行循环体。如果表达式 1 的值为 true，则执行一次循环体；如果表达式 1 的值为 false，则退出循环。每执行一次循环体后，计算表达式 2 的值，然后再计算表达式 1，并根据表达式 1 的值决定是否继续执行循环体。

图 2-9　for 语句的执行流程

关于 for 语句的几点说明如下所述。

- 初始语句、表达式 1、表达式 2 都可以省略，分号不能省略。如果初始语句、表达式 1、表达式 2 都省略，则成为如下形式：

```
for (;;) 语句     //相当于 while(true)语句
```

  将无终止地执行循环体（死循环）。

- 表达式 1 是循环控制条件，如果省略，循环将无终止地进行下去。一般在循环控制条件中包含一个在循环过程中会不断变化的变量，该变量称为循环控制变量。

例如,对于循环

```
for (i=1; i <=100; i++) sum=sum+i;
```

这里的循环控制条件 i <= 100 中的变量 i 就是循环控制变量。

- 初始语句可以是一个表达式语句或声明语句。若它是一个表达式语句,该表达式一般用于给循环控制变量赋初值,也可以是与循环控制变量无关的其他表达式。如果初始语句省略或者是与循环控制变量无关的其他表达式,则应该在 for 语句之前给循环控制变量赋初值。请看下面 3 个程序段。

程序段 1:

```
for (i=1; i <=100; i++) sum=sum+i;            //在初始语句中给循环控制变量赋初值
```

程序段 2:

```
i=1;                                          //在 for 语句之前给循环控制变量赋初值
for (;i<=100 ;i++) sum=sum+i;                 //省略初始语句
```

程序段 3:

```
i=1;                                          //在 for 语句之前给循环控制变量赋初值
for (sum=0; i <=100; i++) sum=sum+i;          //初始语句与循环控制变量无关
```

- 当初始语句是一个声明语句时,一般用初始表达式定义循环变量并为它赋初值。在初始语句中声明的变量,只在循环内部有效。例如,上面的程序段 1 可以写成:

```
for (int i=1; i <=100; i++) sum=sum+i;   //在初始语句中定义变量并赋初值
```

习惯　采用这种写法,在初始语句中定义循环变量,是值得推荐的方法,因为用这种方式定义的变量只在循环内部有效,这样的变量用途专一而明确。

- 当初始语句为表达式语句时,可以是简单的表达式,也可以是逗号表达式。例如:

```
for (i=0, j=100; i<=j; i++, j--)   k=i+j;
```

当初始语句是声明语句时,可以包含多个变量的声明,例如:

```
for (int i=0, j=100; i <=j; i++, j--)   k=i+j;
```

- 表达式 2 一般用于改变循环控制变量的值,如果表达式 2 省略或者是其他与循环条件无关的表达式,则应该在循环体中另有语句改变循环条件,以保证循环能正常结束。如:

```
for (sum=0, i=1; i <=100; ) {            //表达式 3 省略
    sum=sum+i;
    i++;                                 //在循环体中改变循环控制条件
}
```

- 如果省略表达式 1 和 3,只有表达式 2,则完全等同于 while 语句。例如,下列两个程序段完全等同。

```
for (;i<=100;) {                    while (i<=100) {
    sum=sum+i;                          sum=sum+i;
    i++;                                i++;
}                                   }
```

for 语句是功能极强的循环语句,完全包含了 while 语句的功能,除了可以给出循环条件以外,还可以赋初值,使循环变量自动增值等。用 for 语句可以解决编程中的所有循环问题。

例 2-8　输入一个整数,求出它的所有因子。

分析：求一个整数 n 的所有因子可以采用穷举法,对 $1 \sim n$ 的全部整数进行判断,凡是能够整除 n 的均为 n 的因子。这是一个已知循环次数的循环,故可以使用 for 语句。

源程序：

```
//2_8.cpp
#include <iostream>
using namespace std;

int main() {
    int n;

    cout<<"Enter a positive integer: ";
    cin>>n;
    cout<<"Number   "<<n<<"   Factors   ";

    for (int k=1; k<=n; k++)
        if (n%k==0)
            cout<<k<<"   ";
    cout<<endl;

    return 0;
}
```

运行结果 1：

```
Enter a positive integer: 36
Number   36   Factors   1   2   3   4   6   9   12   18   36
```

运行结果 2：

```
Enter a positive integer: 7
Number   7   Factors   1   7
```

2.4.4　循环结构与选择结构的嵌套

1. 选择结构的嵌套

前面已经介绍过,利用嵌套的选择结构可以实现多重选择。

2. 循环结构的嵌套

一个循环体内又可以包含另一个完整的循环结构，构成多重循环结构。while，do…while 和 for 三种循环语句可以互相嵌套。例如，下列程序中在 for 循环内嵌套了一个 do…while 循环。

```cpp
#include <iostream>
using namespace std;
int main() {
    int i=1, a=0;
    for (; i<=5; i++)    {
        do {
            i++;
            a++;
        } while (i<3);
        i++;
    }
    cout<<a<<","<<i<<endl;
    return 0;
}
```

例 2-9　编写程序输出以下图案。

```
       *
      ***
     *****
    *******
     *****
      ***
       *
```

源程序：

```cpp
//2_9.cpp
#include <iostream>
using namespace std;

int main() {
    const int N=4;
    for (int i=1; i <=N; i++) {          //输出前 4 行图案
        for (int j=1; j<=30; j++)
            cout<<' ';                    //在图案左侧空 30 列
        for (int j=1; j<=8-2 * i; j++)
            cout<<' ';
        for (int j=1; j<=2 * i-1; j++)
            cout<<' * ';
```

```
            cout<<endl;
        }
    for (int i=1; i<=N-1; i++) {              //输出后 3 行图案
        for (int j=1; j<=30; j++)
            cout<<' ';                        //在图案左侧空 30 列
        for (int j=1; j<=7-2 * i; j++)
            cout<<'*';
        cout<<endl;
    }
    return 0;
}
```

3. 循环结构与选择结构相互嵌套

循环结构与选择结构可以相互嵌套,以实现复杂算法。选择结构的任意一个分支中都可以嵌套一个完整的循环结构,同样循环体中也可以包含完整的选择结构。例如,下列程序是求 100～200 之间不能被 3 整除的数,for 语句的循环体中嵌入了 if 语句。

```
#include<iostream>
using namespace std;
int main() {
    for (int n=100; n<=200; n++) {
        if (n%3!=0)
            cout<<n<<endl;
    }
    return 0;
}
```

例 2-10　读入一系列整数,统计出正整数个数 i 和负整数个数 j,读入 0 则结束。

分析:本题需要读入一系列整数,但是整数个数不定,要在每次读入之后进行判断,当读入的数不为 0 时再进行统计并继续读入。因此使用 while 循环最为合适,循环控制条件应该是 n!=0。由于要判断数的正负并分别进行统计,所以需要在循环内部嵌入选择结构。

源程序:

```
//2_10.cpp
#include <iostream>
using namespace std;

int main() {
    int i=0, j=0, n;
    cout<<"Enter some integers please (enter 0 to quit):"<<endl;
    cin>>n;
    while (n!=0) {
        if (n>0) i+=1;
        if (n<0) j+=1;
```

```
        cin>>n;
    }
    cout<<"Count of positive integers: "<<i<<endl;
    cout<<"Count of negative integers: "<<j<<endl;
    return 0;
}
```

运行结果：

Enter some integers please (enter 0 to quit):
2 3 -19 54 -67 8 3 0
Count of positive integers: 5
Count of negative integers: 2

2.4.5　其他控制语句

1. break 语句

出现在 switch 语句或循环体中时，使程序从循环体和 switch 语句内跳出，继续执行逻辑上的下一条语句。break 语句不宜用在别处。

2. continue 语句

可以出现在循环体中，其作用是结束本次循环，接着开始判断决定是否继续执行下一次循环。

3. goto 语句

goto 语句的语法格式为：

goto 语句标号

其中"语句标号"是用来标识语句的标识符，放在语句的最前面，并用冒号（:）与语句分开。

goto 语句的作用是使程序的执行流程跳转到语句标号所指定的语句。goto 语句的使用会破坏程序的结构，应该少用或不用。

提示　由于 goto 语句不具有结构性，它的频繁使用会使程序变得混乱，因此 goto 语句被广为诟病。然而，也有适宜使用 goto 语句的地方，例如在一个多重循环的循环体中使执行流程跳出这个多重循环，用 break 语句就难以直接做到，这时 goto 语句就能派上用场。

2.5　自定义数据类型

C++ 语言不仅有丰富的内置基本数据类型，而且允许用户自定义数据类型。自定义数据类型有：枚举类型、结构类型、联合类型、数组类型、类类型等。本节将介绍枚举类型，其他类型将在第 4 章中介绍。

2.5.1　typedef 声明

在编写程序时,除了可以使用内置的基本数据类型名和自定义的数据类型名以外,还可以为一个已有的数据类型另外命名。这样,就可以根据不同的应用场合,给已有的类型起一些有具体意义的别名,有利于提高程序的可读性。给比较长的类型名另起一个短名,还可以使程序简洁。typedef 就是用于将一个标识符声明成某个数据类型的别名,然后将这个标识符当作数据类型使用。

类型声明的语法形式是:

typedef　已有类型名　新类型名表;

其中,新类型名表中可以有多个标识符,它们之间以逗号分隔。可见,在一个 typedef 语句中,可以为一个已有数据类型声明多个别名。

例如:

```
typedef double Area, Volume;
typedef int Natural;
Natural i1,i2;
Area a;
Volume v;
```

2.5.2　枚举类型 enum

相信读者在解决实际问题时都遇到过这样的情形:一场比赛的结果只有胜、负、平局、比赛取消 4 种情况;一个袋子里只有红、黄、蓝、白、黑 5 种颜色的球;一个星期只有星期一、星期二、……、星期日 7 天。上述这些数据只有有限的几种可能值,虽然可以用 int,char 等类型来表示它们,但是对数据的合法性检查却是一件很麻烦的事情。例如,如果用整数 0~6 来代表一星期的 7 天,那么变量值为 8 便是不合法数据。C++ 中的枚举类型就是专门用来解决这类问题的。

只要将变量的可取值一一列举出来,便构成了一个枚举类型。枚举类型的声明形式如下:

enum　枚举类型名　{变量值列表};

例如:

```
enum Weekday {SUN, MON, TUE, WED, THU, FRI, SAT};
```

枚举类型应用说明:

- 对枚举元素按常量处理,不能对它们赋值。例如,下面的语句是非法的:

```
SUN=0;          //SUN 是枚举元素,此语句非法
```

- 枚举元素具有默认值,它们依次为:0,1,2,…。例如,上例中 SUN 的值为 0,MON 为 1,TUE 为 2,…,SAT 为 6。

- 也可以在声明时另行定义枚举元素的值,如:

```
enum Weekday {SUN=7, MON=1, TUE, WED, THU, FRI, SAT};
```

定义 SUN 为 7,MON 为 1,以后顺序加 1,SAT 为 6。
- 枚举值可以进行关系运算。
- 整数值不能直接赋给枚举变量,如需要将整数赋值给枚举变量,应进行强制类型转换。

例 2-11　设某次体育比赛的结果有 4 种可能:胜(WIN)、负(LOSE)、平局(TIE)、比赛取消(CANCEL),编写程序顺序输出这 4 种情况。

分析:由于比赛结果只有 4 种可能,所以可以声明一个枚举类型,用一个枚举类型的变量来存放比赛结果。

源程序:

```cpp
//2_11.cpp
#include <iostream>
using namespace std;

enum GameResult {WIN, LOSE, TIE, CANCEL};

int main() {
    GameResult result;                        //声明变量时,可以不写关键字 enum
    enum GameResult omit=CANCEL;              //也可以在类型名前写 enum

    for (int count=WIN; count<=CANCEL; count++) {    //隐含类型转换
        result=GameResult(count);                     //显式类型转换
        if (result==omit)
            cout<<"The game was cancelled"<<endl;
        else {
            cout<<"The game was played ";
            if (result==WIN)
                cout<<"and we won!";
            if (result==LOSE)
                cout<<"and we lost.";
            cout<<endl;
        }
    }
    return 0;
}
```

运行结果:

```
The game was played and we won!
The game was played and we lost.
The game was played
```

The game was cancelled

注意

GameResult result;

enum GameResult omit=CANCEL;

这两种写法都可以，C++ 中声明完枚举类型后，声明变量时，可以不写关键字 enum。

枚举类型的数据可以和整型数据相互转换，枚举型数据可以隐含转换为整型数据，如例 2-11 for 循环初始语句中的

int count=WIN

就是把枚举类型的数据 WIN 隐含转换为整型，作为整型变量 count 的初值。在循环控制条件

count<=CANCEL

中，也会把枚举型数据 CANCEL 隐含转换为 count，再与 count 进行比较。

而整型数据到枚举数据的转换，则需要采用显式转换的方式，如例 2-11 中的

result=GameResult(count);

此外，也可以利用前面介绍过的 static_cast 完成转换，这样，上面的语句又可以写成：

result=static_cast<GameResult>(count);

2.6　小结

C++ 是从 C 语言发展演变而来的。C 语言最初是贝尔实验室的 Dennis Ritchie 于 1972 年在 B 语言基础上开发出来的，它具有很多优点：语言简洁灵活、运算符和数据结构丰富、具有结构化控制语句、程序执行效率高，而且同时具有高级语言与汇编语言的优点。

C++ 便是在 C 语言基础上为支持面向对象的程序设计而研制的一个通用目的的程序设计语言，它是在 1980 年由 AT&T 贝尔实验室的 Bjarne Stroustrup 博士创建的。C++ 语言的主要特点表现在两个方面，一是全面兼容 C，二是支持面向对象的方法。

数据是程序处理的对象，数据可以依其本身的特点进行分类。C++ 中的数据类型又分为基本类型和自定义类型，基本类型是 C++ 编译系统内置的。C++ 的基本数据类型有 bool(布尔型)、char(字符型)、int(整型)、float(浮点型，表示实数)、double(双精度浮点型，简称双精度型)等。除了 bool 型外，主要有两大类：整数和浮点数。因为 char 型从本质上说也是整数类型，它是长度为 1 字节的整数，通常用来存放字符的 ASCII 码。C++ 语言不仅有丰富的内置基本数据类型，而且允许用户自定义类型。自定义数据类型有：枚举类型、结构类型、联合类型、数组类型、类类型等。本章介绍了枚举类型，而类类型是 C++ 面向对象程序设计的核心，是本书后面章节的主要内容，其他类型也将在后面介绍。

本章还介绍了数据输入输出的基本方法。

　　程序设计工作主要包括数据结构和算法的设计。算法要由一系列控制结构组成,顺序、选择和循环结构是程序设计中最基本的控制结构,也是构成复杂算法的基础。

习　题

2-1　C++ 语言有哪些主要特点和优点?

2-2　下列标识符哪些是合法的?

　　　Program, -page, _lock, test2, 3in1, @mail, A_B_C_D

2-3　例 2-1 中每条语句的作用是什么?

2-4　请用 C++ 语句声明一个常量 PI,值为 3.1416;再声明一个浮点型变量 a,把 PI 的值赋给 a。

2-5　在下面的枚举类型中,BLUE 的值是多少?

```
enum Color {WHITE, BLACK=100, RED, BLUE, GREEN=300};
```

2-6　注释有什么作用? C++ 中有哪几种注释的方法? 它们之间有什么区别?

2-7　什么叫做表达式? x＝5＋7 是一个表达式吗? 它的值是多少?

2-8　下列表达式的值是多少?

　　　(1) 201/4

　　　(2) 201%4

　　　(3) 201/4.0

2-9　执行完下列语句后,a,b,c 三个变量的值为多少?

```
a=30;
b=a++;
c=++a;
```

2-10　在一个 for 语句中,可以给多个变量赋初值吗? 如何实现?

2-11　执行完下列语句后,n 的值为多少?

```
int n;
for (n=0; n<100; n++);
```

2-12　写一条 for 语句,计数条件为 n 从 100 到 200,步长为 2;然后用 while 和 do…while 循环完成同样的循环。

2-13　if(x＝3)和 if(x＝＝3)这两条语句的差别是什么?

2-14　已知 x,y 两个变量,写一条简单的 if 语句,把较小的值赋给原本值较大的变量。

2-15　修改下面这个程序中的错误,改正后它的运行结果是什么?

```
#include <iostream>
using namespace std;
int main()
    int i
```

```
    int j;
    i=10;                           /* 给 i 赋值
    j=20;                           /* 给 j 赋值 */
    cout<<"i+j="<<i+j;              /* 输出结果 */
    return 0;
}
```

2-16 编写一个程序,运行时提示输入一个数字,再把这个数字显示出来。

2-17 C++ 有哪几种数据类型? 简述其值域。编程显示你使用的计算机中的各种数据类型的字节数。

2-18 输出 ASCII 码为 32~127 的字符。

2-19 运行下面的程序,观察其输出,与你的设想是否相同?

```
#include <iostream>
using namespace std;
int main() {
    unsigned int x;
    unsigned int y=100;
    unsigned int z=50;
    x=y-z;
    cout<<"Difference is: "<<x<<endl;
    x=z-y;
    cout<<"\nNow difference is: "<<x <<endl;
    return 0;
}
```

2-20 运行下面的程序,观察其输出,体会 i++ 与 ++i 的差别。

```
#include <iostream>
using namespace std;
int main() {
    int myAge=39;                   //定义并初始化变量
    int yourAge=39;
    cout<<"I am: "<<myAge<<" years old. "<<endl;
    cout<<"You are: "<<yourAge<<" years old. "<<endl;
    myAge++;
    ++yourAge;
    cout<<"One year passes…"<<endl;
    cout<<"I am: "<<myAge<<" years old. "<<endl;
    cout<<"You are: "<<yourAge<<"years old."<<endl;
    cout<<"Another year passes."<<endl;
    cout<<"I am: "<<myAge++<<" years old. "<<endl;
    cout<<"You are: "<<++yourAge<<" years old. "<<endl;
    cout<<"Let's print it again."<<endl;
    cout<<"I am: "<<myAge<<"years old. "<<endl;
```

```
        cout<< "You are: "<< yourAge<< "years old."<< endl;
        return 0;
    }
```

2-21 什么叫常量? 什么叫变量?

2-22 变量有哪几种存储类型?

2-23 写出下列表达式的值:

(1) 2<3 && 6<9

(2) !(4<7)

(3) !(3>5) || (6<2)

2-24 若 a=1,b=2,c=3,下列各式的结果是什么?

(1) a|b-c

(2) a^b&-c

(3) a&b|c

(4) a|b&c

2-25 若 a=1,下列各式的结果是什么?

(1) !a|a

(2) ~a|a

(3) a^a

(4) a>>2

2-26 编写一个完整的程序,实现功能:向用户提问"现在正在下雨吗?",提示用户输入 Y 或 N。若输入为 Y,显示"现在正在下雨。";若输入为 N,显示"现在没有下雨。";否则继续提问"现在正在下雨吗?"。

2-27 编写一个完整的程序,运行时向用户提问"你考试考了多少分? (0~100)",接收输入后判断其等级显示出来。规则如下:

$$等级 = \begin{cases} 优 & 90 \leqslant 分数 \leqslant 100 \\ 良 & 80 \leqslant 分数 < 90 \\ 中 & 60 \leqslant 分数 < 80 \\ 差 & 0 \leqslant 分数 < 60 \end{cases}$$

2-28 实现一个简单的菜单程序,运行时显示"Menu: A(dd) D(elete) S(ort) Q(uit), Select one:"提示用户输入。A 表示增加,D 表示删除,S 表示排序,Q 表示退出。输入为 A、D、S 时分别提示"数据已经增加、删除、排序。",输入为 Q 时程序结束。

(1) 要求使用 if…else 语句进行判断,用 break,continue 控制程序流程。

(2) 要求使用 switch 语句。

2-29 用穷举法找出 1~100 间的质数并显示出来。分别使用 while,do…while,for 循环语句实现。

2-30 比较 break 语句与 continue 语句的不同用法。

2-31 声明一个表示时间的结构体,可以精确表示年、月、日、小时、分、秒;提示用户输入年、月、日、小时、分、秒的值,然后完整地显示出来。

2-32 在程序中定义一个整型变量,赋予 1~100 的值。要求用户猜这个数,比较两个数的大小,把结果提示给用户,直到猜对为止。分别使用 while,do…while 语句实现循环。

2-33 声明枚举类型 Weekday,包括 SUNDAY 到 SATURDAY 七个元素在程序中声明 Weekday 类型的变量,对其赋值,声明整型变量,看看能否对其赋 Weekday 类型的值。

2-34 口袋中有红、黄、蓝、白、黑 5 种颜色的球若干个。每次从口袋中取出 3 个不同颜色的球,问有多少种取法?

2-35 输出九九乘法算表。

2-36 有符号整数和无符号整数,在计算机内部是如何区分的?

第 3 章

函　数

　　C++继承了 C 语言的全部语法,也包括函数的定义与使用方法。在面向过程的结构化程序设计中,函数是模块划分的基本单位,是对处理问题过程的一种抽象。在面向对象的程序设计中,函数同样有着重要的作用,它是面向对象程序设计中对功能的抽象。

　　一个较为复杂的系统往往需要划分为若干子系统,然后对这些子系统分别进行开发和调试。高级语言中的子程序就是用来实现这种模块划分的。C 和 C++ 语言中的子程序体现为函数。通常将相对独立的、经常使用的功能抽象为函数。函数编写好以后,可以被重复使用,使用时可以只关心函数的功能和使用方法而不必关心函数功能的具体实现。这样有利于代码重用,可以提高开发效率、增强程序的可靠性,也便于分工合作和修改维护。

3.1　函数的定义与使用

　　此前例题中出现的 main 就是一个函数,它是 C++ 程序的主函数。一个 C++ 程序可以由一个主函数和若干子函数构成。主函数是程序执行的开始点。由主函数调用子函数,子函数还可以再调用其他子函数。

　　调用其他函数的函数称为**主调函数**,被其他函数调用的函数称为**被调函数**。一个函数很可能既调用别的函数又被另外的函数调用,这样它可能在某一个调用与被调用关系中充当主调函数,而在另一个调用与被调用关系中充当被调函数。

3.1.1　函数的定义

1. 函数定义的语法形式

类型说明符　函数名(含类型说明的形式参数表)
{
　　语句序列
}

2. 形式参数

形式参数(简称形参)表的内容如下:

type1 name1, type2 name2, …, type$n$ name$n$

type1,type2,…,type$n$ 是类型标识符,表示形参的类型。name1,name2,…,name$n$ 是形

参名。形参的作用是实现主调函数与被调函数之间的联系。通常将函数所处理的数据、影响函数功能的因素或者函数处理的结果作为形参。

如果一个函数的形参表为空，则表示它没有任何形参，例如此前例题中的 main 函数都没有形参。main 函数也可以有形参，其形参也称命令行参数，由操作系统在启动程序时初始化。不过命令行参数的数量和类型有特殊要求，请读者参考学生用书中本章的实验指导，尝试编写带命令行参数的程序。

函数在没有被调用的时候是静止的，此时的形参只是一个符号，它标志着在形参出现的位置应该有一个什么类型的数据。函数在被调用时才执行，也是在被调用时才由主调函数将实际参数（简称实参）赋予形参。这与数学中的函数概念相似，例如在数学中我们都熟悉这样的函数形式：

$$f(x) = x^2 + x + 1$$

这样的函数只有当自变量被赋值以后，才能计算出函数的值。

3. 函数的返回值和返回值类型

函数可以有一个返回值，函数的返回值是需要返回给主调函数的处理结果。类型说明符规定了函数返回值的类型。函数的返回值由 return 语句给出，格式如下：

return 表达式；

除了指定函数的返回值外，return 语句还有一个作用，就是结束当前函数的执行。

例如，主函数 main 的返回值类型是 int，主函数中的 return 0 语句用来将 0 作为返回值，并且结束 main 函数的执行。main 函数的返回值最终传递给操作系统。

一个函数也可以不将任何值返回给主调函数，这时它的类型标识符为 void，可以不写 return 语句，但也可以写一个不带表达式的 return 语句，用于结束当前函数的调用，格式如下：

return；

3.1.2　函数的调用

1. 函数的调用形式

在 2.2.3 小节曾经提到过，变量在使用之前需要首先声明，类似地，函数在调用之前也需要声明。函数的定义就属于函数的声明，因此，在定义了一个函数之后，可以直接调用这个函数。但如果希望在定义一个函数前调用它，则需要在调用函数之前添加该函数的**函数原型**声明。函数原型声明的形式如下：

类型说明符　函数名（含类型说明的形参表）；

与变量的声明和定义类似，声明一个函数只是将函数的有关信息（函数名、参数表、返回值类型等）告诉编译器，此时并不产生任何代码；定义一个函数时除了同样要给出函数的有关信息外，主要是要写出函数的代码。

细节　声明函数时，形参表只要包含完整的类型信息即可，形参名可以省略，也就是说，原型声明的形参表可以按照下面的格式书写：

type1, type2, …, type*n*

但这并不是值得推荐的写法,因为形参名可以向编程者提示每个参数的含义。

如果是在所有函数之前声明了函数原型,那么该函数原型在本程序文件中任何地方都有效,也就是说在本程序文件中任何地方都可以依照该原型调用相应的函数。如果是在某个主调函数内部声明了被调函数原型,那么该原型就只能在这个函数内部有效。

声明了函数原型之后,便可以按如下形式调用子函数:

函数名 (实参列表)

实参列表中应给出与函数原型形参个数相同、类型相符的实参,每个实参都是一个表达式。函数调用可以作为一条语句,这时函数可以没有返回值。函数调用也可以出现在表达式中,这时就必须有一个明确的返回值。

调用一个函数时,首先计算函数的实参列表中各个表达式的值,然后主调函数暂停执行,开始执行被调函数,被调函数中形参的初值就是主调函数中实参表达式的求值结果。当被调函数执行到 return 语句,或执行到函数末尾时,被调函数执行完毕,继续执行主调函数。

例 3-1　编写一个求 x 的 n 次方的函数。

```cpp
//3_1.cpp
#include <iostream>
using namespace std;

//计算 x 的 n 次方
double power(double x, int n) {
    double val=1.0;
    while (n--)
        val *= x;
    return val;
}

int main() {
    cout << "5 to the power 2 is "<<power(5, 2)<<endl;
    //函数调用作为一个表达式出现在输出语句中
    return 0;
}
```

运行结果:

```
5 to the power 2 is 25
```

本程序中,由于函数 power 的定义位于调用之前,所以无须再对函数原型加以声明。

例 3-2　输入一个 8 位二进制数,将其转换为十进制数输出。

分析:将二进制转换为十进制,只要将二进制数的每一位乘以该位的权然后相加。例如:$(00001101)_2 = 0 \times (2^7) + 0 \times (2^6) + 0 \times (2^5) + 0 \times (2^4) + 1 \times (2^3) + 1 \times (2^2) +$

$0 \times (2^1) + 1 \times (2^0) = (13)_{10}$，所以，如果输入 1101，则应输出 13。

这里我们调用例 3-1 中的函数 power 来求 2^n。

源程序：

```cpp
//3_2.cpp
#include <iostream>
using namespace std;

//计算 x 的 n 次方
double power(double x, int n);

int main() {
    int value=0;

    cout<<"Enter an 8 bit binary number: ";
    for (int i=7; i>=0; i--) {
        char ch;
        cin>>ch;
        if (ch=='1')
            value+=static_cast<int>(power(2, i));
    }
    cout<<"Decimal value is "<<value<<endl;
    return 0;
}

double power (double x, int n) {
    double val=1.0;
    while (n--)
        val*=x;
    return val;
}
```

运行结果：

```
Enter an 8 bit binary number: 01101001
Decimal value is 105
```

本程序中，由于 power 函数的定义位于它的调用之后，因此要事先声明 power 函数的原型。

例 3-3 编写程序求 π 的值，公式如下。

$$\pi = 16\arctan\left(\frac{1}{5}\right) - 4\arctan\left(\frac{1}{239}\right)$$

其中 arctan 用如下形式的级数计算：

$$\arctan x = x - \frac{x^3}{3} + \frac{x^5}{5} - \frac{x^7}{7} + \cdots$$

直到级数某项绝对值不大于 10^{-15} 为止；π 和 x 均为 double 型。

源程序：

```cpp
//3_3.cpp
#include <iostream>
using namespace std;

double arctan(double x) {
    double sqr=x * x;
    double e=x;
    double r=0;
    int i=1;
    while (e/i>1e-15) {
        double f=e/i;
        r=(i%4==1)?r+f : r-f;
        e=e * sqr;
        i+=2;
    }
    return r;
}

int main() {
    double a=16.0 * arctan(1/5.0);
    double b=4.0 * arctan(1/239.0);
    //注意：因为整数相除结果取整,如果参数写为 1/5,1/239,结果就都是 0
    cout<<"PI="<<a-b<<endl;
    return 0;
}
```

运行结果：

```
PI=3.14159
```

例 3-4　寻找并输出 $11 \sim 999$ 之间的数 m，它满足 m, m^2 和 m^3 均为回文数。

所谓回文数是指其各位数字左右对称的整数。例如：121,676,94 249 等。满足上述条件的数如 $m=11, m^2=121, m^3=1331$。

分析：判断一个数是否是回文，可以用除以 10 取余的方法，从最低位开始，依次取出该数的各位数字，然后用最低位充当最高位，按反序重新构成新的数，与原数比较是否相等，若相等，则原数为回文。

源程序：

```cpp
//3_4.cpp
#include <iostream>
using namespace std;
```

```
//判断 n 是否为回文数
bool symm(unsigned n) {
    unsigned i=n;
    unsigned m=0;
    while (i>0) {
        m=m*10+i%10;
        i/=10;
    }
    return m==n;
}

int main() {
    for (unsigned m=11; m<1000; m++)
        if (symm(m) && symm(m*m) && symm(m*m*m)) {
            cout<<"m="<<m;
            cout<<"  m*m="<<m*m;
            cout<<"  m*m*m="<<m*m*m<<endl;
        }
    return 0;
}
```

运行结果：

```
m=11   m*m=121    m*m*m=1331
m=101  m*m=10201  m*m*m=1030301
m=111  m*m=12321  m*m*m=1367631
```

例 3-5　计算如下公式,并输出结果。

$$k = \begin{cases} \sqrt{\sin^2 r + \sin^2 s} & (r^2 \leqslant s^2) \\ \dfrac{1}{2}\sin(rs) & (r^2 > s^2) \end{cases}$$

其中 r, s 的值由键盘输入。$\sin x$ 的近似值按如下公式计算：

$$\sin x = \frac{x}{1!} - \frac{x^3}{3!} + \frac{x^5}{5!} - \frac{x^7}{7!} + \cdots = \sum_{n=1}^{\infty} (-1)^{n-1} \frac{x^{2n-1}}{(2n-1)!}$$

计算精度为 10^{-6},当某项的绝对值小于计算精度时,停止累加,累加和即为该精度下的 $\sin x$ 的近似值。

源程序：

```
//3_5.cpp
#include <iostream>
#include <cmath>    //头文件 cmath 中具有对 C++标准库中数学函数的说明
using namespace std;

const double TINY_VALUE=1e-10;
```

```
double tsin(double x) {
    double g=0;
    double t=x;
    int n=1;
    do {
        g+=t;
        n++;
        t=-t*x*x/(2*n-1)/(2*n-2);
    } while (fabs(t)>=TINY_VALUE);
    return g;
}

int main() {
    double k, r, s;
    cout<<"r=";
    cin>>r;
    cout<<"s=";
    cin>>s;
    if (r*r<=s*s)
        k=sqrt(tsin(r)*tsin(r)+tsin(s)*tsin(s));
    else
        k=tsin(r*s)/2;
    cout<<k<<endl;
    return 0;
}
```

运行结果:

```
r=5
s=8
1.37781
```

本程序中用到了两个标准 C++ 的系统函数——绝对值函数 double fabs(double x)和平方根函数 double sqrt(double x),它们的原型都在 cmath 头文件中定义。3.5 节将专门介绍标准 C++ 的系统函数。

例 3-6 投骰子的随机游戏。

游戏规则是:每个骰子有 6 面,点数分别为 1,2,3,4,5,6。游戏者在程序开始时输入一个无符号整数,作为产生随机数的种子。

每轮投两次骰子,第一轮如果和数为 7 或 11 则为胜,游戏结束;和数为 2,3 或 12 则为负,游戏结束;和数为其他值则将此值作为自己的点数,继续第二轮、第三轮…直到某轮的和数等于点数则取胜,若在此前出现和数为 7 则为负。

由 rollDice 函数负责模拟投骰子、计算和数并输出和数。

提示　系统函数 int rand(void)的功能是产生一个伪随机数,伪随机数并不是真正随机的。这个函数自己不能产生真正的随机数。如果在程序中连续调用 rand,期望由此可以产生一个随机数序列,你会发现每次运行这个程序时产生的序列都是相同的,这称为伪随机数序列。这是因为函数 rand 需要一个称为"种子"的初始值,种子不同,产生的伪随机数也就不同。因此只要每次运行时给予不同的种子,然后连续调用 rand 便可以产生不同的随机数序列。如果不设置种子,rand 总是默认种子为 1。不过设置种子的方法比较特殊,不是通过函数的参数,而是在调用它之前,需要首先调用另外一个函数 void srand(unsigned int seed)为其设置种子,其中的参数 seed 便是种子。

源程序:

```cpp
//3_6.cpp
#include <iostream>
#include <cstdlib>
using namespace std;

//投骰子,计算和数,输出和数
int rollDice() {
    int die1=1+rand()%6;
    int die2=1+rand()%6;
    int sum=die1+die2;
    cout<<"player rolled "<<die1<<"+"<<die2<<"="<<sum<<endl;
    return sum;
}

enum GameStatus {WIN, LOSE, PLAYING};

int main() {
    int sum, myPoint;
    GameStatus status;

    unsigned seed;
    cout<<"Please enter an unsigned integer: ";
    cin>>seed;                    //输入随机数种子
    srand(seed);                  //将种子传递给 rand()

    sum=rollDice();               //第一轮投骰子,计算和数
    switch (sum) {
    case 7:                       //如果和数为 7 或 11 则为胜,状态为 WIN
    case 11:
        status=WIN;
        break;
    case 2:                       //和数为 2,3 或 12 则为负,状态为 LOSE
    case 3:
    case 12:
        status=LOSE;
```

```
        break;
    default:    //其他情况,游戏尚无结果,状态为 PLAYING,记下点数,为下一轮做准备
        status=PLAYING;
        myPoint=sum;
        cout<<"point is"<<myPoint<<endl;
        break;
    }

    while (status==PLAYING) {           //只要状态仍为 PLAYING,就继续进行下一轮
        sum=rollDice();
        if (sum==myPoint)               //某轮的和数等于点数则取胜,状态置为 WIN
            status=WIN;
        else if (sum==7)                //出现和数为 7 则为负,状态置为 LOSE
            status=LOSE;
    }

    //当状态不为 PLAYING 时上面的循环结束,以下程序段输出游戏结果
    if (status==WIN)
        cout<<"player wins"<<endl;
    else
        cout<<"player loses"<<endl;

    return 0;
}
```

运行结果 1：

```
Please enter an unsigned integer: 8
player rolled 5+1=6
point is 6
player rolled 6+6=12
player rolled 6+4=10
player rolled 6+6=12
player rolled 6+6=12
player rolled 3+2=5
player rolled 2+2=4
player rolled 3+4=7
player loses
```

运行结果 2：

```
Please enter an unsigned integer: 23
player rolled 6+3=9
point is 9
player rolled 5+4=9
player wins
```

2. 嵌套调用

函数允许嵌套调用。如果函数 1 调用了函数 2，函数 2 再调用函数 3，便形成了函数的嵌套调用。

例 3-7　输入两个整数，求它们的平方和。

分析：虽然这个问题很简单，但是为了说明函数的嵌套调用问题，在这里设计两个函数：求平方和函数 fun1 和求一个整数的平方函数 fun2。由主函数调用 fun1，fun1 又调用 fun2。

源程序：

```cpp
//3_7.cpp
#include <iostream>
using namespace std;

int fun2(int m) {
    return m * m;
}

int fun1(int x, int y) {
    return fun2(x) + fun2(y);
}

int main() {
    int a, b;
    cout<< "Please enter two integers(a and b): ";
    cin>>a>>b;
    cout<< "The sum of square of a and b: "<<fun1(a, b)<<endl;
    return 0;
}
```

运行结果：

```
Please enter two integers(a and b): 3 4
The sum of square of a and b: 25
```

图 3-1 说明了例 3-7 函数的调用过程，图中标号标明了执行顺序。

图 3-1　例 3-7 函数的调用过程

3. 递归调用

函数可以直接或间接地调用自身，称为递归调用。

所谓直接调用自身，就是指在一个函数的函数体中出现了对自身的调用表达式，例如：

```
void fun1() {
  ...
  fun1();              //调用 fun1 自身
  ...
}
```

就是函数直接调用自身的例子。

而下面的情况是函数间接调用自身：

```
void fun1() {
  ...
  fun2();
  ...
}
void fun2() {
  ...
  fun1();
  ...
}
```

这里 fun1 调用了 fun2，而 fun2 又调用了 fun1，于是构成了递归。

递归算法的实质是将原有的问题分解为新的问题，而解决新问题时又用到了原有问题的解法。按照这一原则分解下去，每次出现的新问题都是原有问题的简化的子集，而最终分解出来的问题，是一个已知解的问题。这便是有限的递归调用。只有有限的递归调用才是有意义的，无限的递归调用永远得不到解，没有实际意义。

递归的过程有如下两个阶段。

第一阶段：递推。将原问题不断分解为新的子问题，逐渐从未知向已知推进，最终达到已知的条件，即递归结束的条件，这时递推阶段结束。

例如，求 5!，可以这样分解：

$$5!=5\times4! \rightarrow 4!=4\times3! \rightarrow 3!=3\times2! \rightarrow 2!=2\times1! \rightarrow 1!=1\times0! \rightarrow 0!=1$$

未知————————————————————————————————→已知

第二阶段：回归。从已知的条件出发，按照递推的逆过程，逐一求值回归，最后达到递推的开始处，结束回归阶段，完成递归调用。

例如，求 5! 的回归阶段如下：

$$5!=5\times4!=120 \leftarrow 4!=4\times3!=24 \leftarrow 3!=3\times2!=6 \leftarrow 2!=2\times1!=2 \leftarrow 1!=1\times0!=1 \leftarrow 0!=1$$

未知←————————————————————————————————已知

例 3-8 求 $n!$。

分析：计算 $n!$ 的公式如下：

$$n! = \begin{cases} 1 & (n=0) \\ n(n-1)! & (n>0) \end{cases}$$

这是一个递归形式的公式,在描述"阶乘"算法时又用到了"阶乘"这一概念,因而编程时也自然采用递归算法。递归的结束条件是 $n=0$。

源程序:

```cpp
//3_8.cpp
#include <iostream>
using namespace std;

//计算 n 的阶乘
unsigned fac(unsigned n) {
    unsigned f;
    if (n==0)
        f=1;
    else
        f=fac(n-1) * n;
    return f;
}

int main() {
    unsigned n;
    cout<<"Enter a positive integer: ";
    cin>>n;
    unsigned y=fac(n);
    cout<<n<<"!="<<y<<endl;
    return 0;
}
```

运行结果:

```
Enter a positive integer: 8
8!=40320
```

注意　对同一个函数的多次不同调用中,编译器会为函数的形参和局部变量分配不同的空间,它们互不影响。例如,在执行 fac(2)时调用 fac(1)时,会用 1 为该调用中作为被调函数的 fac 函数的形参 n 初始化,但这不会改变作为主调函数的 fac 中的形参 n 的值,也就是说当 fac(1)返回后,读取 n 的值时仍然能够得到 2 这一结果。对于 fac 函数中定义的变量 f 也一样。这一问题涉及变量的生存期,会在第 5 章详细讨论。

例 3-9　用递归法计算从 n 个人中选择 k 个人组成一个委员会的不同组合数。

分析:由 n 个人里选 k 个人的组合数

$\quad$=由 $n-1$ 个人里选 k 个人的组合数+由 $n-1$ 个人里选 $k-1$ 个人的组合数

由于计算公式本身是递归的,因此可以编写一个递归函数来完成这一功能,递推的结束条件是 $n=k$ 或 $k=0$,这时的组合数为 1,然后开始回归。

源程序：

```cpp
//3_9.cpp
#include <iostream>
using namespace std;

//计算从 n 个人里选 k 个人的组合数
int comm(int n, int k) {
    if (k>n)
        return 0;
    else if (n==k||k==0)
        return 1;
    else
        return comm(n-1, k)+comm(n-1, k-1);
}

int main() {
    int n, k;
    cout<<"Please enter two integers n and k: ";
    cin>>n>>k;
    cout<<"C(n, k)="<<comm(n, k)<<endl;
    return 0;
}
```

运行结果：

```
Please enter two integers n and k: 18 5
C(n, k)=8568
```

例 3-10 汉诺塔问题。

有三根针 A,B,C。A 针上有 n 个盘子，盘子大小不等，大的在下，小的在上，如图 3-2 所示。要求把这 n 个盘子从 A 针移到 C 针，在移动过程中可以借助 B 针，每次只允许移动一个盘，且在移动过程中在三根针上都保持大盘在下，小盘在上。

图 3-2　汉诺塔问题示意图

分析：将 n 个盘子从 A 针移到 C 针可以分解为下面 3 个步骤。

(1) 将 A 上 n−1 个盘子移到 B 针上(借助 C 针)。

(2) 把 A 针上剩下的一个盘子移到 C 针上。

(3) 将 n−1 个盘子从 B 针移到 C 针上(借助 A 针)。

事实上，上面 3 个步骤包含下面两种操作。

（1）将多个盘子从一个针移到另一个针上，这是一个递归的过程。

（2）将 1 个盘子从一个针上移到另一个针上。

于是用两个函数分别实现上面两种操作，用 hanoi 函数实现第（1）种操作，用 move 函数实现第（2）种操作。

源程序：

```cpp
//3_10.cpp
#include <iostream>
using namespace std;

//把 src 针的最上面一个盘子移动到 dest 针上
void move(char src, char dest) {
    cout<<src<<" -->"<<dest<<endl;
}

//把 n 个盘子从 src 针移动到 dest 针,以 medium 针作为中介
void hanoi(int n, char src, char medium, char dest) {
    if (n==1)
        move(src, dest);
    else {
        hanoi(n-1, src, dest, medium);
        move(src, dest);
        hanoi(n-1, medium, src, dest);
    }
}

int main() {
    int m;
    cout<<"Enter the number of diskes: ";
    cin>>m;
    cout<<"the steps to moving "<<m<<" diskes:"<<endl;
    hanoi(m, 'A', 'B', 'C');
    return 0;
}
```

运行结果：

```
Enter the number of diskes:3
the steps to moving 3 diskes:
A-->C
A-->B
C-->B
A-->C
B-->A
B-->C
A-->C
```

3.1.3　函数的参数传递

在函数未被调用时,函数的形参并不占有实际的内存空间,也没有实际的值。只有在函数被调用时才为形参分配存储单元,并将实参与形参结合。每个实参都是一个表达式,其类型必须与形参相符。函数的参数传递指的就是形参与实参结合(简称形实结合)的过程,形实结合的方式有值传递和引用传递。

1. 值传递

值传递是指当发生函数调用时,给形参分配内存空间,并用实参来初始化形参(直接将实参的值传递给形参)。这一过程是参数值的单向传递过程,一旦形参获得了值便与实参脱离关系,此后无论形参发生了怎样的改变,都不会影响到实参。

例 3-11　将两个整数交换次序后输出。

```cpp
//3_11.cpp
#include <iostream>
using namespace std;

void swap(int a, int b) {
    int t=a;
    a=b;
    b=t;
}

int main() {
    int x=5, y=10;
    cout<<"x="<<x<<"    y="<<y<<endl;
    swap(x, y);
    cout<<"x="<<x<<"    y="<<y<<endl;
    return 0;
}
```

运行结果:

```
x=5    y=10
x=5    y=10
```

分析:从上面的运行结果可以看出,并没有达到交换的目的。这是因为,采用的是值传递,函数调用时传递的是实参的值,是单向传递过程。形参值的改变对实参不起作用。图 3-3 是程序执行时变量的情况。

2. 引用传递

我们已经看到,值传递时参数是单向传递,那么如何使在子函数中对形参做的更改对主函数中的实参有效呢? 这就需要使用引用传递。

引用是一种特殊类型的变量,可以被认为是另一个变量的别名,通过引用名与通过被引用的变量名访问变量的效果是一样的,例如:

图 3-3　例 3-11 程序执行时变量的情况

```
int i, j;
int &ri=i;          //建立一个 int 型的引用 ri，并将其初始化为变量 i 的一个别名
j=10;
ri=j;               //相当于 i=j;
```

使用引用时必须注意下列问题。

- 声明一个引用时，必须同时对它进行初始化，使它指向一个已存在的对象。
- 一旦一个引用被初始化后，就不能改为指向其他对象。

也就是说，一个引用，从它诞生之时起，就必须确定是哪个变量的别名，而且始终只能作为这一个变量的别名，不能另作他用。

引用也可以作为形参，如果将引用作为形参，情况便稍有不同。这是因为，形参的初始化不在类型说明时进行，而是在执行主调函数中的调用表达式时，才为形参分配内存空间，同时用实参来初始化形参。这样引用类型的形参就通过形实结合，成为了实参的一个别名，对形参的任何操作也就会直接作用于实参。

用引用作为形参，在函数调用时发生的参数传递，称为引用传递。

例 3-12　使用引用传递改写例 3-11 的程序，使两整数成功地进行交换。

```
//3_12.cpp
#include <iostream>
using namespace std;

void swap(int &a, int &b) {
    int t=a;
    a=b;
```

```
        b=t;
    }

int main() {
    int x=5, y=10;
    cout<<"x="<<x<<"      y="<<y<<endl;
    swap(x, y);
    cout<<"x="<<x<<"      y="<<y<<endl;
    return 0;
}
```

运行结果：

```
x=5      y=10
x=10     y=5
```

分析：从运行结果可以看出，改用引用传递后成功地实现了交换。引用传递与值传递的区别只是函数的形参写法不同。主调函数中的调用表达式是完全一样的。图 3-4 是程序执行时变量的情况。

图 3-4　例 3-12 程序执行时变量的情况

例 3-13 值传递与引用传递的比较。

```cpp
//3_13.cpp
#include<iostream>
#include<iomanip>
using namespace std;

void fiddle(int in1, int &in2) {
```

```
        in1=in1+100;
        in2=in2+100;
        cout<<"The values are ";
        cout<<setw(5)<<in1;
        cout<<setw(5)<<in2<<endl;
    }

    int main() {
        int v1=7, v2=12;
        cout<<"The values are ";
        cout<<setw(5)<<v1;
        cout<<setw(5)<<v2<<endl;
        fiddle(v1, v2);
        cout<<"The values are ";
        cout<<setw(5)<<v1;
        cout<<setw(5)<<v2<<endl;
        return 0;
    }
```

运行结果：

```
The values are     7   12
The values are   107  112
The values are     7  112
```

分析：子函数 fiddle 的第一个参数 in1 是普通的 int 型，被调用时传递的是实参 v1 的值，第二个参数 in2 是引用，被调用时由实参 v2 初始化后成为 v2 的一个别名。于是在子函数中对参数 in1 的改变不影响实参，而对形参 in2 的改变实质上就是对主函数中变量 v2 的改变。因而返回主函数后，v1 值没有变化，而 v2 值发生了变化。

3.2　内联函数

在本章的开头曾提到，使用函数有利于代码重用，可以提高开发效率，增强程序的可靠性，也便于分工合作，便于修改维护。但是，函数调用也会降低程序的执行效率，增加时间和空间方面的开销。因此对于一些功能简单、规模较小又使用频繁的函数，可以设计为内联函数。**内联函数不是在调用时发生控制转移，而是在编译时将函数体嵌入在每一个调用处。** 这样就节省了参数传递、控制转移等开销。

内联函数的定义与普通函数的定义方式几乎一样，只是需要使用关键字 inline，其语法形式如下：

```
inline  类型说明符  函数名(含类型说明的形参表)
{
    语句序列
}
```

　　需要注意的是,inline 关键字只是表示一个要求,编译器并不承诺将 inline 修饰的函数作为内联。而在现代编译器中,没有用 inline 修饰的函数也可能被编译为内联。通常内联函数应该是比较简单的函数,结构简单、语句少。如果将一个复杂的函数定义为内联函数,反而会造成代码膨胀,增大开销。这种情况下,多数编译器都会自动将其转换为普通函数来处理。到底什么样的函数会被认为太复杂呢? 不同的编译器处理起来是不同的。此外,有些函数是肯定无法以内联方式处理的,例如存在对自身直接递归调用的函数。

　　例 3-14　内联函数应用举例。

```cpp
//3_14.cpp
#include <iostream>
using namespace std;

const double PI=3.14159265358979;

//内联函数,根据圆的半径计算其面积
inline double calArea(double radius) {
    return PI * radius * radius;
}

int main() {
    double r=3.0;                          //r 是圆的半径
    //调用内联函数求圆的面积,编译时此处被替换为 calArea 函数体语句
    double area=calArea(r);
    cout<<area<<endl;
    return 0;
}
```

运行结果:

```
28.2743
```

3.3　带默认形参值的函数

　　函数在定义时可以预先声明默认的形参值。调用时如果给出实参,则用实参初始化形参,如果没有给出实参,则采用预先声明的默认形参值。例如:

```cpp
int add(int x=5, int y=6) {      //声明默认形参值
    return   x+y;
}

int main() {
    add(10, 20);                  //用实参来初始化形参,实现 10+20
    add(10);                      //形参 x 采用实参值 10,y 采用默认值 6,实现 10+6
```

```
    add();                           //x 和 y 都采用默认值,分别为 5 和 6,实现 5+6
}
```

有默认值的形参必须在形参列表的最后,也就是说,在有默认值的形参右面,不能出现无默认值的形参。因为在函数调用中,实参与形参是按从左向右的顺序建立对应关系的。例如:

```
int add(int x, int y=5, int z=6);          //正确
int add(int x=1, int y=5, int z);          //错误
int add(int x=1, int y, int z=6);          //错误
```

在相同的作用域内,不允许在同一个函数的多个声明中对同一个参数的默认值重复定义,即使前后定义的值相同也不行。这里作用域是指直接包含着函数原型说明的大括号所界定的范围,对作用域概念的详细介绍在第 5 章。注意,函数的定义也属于声明,这样,如果一个函数在定义之前又有原型声明,默认形参值需要在原型声明中给出,定义中不能再出现默认形参值。例如:

```
int add(int x=5, int y=6);                  //默认形参值在函数原型中给出
int main() {
    add();
    return 0;
}


int add(int x/ * =5 * /, int y/ * =6 * /) {
//这里不能再出现默认形参,但为了清晰,可以通过注释说明默认形参
    return x+y;
}
```

习惯 像这样在函数的定义处,在形参表中以注释来说明参数的默认值,是一种好习惯。

例 3-15 带默认形参值的函数举例。

本程序的功能是计算长方体的体积。子函数 getVolume 是计算体积的函数,有 3 个形参:length(长)、width(宽)、height(高),其中 width 和 height 带有默认值。主函数中以不同形式调用 getVolume 函数,分析程序的运行结果。

```
//3_15.cpp
#include <iostream>
#include <iomanip>
using namespace std;

int getVolume(int length, int width=2, int height=3);

int main() {
    const int X=10, Y=12, Z=15;
    cout<<"Some box data is ";
```

```cpp
        cout<<getVolume(X, Y, Z)<<endl;
        cout<<"Some box data is ";
        cout<<getVolume(X, Y)<<endl;
        cout<<"Some box data is ";
        cout<<getVolume(X)<<endl;
        return 0;
}

int getVolume(int length, int width/* =2 * /, int height/* =3 * /) {
        cout<<setw(5)<<length<<setw(5)<<width<<setw(5)<<height<<'\t';
        return length * width * height;
}
```

运行结果：

```
Some box data is   10    12    15     1800
Some box data is   10    12     3      360
Some box data is   10     2     3       60
```

由于函数 getVolume 的第一个形参 length 在声明时没有给出默认值,因此每次调用函数时都必须给出第一个实参,用实参值来初始化形参 length。由于 width 和 height 带有默认值,因此如果调用时给出 3 个实参,则 3 个形参全部由实参来初始化;如果调用时给出两个实参,则第三个形参采用默认值;如果调用时只给出一个实参,则 width 和 height 都采用默认值。

3.4　函数重载

在程序中,一个函数就是一个操作的名字,正是靠类似于自然语言的各种各样的名字,才能写出易于理解和修改的程序。于是就产生了这样一个问题:如何把人类自然语言中有细微差别的概念,映射到编程语言中? 通常,自然语言中一个词可以代表许多种不同的含义,需要依赖上下文来确定。这就是所谓一词多义,反映到程序中就是重载。例如:我们说"擦桌子、擦皮鞋、擦车"时,都用了同一个"擦"字,但所使用的方法截然不同。人类完全可以理解这样的语言,因为人们从生活实践中学会了各种不同的"擦"的方法,知道对不同的物品要用对应的"擦"法。所以没有人会罗唆到说"请用擦桌子的方法擦桌子,用擦皮鞋的方法擦皮鞋"。计算机是否也具有同样的能力呢? 这取决于所编写的程序。C++ 语言中提供了对函数重载的支持,使我们在编程时可以对不同的功能赋予相同的函数名,编译时会根据上下文(实参的类型和个数)来确定使用哪一具体功能。

两个以上的函数,具有相同的函数名,但是形参的个数或者类型不同,编译器根据实参和形参的类型及个数的最佳匹配,自动确定调用哪一个函数,这就是函数的重载。

如果没有重载机制,那么对不同类型的数据进行相同的操作也需要定义名称完全不同的函数。例如定义加法函数,就必须这样对整数的加法和浮点数的加法使用不同的函数名:

```
int iadd(int x, int y);
float fadd(float x, float y);
```

这在调用时实在是不方便。

C++ 允许功能相近的函数在相同的作用域内以相同函数名定义，从而形成重载。方便使用，便于记忆。

注意　重载函数的形参必须不同：个数不同或者类型不同。编译程序对实参和形参的类型及个数进行最佳匹配，来选择调用哪一个函数。如果函数名相同，形参类型也相同（无论函数返回值类型是否相同），在编译时会被认为是语法错误（函数重复定义）。

例如：

```
(1) int add(int x, int y);
    float add(float x, float y);              形参类型不同
(2) int add(int x, int y);
    int add(int x, int y, int z);             形参个数不同
```

例如：

```
(1) int add(int x,int y); int add(int a,int b);    //错误!编译器不以形参名来区分函数
(2) int add(int x,int y); void add(int x,int y);   //错误!编译器不以返回值来区分函数
```

习惯　不要将不同功能的函数定义为重载函数，以免出现对调用结果的误解、混淆。例如：

```
int add(int x, int y) {return x+y;}
float add(float x, float y) {return x-y;}
```

当使用具有默认形参值的函数重载形式时，需要注意防止二义性。例如下面的两个函数原型，在编译时便无法区别为不同的重载形式：

```
void fun(int length, int width=2, int height= 33);
void fun(int length);
```

也就是说，当以下面形式调用函数 fun 时，编译器无法确定应该执行哪个重载函数：

```
fun(1);
```

这时编译器会指出语法错误。

下面来看一个应用重载函数的例子。

例 3-16　重载函数应用举例。

编写两个名为 sumOfSquare 的重载函数，分别求两整数的平方和及两实数的平方和。

源程序：

```
//3_16.cpp
# include <iostream>
using namespace std;
```

```cpp
int sumOfSquare(int a, int b) {
    return a * a+b * b;
}


double sumOfSquare(double a, double b) {
    return a * a+b * b;
}

int main() {
    int m, n;
    cout<<"Enter two integer: ";
    cin>>m>>n;
    cout<<"Their sum of square: "<<sumOfSquare(m, n)<<endl;

    double x, y;
    cout<<"Enter two real number: ";
    cin>>x>>y;
    cout<<"Their sum of square: "<<sumOfSquare(x, y)<<endl;

    return 0;
}
```

运行结果：

```
Enter two integer: 3 5
Their sum of square: 34
Enter two real number: 2.3 5.8
Their sum of square: 38.93
```

3.5　C++ 系统函数

　　C++ 不仅允许用户根据需要自定义函数，而且 C++ 的系统库中提供了几百个函数可供程序员使用。例如：求平方根函数(sqrt)、求绝对值函数(abs)等。

　　我们知道，调用函数之前必须先加以声明，系统函数的原型声明已经全部由系统提供了，分类保存在不同的头文件中。程序员需要做的事情，就是用 include 指令嵌入相应的头文件，然后便可以使用系统函数。例如，要使用数学函数，只要嵌入头文件 cmath。

　　例 3-17　系统函数应用举例。

　　从键盘输入一个角度值，求出该角度的正弦值、余弦值和正切值。

　　分析：系统函数中提供了求正弦值、余弦值和正切值的函数：sin()，cos()，tan()，函数的说明在头文件 cmath 中。

　　源程序：

```
//3_17.cpp
```

```
#include <iostream>
#include <cmath>
using namespace std;

const double PI=3.14159265358979;

int main() {
    double angle;
    cout<<"Please enter an angle: ";
    cin>>angle;                                    //输入角度值

    double radian=angle*PI/180;                    //转化为弧度值
    cout<<"sin("<<angle<<")="<<sin(radian)<<endl;
    cout<<"cos("<<angle<<")="<<cos(radian)<<endl;
    cout<<"tan("<<angle<<")="<<tan(radian)<<endl;
    return 0;
}
```

运行结果：

```
Please enter an angle: 30
sin(30)=0.5
cos(30)=0.866025
tan(30)=0.57735
```

充分利用系统函数,可以大大减少编程的工作量,提高程序的运行效率和可靠性。要使用系统函数应该注意以下两点。

(1) 编译环境提供的系统函数分为两类,一类是标准 C++ 的函数,另一类是非标准 C++ 的函数,它是当前操作系统或编译环境中所特有的系统函数。例如,cmath 中所声明的 sin,cos,tan 等函数都是标准 C++ 的函数。编程时应优先使用标准 C++ 的函数,因为标准 C++ 函数是各种编译环境所普遍支持的,只使用标准 C++ 函数的程序具有很好的可移植性。

提示 标准 C++ 函数,很多是从标准 C 继承而来的。例 3-17 中使用的 cmath 头文件中的前缀 c,就用来表示它是一个继承自标准 C 的头文件,类似的头文件还有 cstdlib, cstdio,ctime 等。标准 C 中,这些头文件的名字分别是 math.h, stdlib.h, stdio.h, time.h,为了保持对 C 程序的兼容性,C++ 中也允许继续使用这些以.h 为后缀的头文件。保留这些头文件仅仅是出于兼容性考虑,在编写 C++ 程序时,应尽量使用不带.h 后缀的头文件。

本书向读者推荐一个网站 http://www.cppreference.com,这里可以查阅各种常用的标准 C++ 函数的原型、头文件和用法(如图 3-5 所示)。

(2) 有时也需要使用一些非标准 C++ 的系统函数,例如在处理和操作系统相关的事务时,常常需要调用当前操作系统特有的一些函数。不同的编译系统提供的函数有所不同。即使是同一系列的编译系统,如果版本不同系统函数也会略有差别。因此编程者必

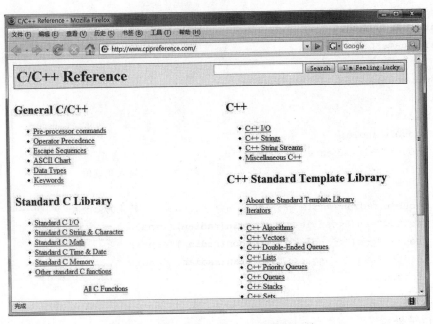

图 3-5 可以查阅标准 C++ 函数的网站

须查阅编译系统的库函数参考手册或联机帮助,查清楚函数的功能、参数、返回值和使用方法。使用 Visual C++ 的读者,可以通过 MSDN Library 查询系统相关的函数。MSDN Library for Visual Studio 2008 中,可以到 Development Tools and Languages → Visual Studio → Visual C++ → Reference → Libraries Reference → Run-Time Libraries → Run-Time Routines by Category 页面,按照分类查询系统相关的函数(如图 3-6 所示)。

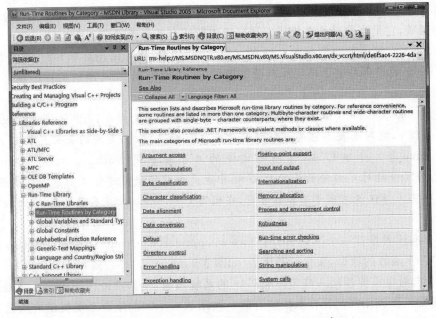

图 3-6 MSDN Library for Visual Studio 2008 窗口

Linux 下的系统相关函数的头文件,一般是操作系统附带的,查看这些函数的用法,可以使用 man 命令。例如,欲查询 fork 函数的用法,在命令行输入 man fork 即可(如图 3-7 所示)。

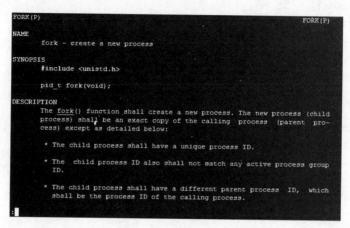

图 3-7　Linux 下使用 man 命令查看 fork 函数的用法

3.6　小结

在面向对象的程序设计中,函数是功能抽象的基本单位。

一个较为复杂的系统往往需要划分为若干子系统,分别进行开发和调试。高级语言中的子程序就是用来实现这种模块划分的。C++ 语言中的子程序体现为函数,对对象的功能抽象也要借助于函数。函数编写好以后,可以被重复使用,使用时可以只关心函数的功能和使用方法而不必关心函数功能的具体实现。这样有利于代码重用,可以提高开发效率、增强程序的可靠性,也便于分工合作,便于修改维护。

一个 C++ 程序可以由一个主函数和若干子函数构成。主函数是程序执行的开始点,由主函数调用子函数,子函数还可以再调用其他子函数。

函数的重载使得具有类似功能的不同函数可以使用同一名称,这样便于使用,也能增加程序的可读性。重载函数是按照形参来区分的,同名的重载函数其形参类型或个数必须不同。

另外,C++ 的系统库中还提供了几百个函数可供程序员使用。系统函数的原型声明已经全部由系统提供了,分类存在于不同的头文件中。程序员需要用 include 指令嵌入相应的头文件,然后便可以使用系统函数。

习　　题

3-1　C++ 中的函数是什么? 什么叫主调函数? 什么叫被调函数? 二者之间有什么关系? 如何调用一个函数?

3-2　观察下面程序的运行输出,与你设想的有何不同? 仔细体会引用的用法。

```cpp
# include <iostream>
using namespace std;
int main () {
    int intOne;
    int &rSomeRef=intOne;

    intOne=5;
    cout<<"intOne:\t"<<intOne<<endl;
    cout<<"rSomeRef:\t"<<rSomeRef<<endl;

    int intTwo=8;
    rSomeRef=intTwo;
    cout<<"\nintOne:\t"<<intOne<<endl;
    cout<<"intTwo:\t"<<intTwo<<endl;
    cout<<"rSomeRef:\t"<<rSomeRef<<endl;

    return 0;
}
```

3-3 比较值传递和引用传递的相同点与不同点。

3-4 什么叫内联函数？它有哪些特点？

3-5 函数原型中的参数名与函数定义中的参数名以及函数调用中的参数名必须一致吗？

3-6 调用被重载的函数时，通过什么来区分被调用的是哪个函数？

3-7 完成函数。参数为两个 unsigned short int 型数，返回值为第一个参数除以第二个参数的结果，数据类型为 short int；如果第二个参数为 0，则返回值为 −1。在主程序中实现输入输出。

3-8 编写函数把华氏温度转换为摄氏温度，公式为

$$C = \frac{5}{9}(F - 32)$$

在主程序中提示用户输入一个华氏温度，转化后输出相应的摄氏温度。

3-9 编写函数判别一个数是否是质数，在主程序中实现输入输出。

3-10 编写函数求两个整数的最大公约数和最小公倍数。

3-11 什么叫做嵌套调用？什么叫做递归？

3-12 在主程序中提示输入整数 n，编写函数用递归的方法求 $1+2+\cdots+n$ 的值。

3-13 用递归的方法编写函数求 Fibonacci 级数，公式为

$$F_n = F_{n-1} + F_{n-2}(n > 2), \quad F_1 = F_2 = 1$$

观察递归调用的过程。

3-14 用递归的方法编写函数求 n 阶勒让德多项式的值，在主程序中实现输入输出。递归公式为

$$p_n(x) = \begin{cases} 1 & (n = 0) \\ x & (n = 1) \\ [(2n-1)x \cdot p_{n-1}(x) - (n-1)p_{n-2}(x)]/n & (n > 1) \end{cases}$$

3-15 编写递归函数 getPower 计算 x^y,在同一个程序中针对整型和实型实现两个重载的函数:

```
int getPower(int x, int y);          //整型形式,当 y<0 时,返回 0
double getPower(double x, int y);    //实型形式
```

在主程序中实现输入输出,分别输入一个整数 a 和一个实数 b 作为底数,再输入一个整数 m 作为指数,输出 a^m 和 b^m。另外请读者思考,如果在调用 getPower 函数计算 a^m 时希望得到一个实型结果(实型结果表示范围更大,而且可以准确表示 $m<0$ 时的结果),该如何调用?

3-16 当函数发生递归调用时,同一个局部变量在不同递归深度上可以同时存在不同的取值,这在底层是如何做到的?

第 4 章

类与对象

在我们熟悉的现实世界中,一切事物都是对象。对象可以是有形的,比如房屋、汽车、飞机、动物、植物;也可以是无形的,比如一项计划。对象可以是一个简单的个体,比如一个人;也可以由诸多其他对象组合而成,比如一个公司有多个部门,每个部门又由许多人组成。对类似的对象进行抽象,找出其共同属性,便构成一种类型。这些都是我们在现实世界中所熟悉的概念和方法。编写程序的目的是描述和解决现实世界中的问题,第一步就是要将现实世界中的对象和类如实地反映在程序中。作为一种面向对象的程序设计语言,C++支持这种抽象。将抽象后的数据和函数封装在一起,便构成了C++"类"。

本章首先介绍面向对象程序设计的主要特点:抽象、封装、继承和多态;接着围绕数据封装这一特点,着重讲解面向对象设计方法的核心概念——类。其中包括类的定义、实现以及如何利用类来解决具体问题。

4.1 面向对象程序设计的基本特点

4.1.1 抽象

对于抽象,我们并不陌生,这是人类认识问题的最基本手段之一。**面向对象方法中的抽象,是指对具体问题(对象)进行概括,抽出一类对象的公共性质并加以描述的过程。**抽象的过程,也是对问题进行分析和认识的过程。在面向对象的软件开发中,首先注意的是问题的本质及描述,其次是解决问题的具体过程。一般来讲,对一个问题的抽象应该包括两个方面:**数据抽象和行为抽象**(或称为功能抽象、代码抽象)。前者描述某类对象的属性或状态,也就是此类对象区别于彼类对象的特征;后者描述的是某类对象的共同行为或功能特征。

下面来看两个简单的例子。首先我们在计算机来上实现一个简单的时钟程序。通过对时钟进行分析可以看出,需要 3 个整型数来存储时间,分别表示时、分和秒,这就是对时钟所具有的数据进行抽象。另外,时钟要具有显示时间、设置时间等简单的功能,这就是对它的行为的抽象。用 C++ 的变量和函数可以将抽象后的时钟属性描述如下:

数据抽象:

```
int hour,int minute,int second
```

功能抽象:

```
showTime(), setTime()
```

下一个例子是对人进行抽象。通过对人类进行归纳、抽象,提取出其中的共性,可以得到如下的抽象描述:

共同的属性:如姓名、性别、年龄等,它们组成了人的数据抽象部分,用 C++ 的语言的变量来表达,可以是:

```
string name,string sex,int age
```

共同的行为:比如吃饭、行走生物性行为,以及工作、学习等社会性行为。这构成了人的行为抽象部分,也可以用 C++ 语言的函数表达:

```
eat(),walk(),work(),study()
```

如果是为一个企业开发用于人事管理的软件,这个时候所关心的特征就不会只限于这些。除了上述人的这些共性,还要关心工龄、工资、工作部门、工作能力,以及上下级隶属关系等。

由此也可以看出,对于同一个研究对象,由于所研究问题的侧重点不同,就可能产生不同的抽象结果。即使对于同一个问题,解决问题的要求不同,也可能产生不同的抽象结果。

4.1.2　封装

封装就是将抽象得到的数据和行为(或功能)相结合,形成一个有机的整体,也就是将数据与操作数据的函数代码进行有机的结合,形成"类",其中的数据和函数都是类的成员。 例如在抽象的基础上,可以将时钟的数据和功能封装起来,构成一个时钟类。按照 C++ 的语法,时钟类的定义如下:

```
class Clock                                    //class 关键字    类名
{                                              //边界
public:                                        //外部接口
    void setTime(int newH, int newM, int newS); //行为,代码成员
    void showTime();                           //行为,代码成员
private:                                        //特定的访问权限
    int hour, minute, second;                  //属性,数据成员
};                                             //边界
```

这里定义了一个名为 Clock 的类,其中的函数成员和数据成员,描述了抽象的结果。"{"和"}"限定了类的边界。关键字 public 和 private 是用来指定成员的不同访问权限的,这个问题将在 4.2.2 小节中详细说明。声明为 public 的两个函数为类提供了外部接口,外界只能通这个接口来与 Clock 类发生联系。声明为 private 的 3 个整型数据是本类的私有数据,外部无法直接访问。

可以看到,通过封装使一部分成员充当类与外部的接口,而将其他成员隐蔽起来,这样就达到了对成员访问权限的合理控制,使不同类之间的相互影响减少到最低限度,进而增强数据的安全性和简化程序编写工作。

将数据和代码封装为一个可重用的程序模块,在编写程序时就可以有效利用已有的

成果。由于通过外部接口,依据特定的访问规则,就可以使用封装好的模块。使用时可以不必了解类的实现细节。

4.1.3 继承

现实生活中的概念具有特殊与一般的关系。例如,一般意义的"人"都有姓名、性别、年龄等属性和吃饭、行走、工作、学习等行为,但按照职业划分,人又分为学生、教师、工程师、医生等,每一类人又有各自的特殊属性与行为,例如学生具有专业、年级等特殊属性和升级、毕业等特殊行为,这些属性和行为是医生所不具有的。如何把特殊与一般的概念间的关系描述清楚,使得特殊概念之间既能共享一般的属性和行为,又能具有特殊的属性和行为呢?

继承,就是解决这个问题的。只有继承,才可以在一般概念基础上,派生出特殊概念,使得一般概念中的属性和行为可以被特殊概念共享,摆脱重复分析、重复开发的困境。**C++ 语言中提供了类的继承机制,允许程序员在保持原有类特性的基础上,进行更具体、更详细的说明。**通过类的这种层次结构,可以很好地反映出特殊概念与一般概念的关系。第 7 章将详细介绍类的继承。

4.1.4 多态

面向对象程序设计中的多态是对人类思维方式的一种直接模拟,比如我们在日常生活中说"打球",这个"打",就表示了一个抽象的信息,具有多重含义。我们可以说:打篮球、打排球、打羽毛球,都使用"打"来表示参与某种球类运动,而其中的规则和实际动作却相差甚远。实际上这就是对多种运动行为的抽象。在程序中也是这样的,第 3 章介绍的重载函数就是实现多态性的一种手段。

从广义上说,**多态性是指一段程序能够处理多种类型对象的能力。在 C++ 语言中,这种多态性可以通过强制多态、重载多态、类型参数化多态、包含多态 4 种形式来实现。**

强制多态是通过将一种类型的数据转换成另一种类型的数据来实现的,也就是前面介绍过的数据类型转换(隐式或显式)。重载是指给同一个名字赋予不同的含义,在第 3 章介绍过函数重载,第 8 章还将介绍运算符重载。这两种多态属于特殊多态性,只是表面的多态性。

包含多态和类形参数化多态属于一般多态性,是真正的多态性。C++ 中采用虚函数实现包含多态。虚函数是多态性的精华,将在第 8 章介绍。模板是 C++ 实现参数化多态性的工具,分为函数模板和类模板两种,将在第 9 章介绍。

4.2 类和对象

类是面向对象程序设计方法的核心,利用类可以实现对数据的封装和隐蔽。

在面向过程的结构化程序设计中,程序的模块是由函数构成的,函数将逻辑上相关的语句与数据封装,用于完成特定的功能。**在面向对象程序设计中,程序模块是由类构成的。类是对逻辑上相关的函数与数据的封装,它是对问题的抽象描述。**因此,后者的集成程度更高,也就更适合用于大型复杂程序的开发。

4.1 节中从抽象和封装的角度引出了类的概念。对于初学者来说,不妨再从另一个更简单的角度来理解类。首先让我们回顾一下基本数据类型,比如 int,double,bool 等。当定义一个基本类型的变量时,究竟定义了什么呢?请看下面的语句:

```
int i;
bool b;
```

显然定义变量 i 是用于存储 int 型数据的,变量 b 是用来存放 bool 型数据的。但是变量声明的意义不只是这个,另一个同样重要的意义常被我们忽略了,这就是限定对变量的操作。例如对 i 可以进行算术运算、比较运算等,对 b 可以进行逻辑运算、比较运算。这说明每一种数据类型都包括了数据本身的属性以及对数据的操作。

无论哪一种程序语言,其基本数据类型都是有限的,C++ 的基本数据类型也远不能满足描述现实世界中各种对象的需要。于是 C++ 的语法提供了对自定义类型的支持,这就是类。类实际上相当于一种用户自定义的类型,原则上我们可以自定义无限多种新类型。因此不仅可以用 int 类型的变量表示整数,也可以用自定义类的变量表示"时钟"、"汽车"、"几何图形"或者"人"等对象。正如基本数据类型隐含包括了数据和操作,在定义一个类时也要说明数据和操作。这也正是在 4.1 节中介绍过的,通过对现实世界的对象进行数据抽象和功能(行为)抽象,得到类的数据成员和函数成员。

当定义了一个类之后,便可以定义该类的变量,这个变量就称为类的对象(或实例),这个定义的过程也称为类的实例化。

4.2.1 类的定义

这里还是以时钟为例,时钟类的定义如下:

```
class Clock {
public:
    void setTime(int newH, int newM, int newS);
    void showTime();
private:
    int hour, minute, second;
};
```

这里,封装了时钟的数据和行为,分别称为 Clock 类的**数据成员**和函数成员。定义类的语法形式如下:

```
class 类名称
{
public:
    外部接口
protected:
```

```
        保护型成员
private:
        私有成员
};
```

其中 public,protected,private 分别表示对成员的不同访问权限控制,在 4.2.2 小节中将对此详细介绍。注意,在类中可以只声明函数的原型,函数的实现(即函数体)可以在类外定义,这将在 4.2.4 小节中加以介绍。

4.2.2 类成员的访问控制

类的成员包括数据成员和函数成员,分别描述问题的属性和行为,是不可分割的两个方面。为了理解类成员的访问权限,我们还是先来看钟表这个熟悉的例子。不管哪一种钟表,都记录着时间值,都有显示面板、旋钮或按钮。正如 4.1 节所述,可以将所有钟表的共性抽象为钟表类。正常使用时使用者只能通过面板查看时间,通过旋钮或按钮来调整时间。当然,修理师可以拆开钟表,但一般人最好别尝试。这样,面板、旋钮或按钮就是我们接触和使用钟表的仅有途径,因此将它们设计为类的外部接口。而钟表记录的时间值,便是类的私有成员,使用者只能通过外部接口去访问私有成员。

对类成员访问权限的控制,是通过设置成员的访问控制属性而实现的。访问控制属性可以有以下 3 种:**公有类型(public)、私有类型(private)和保护类型(protected)**。

公有类型成员定义了类的外部接口。公有成员用 public 关键字声明,在类外只能访问类的公有成员。对于时钟类,从外部只能调用 setTime() 和 showTime() 这两个公有类型的函数成员来改变或查看时间。

在关键字 private 后面声明的就是类的私有成员。如果私有成员紧接着类名称,则关键字 private 可以省略。**私有成员只能被本类的成员函数访问,来自类外部的任何访问都是非法的**。这样,私有成员就完全隐蔽在类中,保护了数据的安全性。时钟类中的 hour,minute 和 second 都是私有成员。

习惯 一般情况下,一个类的数据成员都应该声明为私有成员,这样,内部数据结构就不会对该类以外的其余部分造成影响,程序模块之间的相互作用就被降低到最小。

保护类型成员的性质和私有成员的性质相似,其差别在于继承过程中对产生的新类影响不同。这个问题将在第 7 章详细介绍。

图 4-1 类成员访问控制属性

用图 4-1 可以形象地描述对类的成员的访问控制属性:将需要隐蔽的成员,设为私有类型,成为一个外部无法访问的黑盒子;将提供给外界的接口,设为公有类型,对外部就是透明的;而保护成员,就相当于一个笼子,它给派生类提供一些特殊的访问属性。

现在设想这样一种情况,如果一个钟表既不能报时,又无法调整时间,你会购买它吗?你肯定会说:要它何用!是的,这就像一个没有任何外部接口的类,是无法使用的。所以要记住,设计一个类,是为了用它,要能够使用,就一定要设计必要的外部接口。

在类的定义中,具有不同访问属性的成员,可以按任意顺序出现。修饰访问属性的关键字也可以多次出现。但是一个成员只能具有一种访问属性。例如,将时钟类写成以下形式也是正确的。

```
class Clock {
public:
    void setTime(int newH, int newM, int newS);
private:
    int hour, minute, second;
public:
    void showTime();
};
```

习惯 在书写时通常习惯将公有类型放在最前面,这样便于阅读,因为它们是外部访问时所要了解的。

4.2.3 对象

类实际上一种抽象机制,它描述了一类事物的共同属性和行为。在 C++ 中,类的对象就是该类的某一特定实体(也称实例)。例如,将整个公司的雇员看作一个类,那么每一个雇员就是该类的一个特定实体,也就是一个对象。

在第 2 章中介绍过基本数据类型和自定义类型,实际上,每一种数据类型都是对一类数据的抽象,在程序中声明的每一个变量都是其所属数据类型的一个实例。如果将类看作是自定义的类型,那么类的对象就可以看成是该类型的变量。因此在本书中,有时将普通变量和类类型的对象都统称为对象。

声明一个对象和声明一个一般变量相同,采用以下的方式:

类名 对象名;

例如:

Clock myClock;

就声明了一个时钟类型的对象 myClock。

注意 对象所占据的内存空间只是用于存放数据成员,函数成员不在每一个对象中存储副本,每个函数的代码在内存中只占据一份空间。

定义了类及其对象,就可以访问对象的成员,例如设置和显示对象 myClock 的时间值。这种访问采用的是“.”操作符,访问数据成员的一般形式是:

对象名.数据成员名

调用函数成员的一般形式是:

对象名.函数成员名(参数表)

例如,访问类 Clock 的对象 myClock 的函数成员 ShowTime() 的方式如下:

myClock.showTime()

在类的外部只能访问到类的公有成员；在类的成员函数中，可以访问到类的全部成员。

4.2.4　类的成员函数

类的成员函数描述的是类的行为，例如时钟类的成员函数 setTime() 和 showTime()。成员函数是程序算法的实现部分，是对封装的数据进行操作的方法。

1. 成员函数的实现

函数的原型声明要写在类体中，原型说明了函数的参数表和返回值类型。而函数的具体实现是写在类定义之外的。与普通函数不同的是，实现成员函数时要指明类的名称，具体形式为：

返回值类型　类名::函数成员名(参数表)
{
　　　函数体
}

例如：

```
void Clock::setTime(int newH, int newM, int newS) {
    hour=newH;
    minute=newM;
    second=newS;
}
void Clock::showTime() {
    cout<<hour<<":"<<minute<<":"<<second<<endl;
}
```

可以看出，与普通函数不同，类的成员函数名需要用类名来限制，例如"Clock::ShowTime"。

2. 成员函数调用中的目的对象

调用一个成员函数与调用普通函数的差异在于，需要使用"."操作符指出调用所针对的对象，这一对象在本次调用中称为**目的对象**。例如使用 myClock. showTime() 调用 showTime 函数时，myClock 就是这一调用过程中的目的对象。

在成员函数中可以不使用"."操作符而直接引用目的对象的数据成员，例如上面的 showTime 函数中所引用的 hour，minute，second 都是目的对象的数据成员，以 myClock. showTime()调用该函数时，被输出的是 myClock 对象的 hour，minute，second 属性。在成员函数中调用当前类的成员函数时，如果不使用"."操作符，那么这一次调用所针对的仍然是目的对象。

在成员函数中引用其他对象的属性和调用其他对象的方法时，都需要使用"."操作符。注意，在类的成员函数中，既可以访问目的对象的私有成员，又可以访问当前类的其他对象的私有成员。

3. 带默认形参值的成员函数

在第 3 章中曾介绍过带默认形参值的函数。类的成员函数也可以有默认形参值，其调用规则与普通函数相同。类成员函数的默认值,一定要写在类定义中,而不能写在类定义之外的函数实现中。有时候这个默认值可以带来很大的方便,比如时钟类的 setTime()函数,就可以使用默认值如下:

```cpp
class Clock {
public:
    void setTime(int newH=0, int newM=0, int newS=0);
    ...
};
```

这样,如果调用这个函数时没有给出实参,就会按照默认形参值将时钟设置到午夜零点。

4. 内联成员函数

我们知道,函数的调用过程要消耗一些内存资源和运行时间来传递参数和返回值,要记录调用时的状态,以便保证调用完成后能够正确地返回并继续执行。如果有的函数成员需要被频繁调用,而且代码比较简单,这个函数也可以定义为内联函数(inline function)。和第 3 章介绍的普通内联函数相同,内联成员函数的函数体也会在编译时被插入到每一个调用它的地方。这样做可以减少调用的开销,提高执行效率,但是却增加了编译后代码的长度。所以要在权衡利弊的基础上慎重选择,只有对相当简单的成员函数才可以声明为内联函数。

内联函数的声明有两种方式:隐式声明和显式声明。

将函数体直接放在类体内,这种方法称之为隐式声明。比如,将时钟类的 showTime()函数声明为内联函数,可以写作:

```cpp
class Clock {
public:
    void setTime(int newH, int newM, int newS);
    void showTime() {
        cout<<hour<<":"<<minute<<":"<<second<<endl;
    }
private:
    int hour, minute, second;
};
```

为了保证类定义的简洁,可以采用关键字 inline 显式声明的方式。即在函数体实现时,在函数返回值类型前加上 inline,类定义中不加入 showTime 的函数体。请看下面的表达方式:

```cpp
inline void Clock::showTime() {
    cout<<hour<<":"<<minute<<":"<<second<<endl;
}
```

效果和前面隐式表达是完全相同的。

4.2.5　程序实例

例 4-1　时钟类的完整程序。

```cpp
//4_1.cpp
#include <iostream>
using namespace std;

class Clock {                              //时钟类的定义
public:                                    //外部接口,公有成员函数
    void setTime(int newH=0, int newM=0, int newS=0);
    void showTime();
private:                                   //私有数据成员
    int hour, minute, second;
};

//时钟类成员函数的具体实现
void Clock::setTime(int newH, int newM, int newS) {
    hour=newH;
    minute=newM;
    second=newS;
}

inline void Clock::showTime() {
    cout<<hour<<":"<<minute<<":"<<second<<endl;
}

//主函数
int main() {
    Clock myClock;                         //定义对象 myClock
    cout<<"First time set and output:"<<endl;
    myClock.setTime();                     //设置时间为默认值
    myClock.showTime();                    //显示时间
    cout<<"Second time set and output:"<<endl;
    myClock.setTime(8, 30, 30);            //设置时间为 8:30:30
    myClock.showTime();                    //显示时间
    return 0;
}
```

分析：本程序可以分为三个相对独立的部分，第一部分是类 Clock 的定义，第二部分是时钟类成员函数的具体实现，第三部分是主函数 main()。从前面的分析可以看到，定义类及其成员函数，只是对问题进行了高度的抽象和封装化的描述，问题的解决还要通过类的实例——对象之间的消息传递来完成，这里主函数的功能就是声明对象并传递消息。

请注意，这里的成员函数 setTime 是带有默认形参值的函数，有 3 个默认参数。而函

数 showTime 是显式声明内联成员函数,设计为内联的原因是它的语句相当少。在主函数中,首先声明一个 Clock 类的对象 myClock,然后利用这个对象调用其成员函数。第一次调用设置时间为默认值并输出,第二次调用将时间设置为 8:30:30 并输出。程序运行的结果为:

```
First time set and output:
0:0:0
Second time set and output:
8:30:30
```

4.3 构造函数和析构函数

类和对象的关系就相当于基本数据类型与它的变量的关系,也就是一般与特殊的关系。每个对象区别于其他对象的地方主要有两个:外在的区别就是对象的名称,而内在的区别就是对象自身的属性值,即数据成员的值。就像定义基本类型变量时可以同时进行初始化一样,在定义对象的时候,也可以同时对它的数据成员赋初值。**在定义对象的时候进行的数据成员设置,称为对象的初始化**。在特定对象使用结束时,还经常需要进行一些清理工作。C++ 程序中的初始化和清理工作,分别由两个特殊的成员函数来完成,它们就是**构造函数和析构函数**。

4.3.1 构造函数

要理解构造函数,首先需要理解对象的建立过程。为此先来看看一个基本类型变量的初始化过程:每一个变量在程序运行时都要占据一定的内存空间,在声明一个变量时对变量进行初始化,就意味着在为变量分配内存单元的同时,在其中写入了变量的初始值。这样的初始化在 C++ 源程序中看似很简单,但是编译器却需要根据变量的类型自动产生一些代码来完成初始化过程。

对象的建立过程也是类似的:在程序执行过程中,当遇到对象声明语句时,程序会向操作系统申请一定的内存空间用于存放新建的对象。我们希望程序能像对待普通变量一样,在分配内存空间的同时将数据成员的初始值写入。但是不幸得很,做到这一点不那么容易,因为与普通变量相比,类的对象毕竟太复杂了,编译器不知道如何产生代码来实现初始化。因此如果需要进行对象初始化,程序员要编写初始化程序。如果程序员没有自己编写初始化程序,却在声明对象时贸然指定对象初值,不仅不能实现初始化,还会引起编译时的语法错误。这就是为什么本书中此前的例题都没有进行对象初始化。

尽管如此,C++ 编译系统在对象初始化的问题上还是替我们做了很多工作。C++ 中严格规定了初始化程序的接口形式,并有一套自动的调用机制。这里所说的初始化程序,便是构造函数。

构造函数的作用就是在对象被创建时利用特定的值构造对象,将对象初始化为一个特定的状态。构造函数也是类的一个成员函数,除了具有一般成员函数的特征之外,还有一些特殊的性质:构造函数的函数名与类名相同,而且没有返回值;构造函数通常被声明为公有函数。只要类中有了构造函数,编译器就会在建立新对象的地方自动插入对构造函数调用的代码。因此我们通常说**构造函数在对象被创建的时候将被自动调用**。

调用时无须提供参数的构造函数称为默认构造函数。如果类中没有写构造函数,编译器会自动生成一个隐含的默认构造函数,该构造函数的参数列表和函数体皆为空。如果类中声明了构造函数(无论是否有参数),编译器便不会再为之生成隐含的构造函数。在前面的时钟类例子中,没有定义与类 Clock 同名的成员函数——构造函数,这时编译系统就会在编译时自动生成一个默认形式的构造函数:

```
class Clock {
public:
    Clock() {}                    /* 编译系统生成的隐含的默认构造函数 */
    ...
};
```

这个构造函数不做任何事。为什么要生成这个不做任何事情的函数呢? 这是因为在建立对象时自动调用构造函数是 C++ 程序“例行公事”的必然行为。

提示 虽然本例中编译系统生成的隐含的构造函数不做任何事情,但有时函数体为空的构造函数并非不做任何事情,因为它还要负责基类的构造和成员对象的构造,这些将在后面的章节中介绍组合和继承时加以说明。

如果程序员定义了恰当的构造函数,Clock 类的对象在建立时就能够获得一个初始的时间值。现在将 Clock 类修改如下:

```
class Clock {
public:
    Clock (int newH, int newM, int newS);          //构造函数
    void setTime(int newH, int newM, int newS);
    void showTime();
private:
    int hour, minute, second;
};
```

构造函数的实现:

```
Clock::Clock(int newH, int newM, int newS) {
    hour=newH;
    minute=newM;
    second=newS;
}
```

下面来看一看建立对象时构造函数的作用:

```
int main() {
    Clock c(0, 0, 0);
    c.ShowTime();
    c.SetTime(8,30,30);
```

```
        return 0;
    }
```

在建立对象 c 时，会调用构造函数，将实参值用作初始值。

由于 Clock 类中定义了构造函数，所以编译系统就不会再为其生成隐含的默认构造函数了。而这里自定义的构造函数带有形参，所以建立对象时就必须给出初始值，用来作为调用构造函数时的实参。如果在 main 函数中这样声明对象：

```
Clock c2;
```

编译时就会指出语法错，因为没有给出必要的实参。

作为类的成员函数，构造函数可以直接访问类的所有数据成员，可以是内联函数，可以带有参数表，可以带默认的形参值，也可以重载。这些特征，使得我们可以根据不同问题的需要，有针对性地选择合适的形式将对象初始化成特定的状态。请看下面例子中重载的构造函数及其被调用的情况。

```cpp
class Clock {
public:
    Clock(int newH, int newM, int newS);        //构造函数
    Clock() {                                    //构造函数
        hour=0;
        minute=0;
        second=0;
    }
    void setTime(int newH, int newM, int newS);
    void showTime();
private:
    int hour, minute, second;
};
//其他函数实现略
int main() {
    Clock c1(0, 0, 0);                          //调用有参数的构造函数
    Clock c2;                                    //调用无参数的构造函数
    ...
}
```

这里的构造函数有两种重载形式：有参数的和无参数的（即默认构造函数）。

4.3.2 复制构造函数

很多人都使用过复印机，当我们需要一个文件的副本时，可以取来白纸，通过复印机，复制出与原件一模一样的复制品。配钥匙的情况也是类似的，通过精确的机械加工，制作出与原钥匙一模一样的新钥匙。可以说，在生活和工作中制作复制品的例子是数不胜数的。面向对象的程序设计就是要能够如实反映客观世界中各种问题的本来面目，因此对象的复制，便是 C++ 程序必不可少的功能。

　　生成一个对象的副本有两种途径,第一种途径是建立一个新对象,然后将一个已有对象的数据成员值取出来,一一赋给新的对象。这样做虽然可行,但不免繁琐。我们何不使类具有自行复制本类对象的能力呢? 这正是复制构造函数的功能。

　　复制构造函数是一种特殊的构造函数,具有一般构造函数的所有特性,**其形参是本类的对象的引用。其作用是使用一个已经存在的对象(由复制构造函数的参数指定),去初始化同类的一个新对象。**

　　程序员可以根据实际问题的需要定义特定的复制构造函数,以实现同类对象之间数据成员的传递。如果程序员没有定义类的复制构造函数,系统就会在必要时自动生成一个隐含的复制构造函数。**这个隐含的复制构造函数的功能是,把初始值对象的每个数据成员的值都复制到新建立的对象中。**因此,也可以说是完成了同类对象的复制(clone),这样得到的对象和原对象具有完全相同的数据成员,即完全相同的属性。

　　下面是声明和实现复制构造函数的一般方法:

```
class 类名
{
public:
    类名 (形参表);                        //构造函数
    类名 (类名 & 对象名);                  //复制构造函数
    ...
};
类名::类名 (类名 & 对象名);                 //复制构造函数的实现
{    函数体
}
```

　　下面请看一个复制构造函数的例子。通过水平和垂直两个方向的坐标值 X 和 Y 来确定屏幕上的一个点。点(Point)类定义如下:

```
class Point {
public:
    Point(int xx=0, int yy=0) {           //构造函数
        x=xx;
        y=yy;
    }
    Point(Point &p);                      //复制构造函数
    int getX() {return x;}
    int getY() {return y;}
private:
    int x, y;
};
```

类中声明了内联构造函数和复制构造函数。复制构造函数的实现如下:

```
Point::Point(Point &p) {
    x=p.x;
```

```
    y=p.y;
    cout<<"Calling the copy constructor"<<endl;
}
```

普通构造函数是在对象创建时被调用,而复制构造函数在以下 3 种情况下都会被调用。

(1) 当用类的一个对象去初始化该类的另一个对象时。例如:

```
int main() {
    Point a(1, 2);
    Point b(a);               //用对象 a 初始化对象 b,复制构造函数被调用
    Point c=a;                //用对象 a 初始化对象 c,复制构造函数被调用
    cout<<b.getX()<<endl;
    return 0;
}
```

细节　　以上对 b 和 c 的初始化都能够调用复制构造函数,两种写法只是形式上有所不同,执行的操作完全相同。

(2) 如果函数的形参是类的对象,调用函数时,进行形参和实参结合时。例如:

```
void f(Point p) {
    cout<<p.getX()<<endl;
}
int main() {
    Point a(1, 2);
    f(a);                     //函数的形参为类的对象,当调用函数时,复制构造函数被调用
    return 0;
}
```

提示　　只有把对象用值传递时,才会调用复制构造函数,如果传递引用,则不会调用复制构造函数。由于这一原因,传递比较大的对象时,传递引用会比传值的效率高很多。

(3) 如果函数的返回值是类的对象,函数执行完成返回调用者时。例如:

```
Point g() {
    Point a(1, 2);
    return a;                 //函数的返回值是类对象,返回函数值时,调用复制构造函数
}
int main() {
    Point b;
    b=g();
    return 0;
}
```

为什么在这种情况下,返回函数值时,会调用复制构造函数呢? 表面上函数 g 将 a 返回给了主函数,但是 a 是 g()的局部对象,离开建立它的函数 g 以后就消亡了,不可能在返回主函数后继续生存(这一点在第 5 章中将详细讲解)。所以在处理这种情况时编译系

统会在主函数中创建一个无名临时对象,该临时对象的生存期只在函数调用所处的表达式中,也就是表达式"b=g()"中。执行语句"return a;"时,实际上是调用复制构造函数将a的值复制到临时对象中。函数 g 运行结束时对象 a 消失,但临时对象会存在于表达式"b=g()"中。计算完这个表达式后,临时对象的使命也就完成了,该临时对象便自动消失。

例 4-2　Point 类的完整程序。

在程序主函数中,3 个部分分别给出复制构造函数调用的 3 种情况。

```cpp
//4_2.cpp
#include <iostream>
using namespace std;

class Point {                              //Point 类的定义
public:                                    //外部接口
    Point(int xx=0, int yy=0) {            //构造函数
        x=xx;
        y=yy;
    }
    Point(Point &p);                       //复制构造函数
    int getX() {
        return x;
    }
    int getY() {
        return y;
    }
private:                                   //私有数据
    int x, y;
};

//成员函数的实现
Point::Point(Point &p) {
    x=p.x;
    y=p.y;
    cout<<"Calling the copy constructor"<<endl;
}

//形参为 Point 类对象的函数
void fun1(Point p) {
    cout<<p.getX()<<endl;
}

//返回值为 Point 类对象的函数
Point fun2() {
```

```
        Point a(1, 2);
        return a;
    }
```

```
    //主程序
    int main() {
        Point a(4, 5);        //第一个对象 a
        Point b=a;            //情况一,用 a 初始化 b。第一次调用复制构造函数
        cout<<b.getX()<<endl;
        fun1(b);             //情况二,对象 b 作为 fun1 的实参。第二次调用复制构造函数
        b=fun2();            //情况三,函数的返回值是类对象,函数返回时,调用复制构造函数
        cout<<b.getX()<<endl;
        return 0;
    }
```

程序的运行结果为:

```
Calling the copy constructor
4
Calling the copy constructor
4
Calling the copy constructor
1
```

注意 在有些编译环境下,上面的运行结果可能不尽相同,因为编译器有时会针对复制构造函数的调用做优化,避免不必要的复制构造函数调用。

读者可能会有这样的疑问:例题中的复制构造函数与隐含的复制构造函数功能一样,都是直接将原对象的数据成员值一一赋给新对象中对应的数据成员。这种情况下还有必要编写复制构造函数吗? 的确,如果情况总是这样,就没有必要特意编写一个复制构造函数,用隐含的就行。但是,记得使用复印机时有这样的情况吗:有时只需要某页的一部分,这时可以用白纸遮住不需要的部分再去复印。而且,还有放大复印、缩小复印等多种模式。在程序中进行对象的复制时,也是这样,可以有选择、有变化地复制。读者可以尝试修改一下例题程序,使复制构造函数可以构造一个与初始点有一定位移的新点。另外,当类的数据成员中有指针类型时,默认的复制构造函数实现的只能是浅复制。浅复制会带来数据安全方面的隐患,要实现正确的复制,也就是深复制,必须编写复制构造函数。关于指针类型及深复制问题将在第 6 章介绍。在第 9 章的例题中将进一步体现深复制的作用。

4.3.3 析构函数

做任何事情都要有始有终,在有些时候做好扫尾工作是必须的。比如借了邻家的东西来用,用过之后一定要及时归还。若只借不还,再借就难了。编程序时也要考虑扫尾工作。在 C++ 程序中当对象消失时,往往需要处理好扫尾事宜。

对象会消失吗? 当然会! 自然界万物都是有生有灭,程序中的对象也是一样。我们

已经知道对象在定义时诞生，至于在何时消亡，就牵涉到对象的生存期问题，这将在第5章详细介绍。这里只考虑一种情况：如果在一个函数中定义了一个局部对象，那么当这个函数运行结束返回调用者时，函数中的对象也就消失了。

在对象要消失时，通常有什么善后工作需要做呢？最典型的情况是：构造对象时，在构造函数中分配了资源，例如动态申请了一些内存单元，在对象消失时就要释放这些内存单元。这种情况，在例 7-10 和第 9 章的一些例题中都会出现。在 7.7.4 小节中有详细介绍。关于动态内存分配，将在第 6 章详细介绍。本章中只是简单介绍通过析构函数处理扫尾工作的途径和方法。

简单来说，析构函数与构造函数的作用几乎正好相反，它用来完成对象被删除前的一些清理工作，也就是专门做扫尾工作的。**析构函数是在对象的生存期即将结束的时刻被自动调用的**。它的调用完成之后，对象也就消失了，相应的内存空间也被释放。

与构造函数一样，析构函数通常也是类的一个公有函数成员，它的名称是由类名前面加"～"构成，没有返回值。和构造函数不同的是**析构函数不接收任何参数**，但可以是虚函数（将在第 8 章介绍）。如果不进行显式说明，系统也会生成一个函数体为空的隐含析构函数。

提示　函数体为空的析构函数未必不做任何事情，这将在后面的章节中介绍组合与继承时加以说明。

例如，给时钟类加入一个空的内联析构函数，其功能和系统自动生成的隐含析构函数相同。

```
class Clock {
public:
    Clock();                    //构造函数
    void setTime(int newH, int newM, int newS);
    void showTime();
    ~Clock() {}
private:
    int hour, minute, second;
};
```

一般来讲，如果希望程序在对象被删除之前的时刻自动（不需要人为进行函数调用）完成某些事情，就可以把它们写到析构函数中。

4.3.4　程序实例

例 4-3　游泳池改造预算，Circle 类。

一圆形游泳池如图 4-2 所示，现在需在其周围建一圆形过道，并在其四周围上栅栏。栅栏价格为 35 元/米，过道造价为 20 元/平方米。过道宽度为 3 米，游泳池半径由键盘输入。要求编程计算并输出过道和栅栏的造价。

首先对问题进行分析，游泳池及栅栏可以看作是两个同心圆，大圆的周长就是栅栏的长度，圆环的面积就是过道的面

图 4-2　游泳池示意图

积,而环的面积是大、小圆的面积之差。可以定义一个圆类来描述这个问题:圆的半径是私有成员数据,圆类应当具有的功能是计算周长和面积。分别用两个对象来表示栅栏和游泳池,就可以得到过道的面积和栅栏的周长。利用已知的单价,便可以得到整个改建工程的预算。下面来看具体的源程序实现。

```cpp
//4_3.cpp
#include <iostream>
using namespace std;

const float PI=3.141593;                  //给出 π 的值
const float FENCE_PRICE=35;               //栅栏的单价
const float CONCRETE_PRICE=20;            //过道水泥单价

class Circle {                            //声明定义类 Circle 及其数据和方法
public:                                   //外部接口
    Circle(float r);                      //构造函数
    float circumference();                //计算圆的周长
    float area();                         //计算圆的面积
private:                                  //私有数据成员
    float radius;                         //圆半径
};

//类的实现
//构造函数初始化数据成员 radius
Circle::Circle(float r) {
    radius=r;
}

//计算圆的周长
float Circle::circumference() {
    return 2 * PI * radius;
}

//计算圆的面积
float Circle::area() {
    return PI * radius * radius;
}

//主函数实现
int main () {
    float radius;
    cout<<"Enter the radius of the pool: ";   //提示用户输入半径
    cin>>radius;
```

```
        Circle pool(radius);                          //游泳池边界对象
        Circle poolRim(radius+3);                     //栅栏对象

        //计算栅栏造价并输出
        float fenceCost=poolRim.circumference() * FENCE_PRICE;
        cout<<"Fencing Cost is $ "<<fenceCost<<endl;

        //计算过道造价并输出
        float concreteCost= (poolRim.area()-pool.area()) * CONCRETE_PRICE;
        cout<<"Concrete Cost is $ "<<concreteCost<<endl;

        return 0;
    }
```

这个程序运行结果为：

```
Enter the radius of the pool: 10
Fencing Cost is $2858.85
Concrete Cost is $4335.4
```

分析：主程序在执行时，首先声明 3 个 float 类型变量，读入游泳池的半径后建立对象 pool，这时调用构造函数将其数据成员设置为读入的数值，接着建立第二个 Circle 类的对象 poolRim 来描述栅栏。通过这两个对象调用各自的成员函数，问题就得到了圆满的解决。

4.4　类的组合

现实世界中问题的复杂性有时候是我们始料不及的，然而较为复杂的问题，往往可以被逐步划分为一系列稍微简单的子问题，经过不断地划分，就能达到可以描述和解决的地步。也就是说，解决复杂问题的有效方法就是将其层层分解为简单问题的组合，首先解决简单问题，较复杂问题也就迎刃而解了。实际上，这种部件组装的生产方式早已广泛应用在工业生产中。例如，电视机的一个重要部件是显像管，但很多电视机厂自己并不生产显像管，而是向专门的显像管生产厂去购买。生产显像管的厂家，会同时向多家电视机厂供货。这样的专业化分工合作，极大地提高了生产效率。目前，要提高软件的生产效率，一个重要手段就是实现软件的工业化生产。

在面向对象程序设计中，可以对复杂对象进行分解、抽象，把一个复杂对象分解为简单对象的组合，由比较容易理解和实现的部件对象装配而成。

4.4.1　组合

前面一直都在用组合的方法创建类。请看下面的圆类：

```
class Circle {                       //定义类 Circle 及其数据和方法
public:                              //外部接口
```

```
    Circle(float r);              //构造函数
    float circumference();        //计算圆周长
    float area();                 //计算圆面积
private:                          //私有数据成员
    float   radius;               //圆的半径
};
```

可以看到,类 Circle 中包含着 float 类型的数据。我们已经习惯于像这样用 C++ 的基本数据类型作为类的组成部分。实际上类的成员数据既可以是基本类型也可以是自定义类型,当然也可以是类的对象。由此,便可以采用部件组装的方法,利用已有类的对象来构成新的类。这些部件类比起整体类来,要更易于设计和实现。

类的组合描述的就是一个类内嵌其他类的对象作为成员的情况,它们之间的关系是一种包含与被包含的关系。例如,用一个类来描述计算机系统,首先可以把它分解为硬件和软件,而硬件包含中央处理单元(Central Processing Unit,CPU)、存储器、输入设备和输出设备,软件可以包括系统软件和应用软件。这些部分每一个都可以进一步分解,用类的观点来描述,它就是一个类的组合。图 4-3 给出了它们的相互关系。对于稍微复杂的问题都可以使用组合来描述,这比较符合逐步求精的思维规律。

图 4-3　计算机类的组合关系

当创建类的对象时,如果这个类具有内嵌对象成员,那么各个内嵌对象将首先被自动创建。因为部件对象是复杂对象的一部分,因此,**在创建对象时既要对本类的基本类型数据成员进行初始化,又要对内嵌对象成员进行初始化。**这时,理解这些对象的构造函数被调用的顺序就很重要。

组合类构造函数定义的一般形式为:

类名::类名(形参表):内嵌对象1(形参表),内嵌对象2(形参表),…
　{类的初始化}

其中,“内嵌对象1(形参表),内嵌对象2(形参表),…”称做初始化列表,其作用是对内嵌对象进行初始化。

对基本类型的数据成员也可以这样初始化,例如,例 4-3 中 Circle 类的构造函数也可以这样写:

```
Circle::Circle(float r): radius(r) {}
```

在创建一个组合类的对象时,不仅它自身的构造函数的函数体将被执行,而且还将调用其内嵌对象的构造函数。这时构造函数的调用顺序如下。

(1) 调用内嵌对象的构造函数,调用顺序按照内嵌对象在组合类的定义中出现的次序。注意,内嵌对象在构造函数的初始化列表中出现的顺序与内嵌对象构造函数的调用顺序无关。

(2) 执行本类构造函数的函数体。

提示　如果有些内嵌对象没有出现在构造函数的初始化列表中,那么在第(1)步中,该内嵌对象的默认构造函数将被执行。这样,如果一个类存在内嵌的对象,尽管编译系统自动生成的隐含的默认构造函数的函数体为空,但在执行默认构造函数时,如果声明组合类的对象时没有指定对象的初始值,则默认形式(无形参)的构造函数被调用,这时内嵌对象的默认形式构造函数也会被调用。这时隐含的默认构造函数并非什么也不做。

注意　有些数据成员的初始化,必须在构造函数的初始化列表中进行。这些数据成员包括两类,一类是那些没有默认构造函数的内嵌对象——因为这类对象初始化时必须提供参数,另一类是引用类型的数据成员——因为引用型变量必须在初始化时绑定引用的对象。如果一个类包括这两类成员,那么编译器不能够为这个类提供隐含的默认构造函数,这时必须编写显式的构造函数,并且在每个构造函数的初始化列表中至少为这两类数据成员初始化。

析构函数的调用执行顺序与构造函数刚好相反。析构函数的函数体被执行完毕后,内嵌对象的析构函数被一一执行,这些内嵌对象的析构函数调用顺序与它们在组合类的定义中出现的次序刚好相反。

提示　由于要调用内嵌对象的析构函数,所以有时隐含的析构函数并非什么也不做。

当存在类的组合关系时,复制构造函数该如何编写呢?对于一个类,如果程序员没有编写复制构造函数,编译系统会在必要时自动生成一个隐含的复制构造函数,这个隐含的函数会自动调用内嵌对象的复制构造函数,为各个内嵌对象初始化。

如果要为组合类编写复制构造函数,则需要为内嵌成员对象的复制构造函数传递参数。例如,假设 C 类中包含 B 类的对象 b 作为成员,C 类的复制构造函数形式如下:

```
C::C(C &c1) : b(c1.b) {…}
```

下面来看一个例子。

例 4-4　类的组合,线段(Line)类。

我们使用一个类来描述线段,使用 4.3 节中 Point 类的对象来表示端点。这个问题可以用类的组合来解决,使 Line 类包括 Point 类的两个对象 p1 和 p2,作为其数据成员。Line 类具有计算线段长度的功能,在构造函数中实现。源程序如下。

```
//4_4.cpp
#include <iostream>
#include <cmath>
using namespace std;
```

```
class Point {                              //Point 类定义
public:
    Point(int xx=0, int yy=0) {
        x=xx;
        y=yy;
    }
    Point(Point &p);
    int getX() {return x;}
    int getY() {return y;}
private:
    int x, y;
};


Point::Point(Point &p) {                   //复制构造函数的实现
    x=p.x;
    y=p.y;
    cout<< "Calling the copy constructor of Point"<<endl;
}


//类的组合
class Line {                               //Line 类的定义
public:                                    //外部接口
    Line(Point xp1, Point xp2);
    Line(Line &l);
    double getLen() {return len;}
private:                                    //私有数据成员
    Point p1, p2;        //Point 类的对象 p1,p2
    double len;
};


//组合类的构造函数
Line::Line(Point xp1, Point xp2) : p1(xp1), p2(xp2) {
    cout<< "Calling constructor of Line"<<endl;
    double x=static_cast<double>(p1.getX()-p2.getX());
    double y=static_cast<double>(p1.getY()-p2.getY());
    len=sqrt(x * x+y * y);
}


//组合类的复制构造函数
Line::Line (Line &l): p1(l.p1), p2(l.p2) {
    cout<< "Calling the copy constructor of Line"<<endl;
    len=l.len;
}
```

```
//主函数
int main() {
    Point myp1(1, 1), myp2(4, 5);        //建立 Point 类的对象
    Line line(myp1, myp2);               //建立 Line 类的对象
    Line line2(line);                    //利用复制构造函数建立一个新对象
    cout<<"The length of the line is: ";
    cout<<line.getLen()<<endl;
    cout<<"The length of the line2 is: ";
    cout<<line2.getLen()<<endl;
    return 0;
}
```

程序的运行结果为:

```
Calling the copy constructor of Point
Calling the copy constructor of Point
Calling the copy constructor of Point
Calling the copy constructor of Point
Calling constructor of Line
Calling the copy constructor of Point
Calling the copy constructor of Point
Calling the copy constructor of Line
The length of the line is: 5
The length of the line2 is: 5
```

分析: 主程序在执行时, 首先生成两个 Point 类的对象, 然后构造 Line 类的对象 line, 接着通过复制构造函数建立 Line 类的第二个对象 line2, 最后输出两点的距离。在整个运行过程中, Point 类的复制构造函数被调用了 6 次, 而且都是在 Line 类构造函数体运行之前进行的, 它们分别是两个对象在 Line 构造函数进行函数参数形实结合时, 初始化内嵌对象时, 以及复制构造 line2 时被调用的。两点的距离在 Line 类的构造函数中求得, 存放在其私有数据成员 len 中, 只能通过公有成员函数 getLen() 来访问。

4.4.2　前向引用声明

我们知道, C++ 的类应当先定义, 然后再使用。但是在处理相对复杂的问题、考虑类的组合时, 很可能遇到两个类相互引用的情况, 这种情况也称为循环依赖。例如:

```
class A    {                //A类的定义
public:                     //外部接口
    void f(B b);            //以 B 类对象 b 为形参的成员函数
                            //这里将引起编译错误, 因为"B"为未知符号
};
class B    {                //B类的定义
public:                     //外部接口
```

```
    void g(A a);              //以 A 类对象 a 为形参的成员函数
};
```

　　这里类 A 的公有成员函数 f 的形式参数是类 B 的对象,同时类 B 的公有成员函数 g 也以类 A 的对象为形参。由于在使用一个类之前,必须首先定义该类,因此无论将哪一个类的定义放在前面,都会引起编译错误。解决这种问题的办法,就是使用前向引用声明。前向引用声明,是在引用未定义的类之前,将该类的名字告诉编译器,使编译器知道那是一个类名。这样,当程序中使用这个类名时,编译器就不会认为是错误,而类的完整定义可以在程序的其他地方。在上述程序加上下面的前向引用声明,问题就解决了。

```
class B;                     //前向引用声明
class A {                    //A 类的定义
public:                      //外部接口
    void f(B b);             //以 B 类对象 b 为形参的成员函数
};
class B {                    //B 类的定义
public:                      //外部接口
    void g(A a);             //以 A 类对象 a 为形参的成员函数
};
```

　　使用前向引用声明虽然可以解决一些问题,但它并不是万能的。需要注意的是,尽管使用了前向引用声明,但是在提供一个完整的类定义之前,不能定义该类的对象,也不能在内联成员函数中使用该类的对象。请看下面的程序段:

```
class Fred;                  //前向引用声明
class Barney {
    Fred x;                  //错误:类 Fred 的定义尚不完善
};
class Fred {
    Barney y;
};
```

　　对于这段程序,编译器将指出错误。原因是对类名 Fred 的前向引用声明只能说明 Fred 是一个类名,而不能给出该类的完整定义,因此在类 Barney 中就不能定义类 Fred 的数据成员。因此使两个类以彼此的对象为数据成员,是不合法的。

　　再看下面这一段程序:

```
class Fred;                  //前向引用声明

class Barney {
public:
    ...
    void method() {
        x.yabbaDabbaDo();    //错误:Fred 类的对象在定义之前被使用
    }
```

```
private:
    Fred &x;                //正确,经过前向引用声明,可以声明 Fred 类的对象引用或指针
};

class Fred {
public:
    ...
    void yabbaDabbaDo();
private:
    Barney &y;
};
```

编译器在编译时会指出错误,因为在类 Barney 的内联函数中使用了由 x 所指向的、Fred 类的对象,而此时 Fred 类尚未被完整地定义。解决这个问题的方法是,更改这两个类的定义次序,或者将函数 method()改为非内联形式,并且在类 Fred 的完整定义之后,再给出函数的定义。

注意　当使用前向引用声明时,只能使用被声明的符号,而不能涉及类的任何细节。

4.5　UML 图形标识

我们学习了 C++ 面向对象程序设计中的类和对象的概念,那么如何通过一种更加直观的图形表示方法来表示这些概念将是本节介绍的内容。通过图形的方式把面向对象程序设计对问题的描述直观地表示出来,可以使人们方便地交流。

现在得到广泛使用的面向对象建模语言有很多种,本书前两个版本中采用的是 Coad/Yourdon 标记方法,第三版和第四版采用的是 UML(Unified Modeling Language,统一建模语言),它是由 OMG(Object Management Group,对象管理组织)于 1997 年确认并开始推行的,是最具代表性、被广泛采用的标准化语言,包含了我们所需要的所有图形标识。

UML 语言是一个复杂、庞大的系统建模语言,其目标是希望能够解决整个面向对象软件开发过程中的可视化建模。详细完整地介绍其内容远超出本书的范围,为此本节仅就与本书关系最直接的 UML 语言相应内容做介绍,使读者有的放矢地了解 UML 语言的特点,并且能够应用简单的 UML 语言图形标志来描述本书中涉及 C++ 语言中类、对象等核心概念及其关系等相关内容,同时为以后的学习和软件开发打下良好的基础。其实,这里介绍的内容仅是 UML 语言中最基本的内容之一,如果读者希望深入了解该建模语言,请参考相关网站和书籍。

4.5.1　UML 简介

UML 语言是一种典型的面向对象建模语言,而不是一种编程语言,在 UML 语言中用符号描述概念,概念间的关系描述为连接符号的线。

面向对象建模语言应该追溯于 20 世纪 70 年代中期。20 世纪 80 年代中期,大批面

向对象的编程语言问世,标志着面向对象方法走向成熟。到了 20 世纪 90 年代中期,在面向对象方法研究领域出现了一大批面向对象的分析与设计方法,并引入各种独立于语言的标识符。其中,Coad/Yourdon 方法也是最早的面向对象的分析和设计方法之一,这类方法简单易学,适合于面向对象技术的初学者使用。Booch 是面向对象方法最早的倡导者之一,他提出了面向对象软件工程的概念,该方法比较适合于系统的设计和构造。Rumbaugh 等人提出了面向对象的建模技术(OMT)方法,采用面向对象的概念。Jacobson 提出的 OOSE 方法比较适合支持商业工程和需求分析。

在众多的建模语言中,用户很难明确区别不同语言之间的特征,因此很难找到一种比较适合自己应用特点的语言。另外,众多的建模语言各有千秋,尽管大多雷同,但仍存在表述上的差异,极大地妨碍了用户之间的交流。因此在客观上,极有必要寻求一种统一的建模语言。1994 年 10 月,Grady Booch 和 Jim Rumbaugh 开始致力于这方面的工作。他们首先将 Booch 方法和 OMT 方法统一起来,并于 1995 年 10 月发布了这一建模语言的公开版本,称为统一方法 UM 0.8(Unified Method)。1995 年底,OOSE 的创始人 Ivar Jacobson 加盟到这一工作。于是,经过 Booch,Rumbaugh 和 Jacobson 三人的共同努力,于 1996 年 6 月发布了新的版本,即 UML 0.9,并将 UM 重新命名为**统一建模语言 UML**(**Unified Modeling Language**)。1997 年 11 月 17 日,OMG 采纳 UML 1.1 作为基于面向对象技术的统一建模语言。到 2003 年 6 月,OMG 通过 UML 的 2.0 版本。

标准建模语言 UML 的重要内容是各种类型的图形,分别描述软件模型的静态结构、动态行为及模块组织和管理。本书主要使用 UML 中的图形来描述软件中类和对象以及它们的静态关系,使用了最基本的类图(class diagram),它属于静态结构图(static structure diagrams)的一种。

4.5.2　UML 类图

一个类图是由类和与之相关的各种静态关系共同组成的图形。类图展示的是软件模型的静态结构、类的内部结构以及和其他类的关系。UML 中也定义了对象图(object diagram)。静态对象图是特定对象图的一个实例,它展示的是在某一特定实际软件系统中具体状态的一个特例。类图可以包含对象,一个包含了对象而没有包含类的类图就是对象图,可以认为对象图是类图的一种特例。对象图的使用是相当有限的,因此在 UML 1.5 以后的版本中明确指出工具软件可以不实现这种图。

通过类图,完全能够描述本书中介绍的面向对象的相关概念(如类、模板类等),以及它们的相互关系。类图由描述类或对象的图形标识以及描述它们之间的相互关系的图形标识组成,下面介绍具体的图形符号。

1. 类和对象

类图中最基本的是要图形化描述类,要表示类的名称、数据成员和函数成员,以及各成员的访问控制属性。

在 UML 语言中,用一个由上到下分为 3 段的矩形来表示一个类。类名写在顶部区域,数据成员(数据,UML 中称为属性)在中间区域,函数成员(行为,UML 中称为操作)出现在底部区域。当然,也可以看作是用 3 个矩形上下相叠,分别表示类的名称、属性和操作。而且,除了名称这个部分外,其他两个部分是可选的,即类的属性和操作可以不表示出来,也就是说,一个写了类名的矩形就可以代表一个类。

如图 4-4 所示,下面以例 4-1 中的 Clock 类为例,具体学习类的表示,请读者对照例 4-1 的源代码。

(a) Clock 类的完整表示

(b) Clock 类的简洁表示

图 4-4　例 4-1 中 Clock 类的两种表示方法

图 4-4 说明了在 UML 中表示类的不同方法。图 4-4(a)给出了完整的具有说明的数据和行为的类。图 4-4(b)则是在隐藏类的数据和行为时的表示方法,显而易见,简单但是信息量很少。不同表示方法的使用场合不同,主要取决于绘制该图形时的目标。如果要详细描述类的成员以及它们的访问控制属性,应当使用类似图 4-4(a)的方式;如果我们的着眼点在于类之间的关系,并不关心类内部的东西(比如在程序设计初期划分类的时候),则使用类似图 4-4(b)的方式

下面介绍完整表示一个类的数据成员和函数成员的方法。

根据图的详细程度,每个数据成员可以包括其访问控制属性、名称、类型、默认值和约束特性,最简单的情况是只表示出它的名称,其余部分都是可选的。UML 规定数据成员表示的语法为:

[访问控制属性] 名称 [重数] [：类型] [=默认值] [{约束特征}]

这里必须至少指定数据成员的名称,其他都是可选的。

其中,访问控制属性:可分为 Public,Private 和 Protected 三种,分别对应于 UML 中的"＋","－"和"♯"。

名称:是标识数据成员的字符串。

重数:可以在名称后面的方括号内添加属性的重数(在一些书籍中,也称为多重性。)

类型:表示该数据成员的种类。它可以是基本数据类型,例如整数、实数、布尔型等,也可以是用户自定义的类型,还可以是某一个类。

默认值:是赋予该数据成员的初始值。

约束特征：是用户对该数据成员性质约束的说明。例如"{只读}"说明它具有只读属性。

图 4-4(a)的 Clock 类中，数据成员 hour 描述为：

```
-hour : int
```

访问控制属性"－"表示它是私有数据成员，其名称为 hour，类型为 int，没有默认值和约束特性。

再如下面的例子，表示某类的一个 Public 类型数据成员，名为 size，类型为 area，其默认值为(100,100)。

```
+size: area=(100,100)
```

每个函数成员可以包括其访问控制属性、名称、参数表、返回类型和约束特性，最简单的情况是只表示出它的名称，其余部分都是可选的，根据图的详细程度选择使用。UML规定函数成员表示的语法为：

[访问控制属性]　名称 [(参数表)] [: 返回类型] [{约束特性}]

访问控制属性：可分为 Public，Private 和 Protected 三种，分别对应于 UML 中的"＋"，"－"和"♯"。

名称：是标识函数成员的字符串。

参数表：含有由逗号分隔的参数，其表示方法为按照"[方向] 名称：类型＝默认值"格式给出函数的形参列表，注意其格式和 cpp 文件中不同。方向指明参数是用于表示输入(in)、输出(out)或是既用于输入又用于输出(inout)。

返回类型：表示该函数成员返回值的类型，它可以是基本数据类型，可以是用户自定义的类型，也可以是某一个类，还可以是上述类型的指针。

约束特性：是用户对该函数成员性质约束的说明。

图 4-4(a)的 Clock 类中，函数成员 setTime 描述为：

```
+setTime(newH: int=0, newM: int=0, newS: int=0) : void
```

访问控制属性"＋"表示它是公有数据成员，其名称为 setTime，括号中是参数表，返回类型为 void，没有约束特性。

在 UML 语言中，用一个矩形来表示一个对象，对象的名字要加下划线。对象的全名写在图形的上部区域，由类名和对象名组成，其间用冒号隔开，表示方式为"对象名：类名"。在一些情况下，可以不出现对象名或类名。数据成员及其值表示在下面区域，数据成员是可选的。

如图 4-5 所示，仍以例 4-1 中的 Clock 类的对象为例。

图 4-5 说明了在 UML 中表示对象的不同方法。图 4-5(a)给出了完整的具有数据的对象类。图 4-5(b)则是只有名称的表示方法。选用原则和类的表示方法相同。

2. 几种关系的图形标识

上面介绍了 UML 中类和对象的图形表示，但是仅仅通过这些图形符号还不能表示

图 4-5　myClock 对象的不同表示

一个大型系统中类与类之间、对象与对象之间、类与对象之间的关系,比如,类与类有继承派生关系和调用关系等。

　　UML 中使用带有特定符号的直线段或虚线段表示关系。下面介绍如何用这些图形来表示本书使用到的调用、类的组合、继承等各种关系。

　　(1) 依赖关系

　　类或对象之间的依赖描述了一个事物的变化可能会影响到使用它的另一个事物,反之不成立。当要表明一个类使用另一个类作为它的函数成员参数时,就使用依赖关系。通常类之间的调用关系、友元(第 5 章将介绍)、类的实例化都属于这类关系。对于大多数依赖关系而言,简单的、不加修饰的依赖关系就足够了。然而,为了详述其含义的细微差别,UML 定义了一些可以用于依赖关系的构造型。最常用的构造型是使用<<use>>。当需要表示两个类之间的使用关系时,要使用<<use>>构造型。对其他构造型不在这里做详细介绍,有些构造型将在后面章节的 UML 图形表示中用到,届时再做解释。

　　图 4-6 说明了如何表示类间的依赖关系,UML 图形把依赖绘成一条指向被依赖的事物的虚线。图中的“类 A”是源,“类 B”是目标,表示“类 A”使用了“类 B”,或称“类 A”依赖“类 B”。

图 4-6　依赖关系

　　(2) 作用关系——关联

　　关联用于表述一个类的对象和另一个类的对象之间相互作用的连接。在 UML 语言中,用实线来表示的两个类(或同一个类)之间的关联,在线段两端通常包含多重性(或称重数)。多重性可说是关联最重要的特性,关联一端的多重性表明:关联另一端类的每个对象要求与本端类的多少个对象发生作用。图 4-7 说明了在 UML 中对关联的表示。

图 4-7　在 UML 中关联的图形表示

　　图中的“重数 A”决定了类 B 的每个对象与类 A 的多少个对象发生作用,同样“重数 B”决定了类 A 的每个对象与类 B 的多少个对象发生作用。重数标记的形式和含义均列于表 4-1 中。

表 4-1　重数的标记及其说明

标　记	说　明
*	任何数目的对象(包括 0)
1	恰好 1 个对象
n	恰好 n 个对象
0..1	0 个或 1 个对象(表明关联是可选的)
n..m	最少为 n 个对象,最多为 m 个对象(n 和 m 是整数)
2, 4	离散的结合(如 2 个或 4 个)

(3) 包含关系——聚集和组合

类或对象之间的包含关系在 UML 中由聚集和组合两个概念描述,它们是一种特殊的关联。UML 中的聚集表示类之间的关系是整体与部分的关系,"包含"、"组成"、"分为……部分"等都是聚集关系。一条直线段有两个端点,这是聚集的一个例子。聚集可以进一步划分成共享聚集和组成聚集(简称组合)。例如,课题组包含许多成员,但是每个成员又可以是另一个课题组的成员,即部分可以参加多个整体,称之为共享聚集。另一种情况是整体拥有各部分,部分与整体共存,如整体不存在了,部分也会随之消失,这称为组合。组合是一种简单聚集形式,但是它具有更强的拥有关系。例如,打开一个视窗口,它就由标题、外框和显示区所组成。在 UML 中,聚集表示为空心菱形,组合表示为实心菱形。

图 4-8 说明了如何表示类的聚合和组合。

例 4-5　采用 UML 方法来描述例 4-4 中 Line 类和 Point 类的关系。

图 4-8　聚集和组合示意图

Line 类的数据成员包括了 Point 类的两个对象 p1 和 p2,因此重数为 2,而 Point 类的对象是 Line 类对象的一部分,因此需要应用聚集关系来描述。另外,Line 类的构造函数使用了 Point 类对象 p1 和 p2 的公有函数,可以简洁直观地将这种使用关系通过简单的依赖关系来描述。下面采用 UML 方法来描述 Line 类和 Point 类的这些关系,如图 4-9 所示。

(4) 继承关系——泛化

类之间的继承关系(将在第 7 章详细介绍)在 UML 中称为泛化,使用带有三角形标识的直线段表示这种继承关系,三角的一个尖指向父类,其对边上的线指向子类。图 4-10 说明了泛化关系。子类 1 说明单继承,子类 2 说明多继承。

3. 注释

为了更生动地描述类、对象以及它们之间的关系,除了上述最基本的图形符号外,UML 还有一些辅助性的图形符号,下面介绍注释。

UML 的注释是一种最重要的能够独立存在的修饰符号。注释是附加在元素或元素集上用来表示说明的图形符号。用注释可以为模型附加一些诸如说明、评述和注解等的信息。在 UML 图形上,注释表示为带有褶角的矩形,然后用虚线连接到 UML 的其他元素上,它是一种用于在图中附加文字注释的机制。

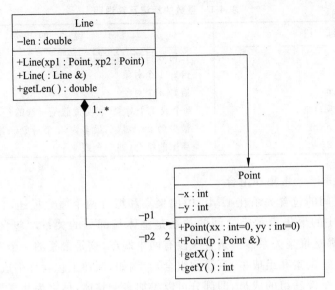

图 4-9　Line 类和 Point 类的关系

图 4-10　泛化关系

例 4-6　带有注释的 Line 类和 Point 类关系的描述（见图 4-11）。

图 4-11　带有注释的 Line 类和 Point 类的关系

4.6　结构体和联合体

4.6.1　结构体

结构体是一种特殊形态的类，它和类一样，可以有自己的数据成员和函数成员，可以有自己的构造函数和析构函数，可以控制访问权限，可以继承，支持包含多态等，二者定义的语法形式也几乎一样。**结构体和类的唯一区别在于，结构体和类具有不同的默认访问控制属性：在类中，对于未指定访问控制属性的成员，其访问控制属性为私有类型（private）；在结构体中，对于未指定任何访问控制属性的成员，其访问控制属性为公有类型（public）。** 因此，在结构体的定义中，如果把公有成员放在最前面，则最前面的"public:"可以省去，结构体可以按照如下的语法形式定义：

```
struct 结构体名称
{
    公有成员
protected:
    保护型成员
private:
    私有成员
};
```

读者一定会问，既然结构体和类的功能完全相同，只是在形式上有如此细微的差异，那么为什么 C++ 还要引入结构体呢？原因是为了保持和 C 程序的兼容性。

C 语言只有结构体，而没有类，C 语言的结构体中只允许定义数据成员，不允许定义函数成员，而且 C 语言没有访问控制属性的概念，结构体的全部成员是公有的。C 语言的结构体是为面向过程的程序服务的，并不能满足面向对象程序设计的要求，因此 C++ 为 C 语言的结构体引入了成员函数、访问权限控制、继承、包含多态等面向对象的特性。但由于用 structure（struct 关键字是 structure 的缩写）一词来表示这种具有面向对象特性的抽象数据类型不再贴切，另外 C 语言中 struct 所留下的根深蒂固的影响，C++ 在 struct 之外引入了另外的关键字——class，并且把它作为定义抽象数据类型的首选关键字。但为了保持和 C 程序的兼容，C++ 保留了 struct 关键字，并规定结构体的默认访问控制权限为公有类型。

类和结构体的并存，是由历史原因造成的，那么，在编写 C++ 程序时，是否还需要使用结构体呢？这更多地是一个代码风格问题，如果完全不使用结构体，也丝毫不会影响程序的表达能力。

与类不同，对于结构体，人们习惯于将数据成员设置为公共的。有时在程序中需要定义一些数据类型，它们并没有什么操作，定义它们的目的只是将一些不同类型的数据组合成一个整体，从而方便地保存数据，这样的类型不妨定义为结构体。如果用类来定义，为了遵循"将数据成员设置为私有"的习惯，需要为每个数据成员编写专门的函数成员来读取和改写各个属性，反而会比较麻烦。

如果一个结构体的全部数据成员都是公共成员，并且没有用户定义的构造函数，没有基类和虚函数（基类和虚函数将在第 7 和第 8 章中介绍），这个结构体的变量可以用下面的语法形式赋初值：

类型名 变量名={成员数据 1 初值，成员数据 2 初值，…};

在语言规则上，满足以上条件的类对象也可以用同样的方式赋初值，不过由于习惯将类的数据成员设置为私有的，因此类一般不满足以上条件。通过以上形式为结构体变量初始化，是使用结构体的另一个方便之处。

例 4-7　用结构体表示学生的基本信息。

```
//4_7.cpp
#include <iostream>
#include <iomanip>
#include <string>
using namespace std;

struct Student {            //学生信息结构体
    int num;                //学号
    string name;            //姓名,字符串对象,将在第 6 章详细介绍
    char sex;               //性别
    int age;                //年龄
};

int main() {
    Student stu={97001, "Lin Lin", 'F', 19};
    cout<<"Num:  "<<stu.num<<endl;
    cout<<"Name: "<<stu.name<<endl;
    cout<<"Sex:  "<<stu.sex<<endl;
    cout<<"Age:  "<<stu.age<<endl;
    return 0;
}
```

运行结果：

```
Num: 97001
Name: Lin Lin
Sex: F
Age: 19
```

本程序中，Student 结构体中有的 name 成员是 string 类型的，string 是标准 C++ 中预定义的一个类，专用于存放字符串，将在第 6 章详细介绍。

4.6.2　联合体

有时，一组数据中，任何两个数据不会同时有效。例如，如果需要存储一个学生的各

门课程成绩,有些课程的成绩是等级制的,需要用一个字符来存储它的等级,有些课程只记"通过"和"不通过",需要用一个布尔值来表示是否通过,而另一些课程的成绩是百分制的,需要用一个整数来存储它的分数,这个分数就可以用一个联合体来表示。

联合体是一种特殊形态的类,它可以有自己的数据成员和函数成员,可以有自己的构造函数和析构函数,可以控制访问权限。与结构体一样,联合体也是从 C 语言继承而来的,因此它的默认访问控制属性也是公共类型的。**联合体的全部数据成员共享同一组内存单元。**联合体定义的语法形式如下:

```
union 联合体名称
{
公有成员
protected:
    保护型成员
private:
    私有成员
};
```

例如,成绩这个联合体可以声明如下:

```
union Mark {
    char grade;              //等级制的成绩
    bool pass;               //只记是否通过的成绩
    int percent;             //百分制的成绩
};
```

联合体 Mark 类型变量的存储结构如图 4-12 所示。

图 4-12 联合体 Mark 类型变量的存储结构示意图

正是由于联合体的成员共用相同的内存单元,联合体变量中的成员同时至多只有一个是有意义的。另外,不同数据单元共用相同内存单元的特性,联合体有下面一些限制。

- 联合体的各个对象成员,不能有自定义的构造函数、自定义的析构函数和重载的复制赋值运算符(复制赋值运算符的重载将在第 8 章介绍),不仅联合体的对象成员不能有这些函数,这些对象成员的对象成员也不能有,以此类推。
- 联合体不能继承,因而也不支持包含多态。

一般只用联合体来存储一些公有的数据,而不为它定义函数成员。

联合体也可以不声明名称,称为无名联合体。无名联合体没有标记名,只是声明一个成员项的集合,这些成员项具有相同的内存地址,可以由成员项的名字直接访问。

例如,声明无名联合体如下:

```
union {
    int i;
    float f;
};
```

在程序中可以这样使用:

```
i=10;
f=2.2;
```

无名联合体通常用作类或结构体的内嵌成员,请看例 4-8。

例 4-8　使用联合体保存成绩信息,并且输出。

```
#include <string>
#include <iostream>
using namespace std;

class ExamInfo {
public:
    //3 种构造函数,分别用等级、是否通过和百分制来初始化
    ExamInfo(string name, char grade)
        : name(name), mode(GRADE), grade(grade) {}
    ExamInfo(string name, bool pass)
        : name(name), mode(PASS), pass(pass) {}
    ExamInfo(string name, int percent)
        : name(name), mode(PERCENTAGE), percent(percent) {}
    void show();

private:
    string name;               //课程名称
    enum {
        GRADE,
        PASS,
        PERCENTAGE
    } mode;                    //采用何种计分方式
    union {
        char grade;            //等级制的成绩
        bool pass;             //是否通过
        int percent;           //百分制的成绩
    };
};

void ExamInfo::show() {
    cout<<name<<": ";
```

```
    switch (mode) {
    case GRADE: cout<<grade;
        break;
    case PASS:
        cout<< (pass? "PASS" : "FAIL");
        break;
    case PERCENTAGE:
        cout<<percent;
        break;
    }
    cout<<endl;
}

int main() {
    ExamInfo course1("English", 'B');
    ExamInfo course2("Calculus", true);
    ExamInfo course3("C++Programming", 85);
    course1.show();
    course2.show();
    course3.show();
    return 0;
}
```

运行结果:

```
English: B
Calculus: PASS
C++Programming: 85
```

4.7 综合实例——个人银行账户管理程序

本节将以一个面向个人的银行账户管理程序为例,说明类及成员函数的设计。

4.7.1 类的设计

一个人可以有多个活期储蓄账户,一个活期储蓄账户包括账号(id)、余额(balance)、年利率(rate)等信息,还包括显示账户信息(show)、存款(deposit)、取款(withdraw)、结算利息(settle)等操作。为此,设计一个类 SavingsAccount,将 id,balance,rate 均作为其成员数据,将 show,deposit,withdraw,settle 均作为其成员函数。类图设计如图 4-13 所示。

无论是存款、取款还是结算利息,都需要修改当前的余额并且将余额的变动输出,这些公共操作由私有成员函数 record 来执行。

实现该类的难点在于利息的计算。由于账户的余额是不断变化的,因此不能通过余额与年利率相乘的办法来计算年利,而是需要将一年当中每天的余额累积起来再除以一年的总天数,得到一个日均余额,再乘以年利率。为了计算余额的按日累积值,

图 4-13　个人银行账户管理程序的 SavingsAccount 类的 UML 图

SavingsAccount 引入了私有数据成员 lastDate，accumulation 和私有成员函数 accumulate。lastDate 用来存储上一次余额变动的日期，accumulation 用来存储上次计算利息以后直到最近一次余额变动时余额按日累加的值，accumulate 成员函数用来计算截至指定日期的账户余额按日累积值。这样，当余额变动时，需要做的是将变动前的余额与该余额所持续的天数相乘，累加到 accumulation 中，再修改 lastDate。

　　为简便起见，该类中的所有日期均用一个整数来表示，该整数是一个以日为单位的相对日期，例如如果以开户日为 1，那么开户日后的第 3 天就用 4 来表示，这样通过将两个日期相减就可得到两个日期相差的天数，在计算利息时非常方便。

4.7.2　源程序及说明

例 4-9　个人银行账户管理程序。

```cpp
//4_9.cpp
#include <iostream>
#include <cmath>
using namespace std;
class SavingsAccount {               //储蓄账户类
private:
    int id;                          //账号
    double balance;                  //余额
    double rate;                     //存款的年利率
    int lastDate;                    //上次变更余额的时期
    double accumulation;             //余额按日累加之和
    //记录一笔账，date 为日期，amount 为金额，desc 为说明
    void record(int date, double amount);
    //获得到指定日期为止的存款金额按日累积值
    double accumulate(int date) const {
        return accumulation+balance * (date-lastDate);
```

```
        }
    public:
        //构造函数
        SavingsAccount(int date, int id, double rate);
        int getId() {return id;}
        double getBalance() {return balance;}
        double getRate() {return rate;}
        void deposit(int date, double amount);         //存入现金
        void withdraw(int date, double amount);        //取出现金
        //结算利息,每年 1 月 1 日调用一次该函数
        void settle(int date);
        //显示账户信息
        void show();
};
//SavingsAccount 类相关成员函数的实现
SavingsAccount::SavingsAccount(int date, int id, double rate)
    : id(id), balance(0), rate(rate), lastDate(date), accumulation(0) {
    cout<<date<<"\t#"<<id<<" is created"<<endl;
}
void SavingsAccount::record(int date, double amount) {
    accumulation=accumulate(date);
    lastDate=date;
    amount=floor(amount * 100+0.5)/100;              //保留小数点后两位
    balance+=amount;
    cout<<date<<"\t#"<<id<<"\t"<<amount<<"\t"<<balance<<endl;
}
void SavingsAccount::deposit(int date, double amount) {
    record(date, amount);
}
void SavingsAccount::withdraw(int date, double amount) {
    if (amount>getBalance())
        cout<<"Error: not enough money"<<endl;
    else
        record(date, -amount);
}
void SavingsAccount::settle(int date) {
    double interest=accumulate(date) * rate/365;     //计算年息
    if (interest!=0)
        record(date, interest);
    accumulation=0;
}
void SavingsAccount::show() {
    cout<<"#"<<id<<"\tBalance: "<<balance;
}
```

```
int main() {
    //建立几个账户
    SavingsAccount sa0(1, 21325302, 0.015);
    SavingsAccount sa1(1, 58320212, 0.015);
    //几笔账目
    sa0.deposit(5, 5000);
    sa1.deposit(25, 10000);
    sa0.deposit(45, 5500);
    sa1.withdraw(60, 4000);
    //开户后第 90 天到了银行的计息日,结算所有账户的年息
    sa0.settle(90);
    sa1.settle(90);
    //输出各个账户信息
    sa0.show();      cout<<endl;
    sa1.show();      cout<<endl;
    return 0;
}
```

运行结果:

```
1      #21325302 is created
1      #58320212 is created
5      #21325302     5000      5000
25     #58320212     10000     10000
45     #21325302     5500      10500
60     #58320212     -4000     6000
90     #21325302     27.64     10527.6
90     #58320212     21.78     6021.78
#21325302    Balance: 10527.6
#58320212    Balance: 6021.78
```

在上面程序中,首先给出了 SavingsAccount 类的定义,只有几个简短的函数实现写在了类定义中,大部分函数的实现代码写在了类定义后。在主程序中,定义了两个账户实例 sa0 和 sa1,它们的年利率都是 1.5%,随后分别在第 5 天和第 45 天向账户 sa0 存入 5000 元和 5500 元,在第 25 天向账户 sa1 存入 10 000 元,在第 60 天从账户 sa1 取出 4000 元。账户开户后的第 90 天是银行的计息日,两个账户分别得到了 27.64 元和 21.78 元的利息。以账户 sa0 为例,它在第 5~45 天之间的余额为 5000 元,第 45~90 天之间的余额为 10 500 元,因此它的利息是 $(40 \times 5000 + 45 \times 10\,500)/365 \times 1.5\% = 27.64$ 元。

细节　以上程序的 SavingsAccount∷record 函数中使用了 floor 函数,该函数是向下取整函数(在数学上称为高斯函数),用来得到不大于一个数的最大整数,声明在头文件 cmath 中。一般来说,如果需要对一个数 x 做四舍五入取整,可以通过表达式 floor(x + 0.5)进行。而 record 函数中的表达式将原数事先乘以 100,取整完毕后再除以 100,因此原数的小数点后两位得以保留。另外,cmath 中还提供了 floor 的姊妹函数——ceil,该函

数为向上取整函数,用来得到不小于一个数的最小整数。

在开户(构造账户)、存款、取款、计息的过程中,每一笔记录都被输出出来了。最后分别输出两个账户的信息。

4.8 小结

面向对象程序设计通过抽象、封装、继承和多态使程序代码达到最大限度的可重用和可扩展,提高软件的生产能力,控制软件开发和维护的费用。类是面向对象程序设计的核心,利用它可以实现数据的封装、隐蔽,通过它的继承与派生,能够实现对问题深入地抽象描述。

类是逻辑上相关的函数与数据的封装,它是对所要处理的问题的抽象描述。类实际上也就相当于用户自定义的类型,和基本数据类型的不同之处在于,类这个特殊类型中同时包含了对数据进行操作的函数。

访问控制属性控制着对类成员的访问权限,实现了数据隐蔽。对象是类的实例,一个对象的特殊性就在于它具有不同于其他对象的自身属性,即数据成员。对象在定义的时候进行的数据成员设置,称为对象的初始化。在对象使用结束时,还要进行一些清理工作。C++ 中初始化和清理的工作,分别由两个特殊的成员函数来完成,它们就是构造函数和析构函数。复制构造函数是一种特殊的构造函数,可以用已有对象来初始化新对象。

习   题

4-1 解释 public 和 private 的作用,公有类型成员与私有类型成员有哪些区别?

4-2 protected 关键字有何作用?

4-3 构造函数和析构函数有什么作用?

4-4 数据成员可以为公有的吗? 成员函数可以为私有的吗?

4-5 已知 class A 中有数据成员 int a,如果定义了 A 的两个对象 a1,a2,它们各自的数据成员 a 的值可以不同吗?

4-6 什么叫做复制构造函数?复制构造函数何时被调用?

4-7 复制构造函数与赋值运算符(=)有何不同?

4-8 定义一个 Dog 类,包含了 age,weight 等属性,以及对这些属性操作的方法。实现并测试这个类。

4-9 设计并测试一个名为 Rectangle 的矩形类,其属性为矩形的左下角与右上角两个点的坐标,根据坐标能计算矩形的面积。

4-10 设计一个用于人事管理的"人员"类。由于考虑到通用性,这里只抽象出所有类型人员都具有的属性:编号、性别、出生日期、身份证号等。其中"出生日期"声明为一个"日期"类内嵌子对象。用成员函数实现对人员信息的录入和显示。要求包括:构造函数和析构函数、复制构造函数、内联成员函数、带默认形参值的成员函数、类的组合。

4-11 定义并实现一个矩形类,有长、宽两个属性,由成员函数计算矩形的面积。

4-12 定义一个 DataType(数据类型)类,能处理包含字符型、整型、浮点型 3 种类型的数据,给出其构造函数。

4-13 定义一个 Circle 类,有数据成员 radius(半径),成员函数 getArea(),计算圆的面积,构造一个 Circle 的对象进行测试。

4-14 定义一个 Tree(树)类,有成员 ages(树龄),成员函数 grow(int years)对 ages 加上 years,age()显示 tree 对象的 ages 的值。

4-15 根据例 4-3 中关于 Circle 类定义的源代码绘出该类的 UML 图形表示。

4-16 根据下面 C++ 代码绘出相应的 UML 图形,表示出类 ZRF、类 SSH 和类 Person 之间的继承关系。

```
class Person {
public:
    Person(const Person& right);
    ~Person();
private:
    char Name;
    int Age;
};
class ZRF : protected Person {};
class SSH : private Person {};
```

4-17 在一个大学的选课系统中,包括两个类:CourseSchedule 类和 Course 类。其关系为:CourseSchedule 类中的成员函数 add 和 remove 的参数是 Course 类的对象,请通过 UML 方法显式表示出这种依赖关系。

4-18 在一个学校院系人员信息系统中,需要对院系(Department)和教师(Teacher)之间的关系进行部分建模,其关系描述为:每个 Teacher 可以属于零个或多个 Department 的成员,而每个 Department 至少包含一个 Teacher 作为成员。根据以上关系绘制出相应的 UML 类图。

4-19 编写一个名为 CPU 的类,描述一个 CPU 的以下信息:时钟频率,最大不会超过 3000MHz;字长,可以是 32 位或 64 位;核数,可以是单核、双核或四核;是否支持超线程。各项信息要求使用位域来表示。通过输出 sizeof(CPU) 来观察该类所占的字节数。

4-20 定义一个负数类 Complex,使得下面的代码能够工作。

```
Complex c1(3, 5);        //用复数 3+5i 初始化 c1
Complex c2=4.5;          //用实数 4.5 初始化 c2
c1.add(c2);              //将 c1 与 c2 相加,结果保存在 c1 中
c1.show();               //将 c1 输出 (这时的结果应该是 7.5+5i)
```

第 5 章

数据的共享与保护

C++是适合于编写大型复杂程序的语言,数据的共享与保护机制是C++的重要特性之一。本章介绍标识符的作用域、可见性和生存期的概念,以及类成员的共享与保护问题。最后介绍程序的多文件结构和编译预处理命令,即如何用多个源代码文件来组织大型程序。

5.1 标识符的作用域与可见性

作用域讨论的是标识符的有效范围,可见性讨论的是标识符是否可以被引用。我们知道,在某个函数中声明的变量就只能在这个函数中起作用,这就是受变量的作用域与可见性的限制。作用域与可见性既相互联系又存在着很大差异。

5.1.1 作用域

作用域是一个标识符在程序正文中有效的区域。C++中标识符的作用域有函数原型作用域、局部作用域(块作用域)、类作用域和命名空间作用域。

1. 函数原型作用域

函数原型作用域是C++程序中最小的作用域。第3章中介绍过,在函数原型中一定要包含形参的类型说明。**在函数原型声明时形式参数的作用范围就是函数原型作用域**。例如,有如下函数声明:

```
double area(double radius);
```

标识符 radius 的作用(或称有效)范围就在函数 area 形参列表的左右括号之间,在程序的其他地方不能引用这个标识符。因此标识符 radius 的作用域称做函数原型作用域。

注意　由于在函数原型的形参列表中起作用的只是形参类型,标识符并不起作用,因此是允许省去的。但考虑到程序的可读性,通常还是要在函数原型声明时给出形参标识符。

2. 局部作用域

为了理解局部作用域,先来看一个例子。

```
void fun(int a) {
    int b=a;
    cin>>b;
    if(b> 0) {
        int c;
        ...
    }
}
```
c 的作用域　　b 的作用域　a 的作用域

这里,在函数 fun 的形参列表中声明了形参 a,在函数体内声明了变量 b,并用 a 的值初始化 b。接下来,在 if 语句内,又声明了变量 c。a,b 和 c 都具有局部作用域,只是它们分别属于不同的局部作用域。

函数形参列表中形参的作用域,从形参列表中的声明处开始,到整个函数体结束之处为止。因此,形参 a 的作用域从 a 的声明处开始,直到 fun 函数的结束处为止。**函数体内声明的变量,其作用域从声明处开始,一直到声明所在的块结束的大括号为止。**所谓块,就是一对大括号括起来的一段程序。在这个例子中,函数体是一个块,if 语句之后的分支体又是一个较小的块,二者是包含关系。因此,变量 b 的作用域从声明处开始,到它所在的块(即整个函数体)结束处为止,而变量 c 的作用域从声明处开始,到它所在的块,即分支体结束为止。**具有局部作用域的变量也称为局部变量。**

3. 类作用域

类可以被看成是一组有名成员的集合,类 X 的成员 m 具有类作用域,对 m 的访问方式有如下 3 种。

(1) **如果在 X 的成员函数中没有声明同名的局部作用域标识符,那么在该函数内可以直接访问成员 m。**也就是说 m 在这样的函数中都起作用。

(2) **通过表达式 x.m 或者 X::m。**这正是程序中访问对象成员的最基本方法。X::m 的方式用于访问类的静态成员,相关内容将在 5.3 节介绍。

(3) **通过 ptr->m 这样的表达式,其中 ptr 为指向 X 类的一个对象的指针。**关于指针将在第 6 章详细介绍。

C++ 中,类及其对象还有其他特殊的访问和作用域规则,在后续章节中还会深入讨论。

4. 命名空间作用域

为了介绍命名空间作用域,首先需要介绍命名空间的概念。一个大型的程序通常由不同模块构成,不同的模块甚至有可能是由不同人员开发的。不同模块中的类和函数之间有可能发生重名,这样就会引发错误。这就好像上海和武汉都有南京路,如果在缺乏上下文的情况下直接说出"南京路",就会产生歧义。但如果说"上海的南京路"或"武汉的南京路",歧义就会消除。命名空间起到的就是这样的作用。

命名空间的语法形式如下:

```
namespace 命名空间名 {
    命名空间内的各种声明(函数声明、类声明、……)
}
```

　　一个命名空间确定了一个命名空间作用域,凡是在该命名空间之内声明的、不属于前面所述各个作用域的标识符,都属于该命名空间作用域。在命名空间内部可以直接引用当前命名空间中声明的标识符,如果需要引用其他命名空间的标识符,需要使用下面的语法:

　　命名空间名::标识符名

例如:

```
namespace SomeNs {
    class SomeClass {…};
};
```

如果需要引用类名 SomeClass 或函数名 someFunc,需要使用下面的方式:

```
SomeNs::SomeClass obj1;          //声明一个 SomeNs::SomeClass 型的对象 obj1
```

　　有时,在标识符前总使用这样的命名空间限定会显得过于冗长,为了解决这一问题,C++ 又提供了 using 语句,using 语句有两种形式:

```
using 命名空间名::标识符名;
using namespace 命名空间名;
```

前一种形式将指定的标识符暴露在当前的作用域内,使得在当前作用域中可以直接引用该标识符;后一种形式将指定命名空间内的所有标识符暴露在当前的作用域内,使得在当前作用域中可以直接引用该命名空间内的任何标识符。

　　事实上,C++ 标准程序库的所有标识符都被声明在 std 命名空间内,前面用到的 cin、cout、endl 等标识符皆如此,因此,前面的程序中都使用了 using namespace std。如果去掉这条语句,则引用相应的标识符需要使用 std::cin、std::cout、std::endl 这样的语法。

　　命名空间也允许嵌套,例如:

```
namespace OuterNs {
    namespace InnerNs {
        class SomeClass {…};
    }
}
```

引用其中的 SomeClass 类,需要使用 OuterNs::InnerNs::SomeClass 的语法形式。

　　此外,还有两类特殊的命名空间——全局命名空间和匿名命名空间。全局命名空间是默认的命名空间,在显式声明的命名空间之外声明的标识符都在一个全局命名空间中。匿名命名空间是一个需要显式声明的没有名字的命名空间,声明方式如下:

```
namespace {
    匿名命名空间内的各种声明 (函数声明、类声明、……)
}
```

在包含多个源文件的工程中,匿名命名空间常常被用来屏蔽不希望暴露给其他源文件的标识符,这是因为每个源文件的匿名命名空间是彼此不同的,在一个源文件中没有办法访问其他源文件的匿名命名空间。

例 5-1 中所声明的全局变量就具有命名空间作用域,它们在整个文件中都有效。

例 5-1 作用域实例。

```
//5_1.cpp
#include <iostream>
using namespace std;
int i;                          //在全局命名空间中的全局变量
namespace Ns {
    int j;                      //在 Ns 命名空间中的全局变量
}
int main() {
    i=5;                        //为全局变量 i 赋值
    Ns::j=6;                    //为全局变量 j 赋值
    {                           //子块 1
        using namespace Ns;     //使得在当前块中可以直接引用 Ns 命名空间的标识符
        int i;                  //局部变量,局部作用域
        i=7;
        cout<<"i="<<i<<endl;    //输出 7
        cout<<"j="<<j<<endl;    //输出 6
    }
    cout<<"i="<<i<<endl;        //输出 5
    return 0;
}
```

运行结果:

```
i=7
j=6
i=5
```

在这个例子中,变量 i 具有命名空间作用域,它属于全局命名空间,其有效作用范围到文件尾才结束。在主函数开始处给这个具有命名空间作用域的变量赋初值 5,接下来在子块 1 中又声明了同名变量并赋初值 7。第一次输出的结果是 7,这是因为具有局部作用域的变量 i 把具有命名空间作用域的变量 i 隐藏了,具有命名空间作用域的变量 i 变得不可见(这是下面要讨论的可见性问题)。当程序运行到块 1 结束后,进行第二次输出时,输出的就是具有命名空间作用域的变量 i 的值 5。变量 j 也具有命名空间作用域,它被声明在命名空间 Ns 中,在主函数中通过 Ns::j 的方式引用,为其赋值,接下来在块 1 中,通过 using namespace Ns 使得该命名空间的标识符可以在该块中被直接引用,因此输出 j 时可以直接使用标识符 j。

具有命名空间作用域的变量也称为全局变量。

5.1.2　可见性

下面,从标识符引用的角度,来看标识符的有效范围,即标识符的可见性。**程序运行到某一点,能够引用到的标识符,就是该处可见的标识符。**为了理解可见性,先来看一看不同作用域之间的关系。命名空间作用域最大,接下来依次是类作用域和局部作用域。图 5-1 描述了作用域的一般关系。可见性表示从内层作用域向外层作用域"看"时能看到什么。因此,可见性和作用域之间有着密切的关系。

图 5-1　作用域关系图

作用域可见性的一般规则如下。

- 标识符要声明在前,引用在后。
- 在同一作用域中,不能声明同名的标识符。
- 在没有互相包含关系的不同的作用域中声明的同名标识符,互不影响。
- 如果在两个或多个具有包含关系的作用域中声明了同名标识符,则外层标识符在内层不可见。

再看一下例 5-1,这是命名空间作用域与局部作用域相互包含的实例,在主函数内块 1 之外,可以引用具有命名空间作用域的变量,也就是说它是可见的。当程序运行进入块 1 后,就只能引用具有局部作用域的同名变量,具有命名空间作用域的同名变量被隐藏了。

提示　作用域和可见性的原则不只适用于变量名,也适用于其他各种标识符,包括常量名、用户定义的类型名、函数名、枚举类型的取值等。

5.2　对象的生存期

对象(包括简单变量)都有诞生和消失的时刻。对象从诞生到结束的这段时间就是它的生存期。在生存期内,对象将保持它的状态(即数据成员的值),变量也将保持它的值不变,直到它们被更新为止。本节,使用对象来统一表示类的对象和一般的变量。对象的生存期可以分为静态生存期和动态生存期两种。

5.2.1　静态生存期

如果对象的生存期与程序的运行期相同,则称它具有静态生存期。在命名空间作用域中声明的对象都是具有静态生存期的。如果要在函数内部的局部作用域中声明具有静态生存期的对象,则要使用关键字 **static**。例如下列语句定义的变量 i 便是具有静态生存期的变量,也称为静态变量:

```
static int i;
```

局部作用域中静态变量的特点是,它并不会随着每次函数调用而产生一个副本,也不会随着函数返回而失效。也就是说,当一个函数返回后,下一次再调用时,该变量还会保持上一回的值,即使发生了递归调用,也不会为该变量建立新的副本,该变量会在每次调用间共享。

在定义静态变量的同时也可以为它赋初值,例如:

```
static int i=5;
```

这表示 i 会被赋予 5 初始化,而非每次执行函数时都将 i 赋值为 5。

类的数据成员也可以用 static 修饰,5.3 节将专门讨论类的静态成员。

细节 定义时未指定初值的基本类型静态生存期变量,会被赋予 0 值初始化,而对于动态生存期变量,不指定初值意味着初值不确定。

5.2.2 动态生存期

除了上述两种情况,其余的对象都具有动态生存期。在局部作用域中声明的具有动态生存期的对象,习惯上也称为局部生存期对象。**局部生存期对象诞生于声明点,结束于声明所在的块执行完毕之时。**

提示 类的成员对象也有各自的生存期。不用 static 修饰的成员对象,其生存期都与它们所属对象的生存期保持一致。

例 5-2 变量的生存期与可见性。

```cpp
//5_2.cpp
#include <iostream>
using namespace std;
int i=1;                      //i 为全局变量,具有静态生存期

void other() {
    //a, b 为静态局部变量,具有全局寿命,局部可见,只第一次进入函数时被初始化
    static int a=2;
    static int b;
    //c 为局部变量,具有动态生存期,每次进入函数时都初始化
    int c=10;
    a+=2;
    i+=32;
    c+=5;
    cout<<"---OTHER---"<<endl;
    cout<<" i: "<<i<<"a:"<<a<<"b:"<<b<<"c:"<<c<<endl;
    b=a;
}

int main() {
    //a 为静态局部变量,具有全局寿命,局部可见
    static int a;
    //b, c 为局部变量,具有动态生存期
```

```
        int b=-10;
        int c=0;

        cout<<"---MAIN---"<<endl;
        cout<<" i: "<<i<<" a: "<<a<<" b: "<<b<<" c: "<<c<<endl;
        c+=8;
        other();
        cout<<"---MAIN---"<<endl;
        cout<<" i: "<<i<<" a: "<<a<<" b: "<<b<<" c: "<<c<<endl;
        i+=10;
        other();
        return 0;
}
```

运行结果：

```
---MAIN---
i: 1 a: 0 b: -10 c: 0
---OTHER---
i: 33 a: 4 b: 0 c: 15
---MAIN---
i: 33 a: 0 b: -10 c: 8
---OTHER---
i: 75 a: 6 b: 4 c: 15
```

例 5-3 具有静态和动态生存期对象的时钟程序。

这里仍以时钟类为例，在这个实例中，声明了具有函数原型作用域、局部作用域、类作用域和命名空间作用域的多个对象，来具体分析它们各自的可见性和生存期。

```
//5_3.cpp
#include<iostream>
using namespace std;

class Clock {                          //时钟类定义
public:                                //外部接口
    Clock();
    void setTime(int newH, int newM, int newS);       //3个形参均具有函数原型作用域
    void showTime();
private:                                //私有数据成员
    int hour, minute, second;
};

//时钟类成员函数实现
Clock::Clock() : hour(0), minute(0), second(0) {}     //构造函数

void Clock::setTime(int newH, int newM, int newS) { //3个形参均具有局部作用域
```

```
        hour=newH;
        minute=newM;
        second=newS;
    }

    void Clock::showTime() {
        cout<<hour<<":"<<minute<<":"<<second<<endl;
    }

    Clock globClock;              //声明对象 globClock,具有静态生存期,命名空间作用域
    //由默认构造函数初始化为 0:0:0
    int main() {                                    //主函数
        cout<<"First time output:"<<endl;
        //引用具有命名空间作用域的对象 globClock
        globClock.showTime();                       //对象的成员函数具有类作用域
        //显示 0:0:0
        globClock.setTime(8,30,30);                 //将时间设置为 8:30:30

        Clock myClock(globClock);                   //声明具有块作用域的对象 myClock
        //调用复制构造函数,以 globClock 为初始值
        cout<<"Second time output:"<<endl;
        myClock.showTime();                         //引用具有块作用域的对象 myClock
        //输出 8:30:30

        return 0;
    }
```

程序的运行结果为：

```
First time output:
0:0:0
First time output:
8:30:30
```

在这个程序中,包含了具有各种作用域类型的变量和对象。其中时钟类定义中函数成员 setTime 的 3 个形参具有函数原型作用域；setTime 函数定义中的 3 个参数、对象 myClock 具有局部作用域；时钟类的数据、函数成员具有类作用域；对象 globClock 具有命名空间作用域。在主函数中,这些变量、对象及对象的公有成员都是可见的。就生存期而言,除了具有命名空间作用域的对象 globClock 具有静态生存期,与程序的运行期相同之外,其余都具有动态生存期。

5.3　类的静态成员

在结构化程序设计中程序模块的基本单位是函数,因此模块间对内存中数据的共享是通过函数与函数之间的数据共享来实现的,其中包括两个途径——参数传递和全局

变量。

面向对象的程序设计方法兼顾数据的共享与保护,将数据与操作数据的函数封装在一起,构成集成度更高的模块。类中的数据成员可以被同一类中的任何一个函数访问。这样一方面在类内部的函数之间实现了数据的共享,另一方面这种共享是受限制的,可以设置适当的访问控制属性。把共享只限制在类的范围之内,对类外来说,类的数据成员仍是隐藏的,达到了共享与隐藏两全。

然而这些还不是数据共享的全部。对象与对象之间也需要共享数据。

静态成员是解决同一个类的不同对象之间数据和函数共享问题的。例如,可以抽象出某公司全体雇员的共性,设计如下雇员类:

```
class Employee {
private:
    int empNo;
    int id;
    string name;                    //字符串对象,第 6 章详细介绍
    ...
    //其他数据成员与函数成员略
}
```

如果需要统计雇员总数,这个数据存放在什么地方呢? 若以类外的变量来存储总数,不能实现数据的隐藏。若在类中增加一个数据成员用于存放总数,必然在每一个对象中都存储一个副本,不仅冗余,而且每个对象分别维护一个"总数",容易造成数据的不一致性。由于这个数据应该是为 Employee 类的所有对象所共享的,比较理想的方案是类的所有对象共同拥有一个用于存放总数的数据成员,这就是下面要介绍的静态数据成员。

5.3.1　静态数据成员

我们说"一个类的所有对象具有相同的属性",是指属性的个数、名称、数据类型相同,各个对象的属性值则可以各不相同,这样的属性在面向对象方法中称为"实例属性",在C++ 程序中以类的非静态数据成员表示。例如上述 Employee 类中的 empNo,id,name都是以非静态数据成员表示的实例属性,它们在类的每一个对象中都拥有一个复本,这样的实例属性正是每个对象区别于其他对象的特征。

面向对象方法中还有"类属性"的概念。如果某个属性为整个类所共有,不属于任何一个具体对象,则采用 **static** 关键字来声明为静态成员。静态成员在每个类只有一个副本,由该类的所有对象共同维护和使用,从而实现了同一类的不同对象之间的数据共享。**类属性是描述类的所有对象共同特征的一个数据项,对于任何对象实例,它的属性值是相同的。** 简单地说,如果将"类"比作一个工厂,对象是工厂生产出的产品,那么静态成员是存放在工厂中、属于工厂的,而不是属于每个产品的。

静态数据成员具有静态生存期。 由于静态数据成员不属于任何一个对象,因此可以通过类名对它进行访问,一般的用法是"**类名::标识符**"。在类的定义中仅仅对静态数据成员进行引用性声明,必须在命名空间作用域的某个地方使用类名限定定义性声明,这时

也可以进行初始化。在 UML 语言中,静态数据成员通过在数据成员下方添加下划线来表示。从下面的例子中可以看到静态数据成员的作用。

提示 之所以类的静态数据成员需要在类定义之外再加以定义,是因为需要以这种方式专门为它们分配空间。非静态数据成员无须以此方式定义,因为它们的空间是与它们所属对象的空间同时分配的。

例 5-4 具有静态数据成员的 Point 类。

这个程序是由第 4 章的 Point 类修改而来,引入静态数据成员 count 用于统计 Point 类的对象个数。包含静态数据成员 count 的 Point 类的 UML 图形表示如图 5-2 所示。

源程序:

Point
– x : int
– y : int
– count : int = 0
+ Point(xx : int = 0, yy : int = 0)
+ getX() : int
+ getY() : int
+ Point(p : Point &)
+ showCount() : void

图 5-2 包含静态数据成员的 Point 类的 UML 图

```cpp
//5_4.cpp
#include <iostream>
using namespace std;

class Point {                                    //Point 类定义
public:                                          //外部接口
    Point(int x=0, int y=0) : x(x), y(y) {       //构造函数
        //在构造函数中对 count 累加,所有对象共同维护同一个 count
        count++;
    }
    Point(Point &p) {                            //复制构造函数
        x=p.x;
        y=p.y;
        count++;
    }
    ~Point() {count--;}
    int getX() {return x;}
    int getY() {return y;}

    void showCount() {                           //输出静态数据成员
        cout<<"  Object count="<<count<<endl;
    }
private:                                         //私有数据成员
    int x, y;
    static int count;                            //静态数据成员声明,用于记录点的个数
};

int Point::count=0;                              //静态数据成员定义和初始化,使用类名限定

int main() {                                     //主函数
    Point a(4, 5);                               //定义对象 a,其构造函数会使 count 增 1
    cout<<"Point A: "<<a.getX()<<", "<<a.getY();
```

```
    a.showCount();                              //输出对象个数

    Point b(a);                                 //定义对象 b,其构造函数会使 count 增 1
    cout<<"Point B: "<<b.getX()<<", "<<b.getY();
    b.showCount();                              //输出对象个数

    return 0;
}
```

程序的运行结果如下：

```
Point A: 4, 5  Object count=1
Point B: 4, 5  Object count=2
```

上面的例子中，类 Point 的数据成员 count 被声明为静态，用来给 Point 类的对象计数，每定义一个新对象，count 的值就相应加 1。静态数据成员 count 的定义和初始化在类外进行，初始化时引用的方式也很值得注意，首先应该注意的是要利用类名来引用，其次，虽然这个静态数据成员是私有类型，在这里却可以直接初始化。除了这种特殊场合，在其他地方，例如主函数中就不允许直接访问了。count 的值是在类的构造函数中计算的，a 对象生成时，调用有默认参数的构造函数，b 对象生成时，调用复制构造函数，两次调用构造函数访问的均是同一个静态成员 count。通过对象 a 和对象 b 分别调用 showCount 函数，输出的也是同一个 count 在不同时刻的数值。这样，就实现了 a,b 两个对象之间的数据共享。

提示　在对类的静态私有数据成员初始化的同时，还可以引用类的其他私有成员。例如，如果一个类 T 存在类型为 T 的静态私有对象，那么可以引用该类的私有构造函数将其初始化。

5.3.2　静态函数成员

在例 5-4 中，函数 showCount 是专门用来输出静态成员 count 的。要输出 count 只能通过 Point 类的某个对象来调用函数 showCount。在所有对象声明之前 count 的值是初始值 0。如何输出这个初始值呢？显然由于尚未声明任何对象，无法通过对象来调用 showCount。由于 count 是为整个类所共有的，不属于任何对象，因此我们自然会希望对 count 的访问也不要通过对象。现在尝试将例 5-4 中的主函数改写如下：

```
int main() {
    Point::showCount();            //直接通过类名调用函数,输出对象个数的初始值
    Point a(4,5);
    cout<<"Point A, "<<a.getX()<<", "<<a.getY();
    a.showCount();
    Point b(a);
    cout<<"Point B, "<<b.getX()<<", "<<b.getY();
    B.showCount();
}
```

但是不幸得很，编译时出错了，对普通函数成员的调用必须通过对象名。

尽管如此 C++ 中还是可以有办法实现我们上述期望的，这就是使用静态成员函数。所谓静态成员函数就是使用 static 关键字声明的函数成员。同静态数据成员一样，静态成员函数也属于整个类，由同一个类的所有对象共同拥有，为这些对象所共享。

静态成员函数可以通过类名或对象名来调用，而非静态成员函数只能通过对象名来调用。

习惯 虽然静态成员函数可以通过类名和对象名两种方式调用，但一般习惯于通过类名调用。因为即使通过对象名调用，起作用的也只是对象的类型信息，与所使用的具体对象毫无关系。

静态成员函数可以直接访问该类的静态数据和函数成员。而访问非静态成员，必须通过对象名。 请看下面的程序段：

```
class A {
public:
    static void f(A a);
private:
    int x;
};
void A::f(A a) {
    cout<<x;                 //对 x 的引用是错误的
    cout<<a.x;               //正确
}
```

可以看到，通过静态函数成员访问非静态成员是相当麻烦的，一般情况下，它主要用来访问同一个类中的静态数据成员，维护对象之间共享的数据。

提示 之所以在静态成员函数中访问类的非静态成员需要指明对象，是因为对静态成员函数的调用是没有目的对象的，因此不能像非静态成员函数那样，隐含地通过目的对象访问类的非静态成员。

在 UML 语言中，静态函数成员是通过在函数成员添加<<static>>构造型来表征。

例 5-5 具有静态数据和函数成员的 Point 类。

在例 5-4 中，利用静态的私有数据成员 count 对 Point 类的对象个数进行统计，本例中使用静态函数成员来访问 count。添加静态函数成员的 Point 类的 UML 图形表示如图 5-3 所示。

源程序：

```
//5_5.cpp
#include <iostream>
using namespace std;

class Point {          //Point 类定义
public:                //外部接口
    Point(int x=0, int y=0) : x(x), y(y) {//构造函数
```

Point
−x : int
−y : int
−count : int = 0
+Point(xx : int = 0, yy : int = 0)
+getX( ) : int
+getY( ) : int
+Point(p : Point &)
<<static>> + showCount( ) : void

图 5-3 包含静态函数成员的
Point 类的 UML 图

```
                //在构造函数中对 count 累加,所有对象共同维护同一个 count
            count++;
        }
        Point(Point &p) {                    //复制构造函数
            x=p.x;
            y=p.y;
            count++;
        }
        ~Point() {  count--; }
        int getX() {return x;}
        int getY() {return y;}

        static void showCount() {            //静态函数成员
            cout<<"  Object count="<<count<<endl;
        }
    private:                                 //私有数据成员
        int x, y;
        static int count;                    //静态数据成员声明,用于记录点的个数
    };

    int Point::count=0;                      //静态数据成员定义和初始化,使用类名限定

    int main() {                             //主函数
        Point a(4, 5);                       //定义对象 a,其构造函数会使 count 增 1
        cout<<"Point A: "<<a.getX()<<", "<<a.getY();
        Point::showCount();                  //输出对象个数

        Point b(a);                          //定义对象 b,其构造函数会使 count 增 1
        cout<<"Point B: "<<b.getX()<<", "<<b.getY();
        Point::showCount();                  //输出对象个数

        return 0;
    }
```

与例 5-4 相比,这里只是在类的定义中,将 showCount 改写为静态成员函数。于是在主函数中既可以使用类名也可以使用对象名来调用 showCount。

这个程序的运行输出结果与例 5-4 的结果完全相同。相比而言,采用静态函数成员的好处是可以不依赖于任何对象,直接访问静态数据。

5.4 类的友元

将数据与处理数据的函数封装在一起,构成类,既实现了数据的共享又实现了隐藏,无疑是面向对象程序设计的一大优点。但是封装并不总是绝对的。现在考虑一个简单的

例子,就是我们熟悉的 Point 类,每一个 Point 类的对象代表一个"点"。如果需要一个函数来计算任意两点间的距离,这个函数该如何设计呢?

如果将计算距离的函数设计为类外的普通函数,就不能体现这个函数与"点"之间的联系,而且类外的函数也不能直接引用"点"的坐标(私有成员),这样计算时就很不方便。

那么设计为 Point 类的成员函数又如何呢? 从语法的角度这不难实现,但是理解起来却有问题。因为距离是点与点之间的一种关系,它既不属于每一个单独的点,也不属于整个 Point 类。也就是说无论设计为非静态成员还是静态成员,都会影响程序的可读性。

在第 4 章,曾经使用类的组合,由 Point 类的两个对象组合成 Line(线段)类,具有计算线段长度的功能。但是 Line 类的实质是对线段的抽象。如果面临的问题是有许多点,并且经常需要计算任意两点间的距离,那么每次计算两点间距离都需要构造一个线段。这样既麻烦又影响程序的可读性。

这种情况下,很需要一个在 Point 类外,但与 Point 类有特殊关系的函数。

再看看另一段程序:

```cpp
class A {
public:
    void display()   {cout<<x<<endl;}
    int getX()   {return x;}
    //其他成员略
private:
    int x;
};
class B {
public:
    void set(int i);
    void display();
private:
    A a;
};
```

这是类组合的情况,类 B 中内嵌了类 A 的对象,但是 B 的成员函数却无法直接访问 A 的私有成员 x。从数据的安全性角度来说,这无疑是最安全的,内嵌的部件相当于一个黑盒。但是使用起来多少有些不便,例如,按如下形式实现 B 的成员函数 set,会引起编译错误。

```cpp
void B::set(int i) {
    a.x=i;
}
```

由于 A 的对象内嵌于 B 中,能否让 B 的函数直接访问 A 的私有数据呢?

C++ 为上述这些需求提供了语法支持,这就是友元关系。

友元关系提供了不同类或对象的成员函数之间、类的成员函数与一般函数之间进行数据共享的机制。通俗地说,友元关系就是一个类主动声明哪些其他类或函数是它的朋友,进而给它们提供对本类的访问特许。也就是说,通过友元关系,一个普通函数或者类的成员函数可以访问封装于另外一个类中的数据。从一定程度上讲,友元是对数据隐蔽和封装的破坏。但是为了数据共享,提高程序的效率和可读性,很多情况下这种小的破坏也是必要的,关键是一个度的问题,要在共享和封装之间找到一个恰当的平衡。

在一个类中,可以利用关键字 friend 将其他函数或类声明为友元。如果友元是一般函数或类的成员函数,称为友元函数;如果友元是一个类,则称为友元类,友元类的所有成员函数都自动成为友元函数。

5.4.1　友元函数

友元函数是在类中用关键字 friend 修饰的非成员函数。友元函数可以是一个普通的函数,也可以是其他类的成员函数。虽然它不是本类的成员函数,但是**在它的函数体中可以通过对象名访问类的私有和保护成员**。在 UML 语言中,友元函数是通过在成员函数前方添加<<friend>>构造型来表征。请看下面这个例子。

例 5-6　使用友元函数计算两点间的距离。

在介绍类的组合时,使用了由 Point 类组合构成的 Line 类计算线段的长度。本例中,将采用友元函数来实现更一般的功能:计算任意两点间的距离。屏幕上的点仍然用 Point 类描述,两点的距离用普通函数 dist 来计算。计算过程中,这个函数需要访问 Point 类的私有数据成员 x 和 y,为此将 dist 声明为 Point 类的友元函数。本实例 Point 类的 UML 图形表示如图 5-4 所示。

Point
− x : int
− y : int
+ Point(xx : int = 0, yy : int = 0)
+ getX() : int
+ getY() : int
<<friend>> + dist(a : Point &, b : Point &) : float

图 5-4　包含友元函数成员的 Point 类的 UML 图

源程序:

```
//5_6.cpp
#include <iostream>
#include <cmath>
using namespace std;

class Point {                           //Point 类定义
public:                                 //外部接口
    Point(int x=0, int y=0) : x(x), y(y) {}
    int getX() {return x;}
    int getY() {return y;}
    friend float dist(Point &p1, Point &p2);   //友元函数声明
```

```
private:                                  //私有数据成员
    int x, y;
};

float dist(Point &p1, Point &p2) {        //友元函数实现
    double x=p1.x-p2.x;                    //通过对象访问私有数据成员
    double y=p1.y-p2.y;
    return static_cast<float>(sqrt(x * x+y * y));
}

int main() {                              //主函数
    Point myp1(1, 1), myp2(4, 5);         //定义 Point 类的对象
    cout<<"The distance is: ";
    cout<<dist(myp1, myp2)<<endl;         //计算两点间的距离
    return 0;
}
```

程序的运行结果为：

The distance is: 5

在 Point 类中只声明了友元函数的原型，友元函数 dist 的定义在类外。可以看到在友元函数中通过对象名直接访问了 Point 类中的私有数据成员 x 和 y，这就是友元关系的关键所在。对于计算任意两点间距离这个问题来说，使用友元与使用类的组合相比，可以使程序具有更好的可读性。当然，如果是要表示线段，无疑使用 Line 类更为恰当。这就说明，对于同一个问题，虽然从语法上可以有多个解决方案，但应该根据问题的实质，选择一种能够比较直接地反映问题域的本来面目的方案，这样的程序才会有比较好的可读性。

友元函数不仅可以是一个普通函数，也可以是另外一个类的成员函数。友元成员函数的使用和一般友元函数的使用基本相同，只是要通过相应的类或对象名来访问。

5.4.2　友元类

同友元函数一样，一个类可以将另一个类声明为友元类。**若 A 类为 B 类的友元类，则 A 类的所有成员函数都是 B 类的友元函数，都可以访问 B 类的私有和保护成员**。声明友元类的语法形式为：

```
class B
{
    ...                    //B类的成员声明
    friend class A;        //声明 A 为 B 的友元类
    ...
};
```

声明友元类，是建立类与类之间的联系，实现类之间数据共享的一种途径。在 UML 语言中，两个类之间的友元关系是通过<<friend>>构造型依赖来表征。下面，将 5.4 节开

头部分的程序段修改成如下形式,其中 B 类是 A 类的友元类,则 B 的成员函数便可以直接访问 A 的私有成员 x。类 A 和类 B 之间的友元关系通过 UML 图形表示如图 5-5 所示。

图 5-5　类 A 和类 B 友元关系的 UML 图

源程序:

```
class A {
public:
    void display()   {cout<<x<<endl;}
    int getX() {return x;}
    friend class B;              //B 类是 A 类的友元类
//其他成员略
private:
    int x;
}
class B {
public:
    void set(int i);
    void display();
private:
    A a;
};
void B::set(int i) {
    a.x=i;          //由于 B 是 A 的友元,所以在 B 的成员函数中可以访问 A 类对象的私有成员
}
//其他函数的实现略
```

在第 6 章中,将利用友元类来实现矩阵运算。

关于友元,还有几点需要注意:第一,**友元关系是不能传递的**,B 类是 A 类的友元,C 类是 B 类的友元,C 类和 A 类之间,如果没有声明,就没有任何友元关系,不能进行数据共享。第二,**友元关系是单向的**,如果声明 B 类是 A 类的友元,B 类的成员函数就可以访问 A 类的私有和保护数据,但 A 类的成员函数却不能访问 B 类的私有、保护数据。第三,**友元关系是不被继承的**,如果类 B 是类 A 的友元,类 B 的派生类并不会自动成为类 A 的友元。打个比方说,就好像别人信任你,但是不见得信任你的孩子。

5.5　共享数据的保护

虽然数据隐藏保证了数据的安全性,但各种形式的数据共享却又不同程度地破坏了数据的安全。因此,对于既需要共享又需要防止改变的数据应该声明为常量。因为常量在程序运行期间是不可改变的,所以可以有效地保护数据。在第 2 章介绍过简单数据类型常量。声明对象时也可以用 const 进行修饰,称之为常对象。本节介绍常对象、对象的常成员和常引用。常数组和常指针将在第 6 章介绍。

5.5.1　常对象

常对象是这样的对象:它的数据成员值在对象的整个生存期间内不能被改变。也就是说,**常对象必须进行初始化,而且不能被更新**。声明常对象的语法形式为:

const 类型说明符 对象名;

细节　在声明常对象时,把 const 关键字放在类型名后面也是允许的,不过人们更习惯于把 const 写在前面。

例如:

```
class A {
public:
    A(int i, int j) : x(i), y(j) {}
    ...
private:
    int x, y;
};
const A a(3, 4);                //a是常对象,不能被更新
```

与基本数据类型的常量相似,常对象的值也是不能被改变的。在 C++ 的语法中,对基本数据类型的常量提供了可靠的保护。如果程序中出现了类似下面这样的语句,编译时是会出错的。也就是说,语法检查时确保了常量不能被赋值。

```
const int n=10;                //正确,用 10 对常量 n 进行初始化
n=20;                          //错误,不能对常量赋值
```

注意　在定义一个变量或常量时为它指定初值叫做初始化,而在定义一个变量或常量以后使用赋值运算符修改它的值叫做赋值,请勿将初始化与赋值混淆。

语法如何保障类类型的常对象的值不被改变呢? 改变对象的数据成员值有两个途径:一是通过对象名访问其成员对象,由于常对象的数据成员都被视同为常量,这时语法会限制不能赋值。二是在类的成员函数中改变数据成员的值,然而几乎无法预料和统计哪些成员函数会改变数据成员的值,对此语法只好规定不能通过常对象调用普通的成员函数。可是这样一来,常对象还有什么用呢? 它没有任何可用的对外接口。别担心,办法还是有的,在 5.5.2 节中将介绍专门为常对象定义的常成员函数。

提示　基本数据类型的常量也可看作一种特殊的常对象。因此,后面将不再对基本数据类型的常量和类类型的常对象加以区分。

5.5.2　用 const 修饰的类成员

1. 常成员函数

使用 const 关键字修饰的函数为常成员函数,常成员函数声明的格式如下:

类型说明符　函数名(参数表)const;

注意

(1) const 是函数类型的一个组成部分,因此在函数的定义部分也要带 const 关键字。

(2) 如果将一个对象说明为常对象,则通过该常对象只能调用它的常成员函数,而不能调用其他成员函数(这就是 C++ 从语法机制上对常对象的保护,也是常对象唯一的对外接口方式)。

(3) 无论是否通过常对象调用常成员函数,在常成员函数调用期间,目的对象都被视同为常对象,因此常成员函数不能更新目的对象的数据成员,也不能针对目的对象调用该类中没有用 const 修饰的成员函数(这就保证了在常成员函数中不会更改目的对象的数据成员的值)。

(4) const 关键字可以用于对重载函数的区分。例如,如果在类中这样声明:

```
void print();
void print() const;
```

这是对 print 的有效重载。

提示　如果仅以 const 关键字为区分对成员函数重载,那么通过非 const 的对象调用该函数,两个重载的函数都可以与之匹配,这时编译器将选择最近的重载函数——不带 const 关键字的函数。

在 UML 语言中,常成员函数是通过在成员函数前添加<<const>>构造型来表征。

例 5-7　常成员函数举例。

在本实例中,类 R 中声明了一个常成员函数,其 UML 图形表示如图 5-6 所示。

源程序:

```
//5_7.cpp
#include<iostream>
using namespace std;

class R {
public:
    R(int r1, int r2) : r1(r1), r2(r2) {}
    void print();
    void print() const;
private:
    int r1, r2;
```

R
− r1 : int
− r2 : int
+ R(r1 : int, r2 : int)
+ print() : void
<<const>> + print() : void

图 5-6　包含常成员函数的
R 类的 UML 图

```
};

void R::print() {
    cout<<r1<<":"<<r2<<endl;
}

void R::print() const {
    cout<<r1<<";"<<r2<<endl;
}

int main() {
    R a(5,4);
    a.print();                      //调用 void print()
    const R b(20,52);
    b.print();                      //调用 void print() const
    return 0;
}
```

程序的运行结果为：

```
5:4
20;52
```

分析：在 R 类中说明了两个同名函数 print，其中一个是常函数。在主函数中定义了两个对象 a 和 b，其中对象 b 是常对象。通过对象 a 调用的是没有用 const 修饰的函数，而通过对象 b 调用的是用 const 修饰的常函数。

习惯　　在适当的地方使用 const 关键字，是能够提高程序质量的一个好习惯。对于无须改变对象状态的成员函数，都应当使用 const。

2. 常数据成员

就像一般数据一样，类的成员数据也可以是常量，使用 const 说明的数据成员为常数据成员。如果在一个类中说明了常数据成员，那么任何函数中都不能对该成员赋值。构造函数对该数据成员进行初始化，就只能通过初始化列表。在 UML 语言中，常数据成员是通过在数据成员类型前添加 const 类型来表征。请看下面的例子。

例 5-8　常数据成员举例。

在本实例中，类 A 中声明了一个常数据函数，其 UML 图形表示如图 5-7 所示。

源程序：

```
//5_8.cpp
#include <iostream>
using namespace std;

class A {
public:
    A(int i);
```

A
– a : const int
– b : const int = 10
+ A(i : int)
+ print( ) : void

图 5-7　包含常数据成员的
　　　　A 类的 UML 图

```
        void print();
    private:
        const int a;
        static const int b;            //静态常数据成员
    };

    const int A::b=10;                 //静态常数据成员在类外说明和初始化

    //常数据成员只能通过初始化列表来获得初值
    A::A(int i) : a(i) {}

    void A::print() {
        cout<<a<<":"<<b<<endl;
    }
    int main() {
    /* 建立对象 a 和 b,并以 100 和 0 作为初值,分别调用构造函数,通过构造函数的初
        始化列表给对象的常数据成员赋初值 */
        A a1(100), a2(0);
        a1.print();
        a2.print();
        return 0;
    }
```

运行结果:

```
100:10
0:10
```

　　细节　类成员中的静态变量和常量都应当在类定义之外加以定义,但 C++ 标准规定了一个例外:类的静态常量如果具有整数类型或枚举类型,那么可以直接在类定义中为它指定常量值,例如,例 5-8 中可以直接在类定义中写:

```
    static const int b=10;
```

这时,不必在类定义外定义 A::b,因为编译器会将程序中对 A::b 的所有引用都替换成数值 10,一般无须再为 A::b 分配空间。但也有例外,例如如果程序中出现了对 b 取地址的情况(关于取地址,将在第 6 章介绍指针时详细介绍),则必须通过专门的定义为 A::b 分配空间。由于已经在类定义中为它指定了初值,不能再在类定义外为它指定初值,即使两处给出的初值相同也不行。

5.5.3　常引用

　　如果在声明引用时用 **const** 修饰,被声明的引用就是常引用。**常引用所引用的对象不能被更新**。如果用常引用作形参,便不会意外地发生对实参的更改。常引用的声明形式如下:

const 类型说明符 & 引用名;

非 const 的引用只能绑定到普通的对象,而不能绑定到常对象,但常引用可以绑定到常对象。一个常引用,无论是绑定到一个普通的对象,还是常对象,通过该引用访问该对象时,都只能把该对象当作常对象。这意味着,对于基本数据类型的引用,则不能为数据赋值,对于类类型的引用,则不能修改它的数据成员,也不能调用它的非 const 的成员函数。

例 5-9　常引用作形参。

本例在例 5-6 的基础上修改,使其中的 dist 函数的形参以常引用方式传递。

```cpp
//5_9.cpp
#include <iostream>
#include <cmath>
using namespace std;

class Point {                                          //Point 类定义
public:                                                //外部接口
    Point(int x=0, int y=0) : x(x), y(y) {}
    int getX() {return x;}
    int getY() {return y;}
    friend float dist(const Point &p1, const Point &p2);
private:                                                //私有数据成员
    int x, y;
};

float dist(const Point &p1, const Point &p2) {          //常引用作形参
    double x=p1.x-p2.x;
    double y=p1.y-p2.y;
    return static_cast<float>(sqrt(x*x+y*y));
}

int main() {                                            //主函数
    const Point myp1(1, 1), myp2(4, 5);                 //定义 Point 类的对象
    cout<<"The distance is: ";
    cout<<dist(myp1, myp2)<<endl;                       //计算两点间的距离
    return 0;
}
```

运行结果:

```
The distance is: 5
```

分析:由于 dist 函数中,无须修改两个传入对象的值,因此将传参方式改为传递常引用更合适,这样,调用 dist 函数时,就可以用常对象作为其参数。

习惯　对于在函数中无须改变其值的参数,不宜使用普通引用方式传递,因为那会使

得常对象无法被传入,采用传值方式或传递常引用的方式可避免这一问题。对于大对象来说,传值耗时较多,因此传递常引用为宜。复制构造函数的参数一般也宜采用常引用传递。

5.6　多文件结构和编译预处理命令

5.6.1　C++ 程序的一般组织结构

到现在为止,已经学习了很多完整的 C++ 源程序实例,分析它们的结构,基本上都是由 3 个部分来构成:类的定义、类的成员的实现和主函数。因为所举的例子都比较小,所有这 3 个部分都写在同一个文件中。在规模较大的项目中,往往需要多个源程序文件,每个源程序文件称为一个编译单元。这时 C++ 语法要求一个类的定义必须出现在所有使用该类的编译单元中。比较好的,也是惯用的做法是将类的定义写在头文件中,使用该类的编译单元则包含这个头文件。通常一个项目至少划分为 3 个文件:类定义文件(＊.h文件)、类实现文件(＊.cpp 文件)和类的使用文件(＊.cpp,主函数文件)。对于更为复杂的程序,每一个类都有单独的定义和实现文件。采用这样的组织结构,可以对不同的文件进行单独编写、编译,最后再连接,同时可以充分利用类的封装特性,在程序的调试、修改时只对其中某一个类的定义和实现进行修改,而其余部分不用改动。现在将例 5-5 的程序按照这样的方法进行划分,写成如例 5-10 所示的形式。

例 5-10　具有静态数据、函数成员的 Point 类,多文件组织。

```
//文件 1,类的定义,point.h
class Point {                          //类的定义
public:                                //外部接口
    Point(int x=0, int y=0) : x(x), y(y) {}
    Point(const Point &p);
    ~Point() {count--;}
    int getX() const {return x;}
    int getY() const {return y;}
    static void showCount();           //静态函数成员
private:                               //私有数据成员
    int x, y;
    static int count;                  //静态数据成员
};

//文件 2,类的实现,Point.cpp
#include "Point.h"
#include <iostream>
using namespace std;

int Point::count=0;                    //使用类名初始化静态数据成员
```

```
Point::Point(const Point &p) : x(p.x), y(p.y) {        //复制构造函数体
    count++;
}

void Point::showCount() {
    cout<<"  Object count="<<count<<endl;
}
```

```
//文件3,主函数,5_10.cpp
#include "Point.h"
#include <iostream>
using namespace std;

int main() {
    Point a(4, 5);                              //定义对象a,其构造函数会使count增1
    cout<<"Point A: "<<a.getX()<<", "<<a.getY();
    Point::showCount();                         //输出对象个数

    Point b(a);                                 //定义对象b,其构造函数会使count增1
    cout<<"Point B: "<<b.getX()<<", "<<b.getY();
    Point::showCount();                         //输出对象个数

    return 0;
}
```

　　分析整个源程序的结构,由3个单独的源文件构成,它们的相互关系和编译、连接过程可以用图5-8表示(这里是Windows操作系统的情形,UNIX操作系统中生成文件的后缀会有所不同)。

图5-8　C++多文件组织结构图

　　在多文件结构中,可以看到在两个.cpp文件中都增加了一个新的include语句。在使用输入输出操作时,需要使用 #include <iostream>,将系统提供的标准头文件

iostream 包含到源程序中。这里,同样需要使用语句♯include "point.h"将自定义的头文件包含进来。C++ 中的♯include 指令的作用是将指定的文件嵌入到当前源文件中♯include 指令所在的位置,这个被嵌入的文件可以是.h 文件,也同样可以是.cpp 文件。

指令 include 可以有两种书写方式。"♯include ＜文件名＞"表示按照标准方式搜索要嵌入的文件,该文件位于编译环境的 include 子目录下,一般要嵌入系统提供的标准文件时采用这样的方式,如对标准头文件 iostream 的包含。另一种书写为"♯include "文件名"",表示首先在当前目录下搜索要嵌入的文件,如果没有,再按照标准方式搜索,对用户自己编写的文件一般采用这种方式,如本例中类的定义文件 point.h。

♯include 属于编译预处理命令,稍后将对编译预处理命令做详细介绍。

从图 5-8 可以看到,两个.cpp 的文件被分别编译生成各自的目标文件.obj,然后再与系统的运行库共同连接生成可执行文件.exe。如果只修改了类的成员函数的实现部分,则只重新编译 point.cpp 并连接即可,其余的文件几乎可以连看都不用看。想一想,如果是一个语句很多、规模特大的程序,效率就会得到显著的提高。

这种多文件组织技术,在不同的环境下由不同的方式来完成。在 Windows 系列操作系统下的 C++ 一般使用工程来进行多文件管理,在 UNIX 系列操作系统下一般可以用make 工具完成。在开发程序时,还需要学习编程环境的使用。

决定一个声明放在源文件中还是头文件中的一般原则是,将需要分配空间的定义放在源文件中,例如函数的定义(需要为函数代码分配空间)、命名空间作用域中变量的定义(需要为变量分配空间)等;而将不需要分配空间的声明放在头文件中,例如类声明、外部函数的原型声明、外部变量的声明(外部函数和外部变量将在 5.6.2 节中详细讨论)、基本数据类型常量的声明等。内联函数比较特殊,由于它的内容需要嵌入到每个调用它的函数之中,所以对于那些需要被多个编译单元调用的内联函数,它们的代码应该被各个编译单元可见,这些内联函数的定义应当出现在头文件中。

习惯　如果误将分配了空间的定义写入头文件中,在多个源文件包含该头文件时,会导致空间在不同的编译单元中被分配多次,从而在连接时引发错误。

5.6.2　外部变量与外部函数

1. 外部变量

如果一个变量除了在定义它的源文件中可以使用外,还能被其他文件使用,那么就称这个变量是外部变量。命名空间作用域中定义的变量,默认情况下都是外部变量,但在其他文件中如果需要使用这一变量,需要用 extern 关键字加以声明。请看下面的例子。

```
//源文件 1
int i=3;                    //定义变量 i
void next();                //函数原型声明

int main() {
    i++;
    next();
```

```
    return 0;
}

void next() {
    i++;
    other();
}

//源文件 2
extern int i;                    //声明一个在其他文件中定义的外部变量 i
void other() {
    i++;
}
```

上述程序中,虽然 i 定义在源文件 1 中,但由于在源文件 2 中用 extern 关键字声明了,因此同样可以使用它。外部变量是可以为多个源文件所共享的全局变量。

对外部变量的声明可以是定义性声明,即在声明的同时定义(分配内存,初始化),也可以是引用性声明(引用在别处定义的变量)。在命名空间作用域中,不用 extern 关键字声明的变量,都是定义性声明;用 extern 关键字声明的变量,如果同时指定了初值,则是定义性声明,否则是引用性声明。例如上述源文件 1 中声明变量 i 的同时也是对 i 的定义,源文件 2 中对 i 的声明只是引用性声明。外部变量可以有多处声明,但是对变量的定义性声明只能是唯一的。

2. 外部函数

在所有类之外声明的函数(也就是非成员函数),都是具有命名空间作用域的,如果没有特殊说明,这样的函数都可以在不同的编译单元中被调用,只要在调用之前进行引用性声明(即声明函数原型)即可。当然,也可以在声明函数原型或定义函数时用 extern 修饰,其效果与不加修饰的默认状态是一样的。

习惯　通常情况下,变量和函数的定义都放在源文件中,而对外部变量和外部函数的引用性声明则放在头文件中。

3. 将变量和函数限制在编译单元内

命名空间作用域中声明的变量和函数,在默认情况下都可以被其他编译单元访问,但有时并不希望一个源文件中定义的命名空间作用域的变量和函数被其他源文件引用。这种需求主要是出于两个原因,一是出于安全性考虑,不希望将一个只会在文件内使用的内部变量或函数暴露给其他编译单元,就像不希望暴露一个类的私有成员一样;二是,对于大工程来说,不同文件之中的、只在文件内使用的变量名很容易重名,如果将它们都暴露出来,在连接时很容易发生名字冲突。

对这一问题,曾经的解决办法是,在定义这些变量和函数时使用 static 关键字。static 关键字用来修饰命名空间作用域的变量或函数时,和 extern 关键字起相反的作用,它会使得被 static 修饰的变量和函数无法被其他编译单元引用。

提示　目前已经介绍了 static 关键字的 3 种用法,当它用在局部作用域、类作用域和命名空间作用域时,具有不尽相同的作用。一个共同点是,凡是被 static 修饰的变量,都具有静态生存期(不管未使用 static 关键字时它们的生存期如何)。

然而,2003 年发布的 ISO C++ 2.0 标准中,已经宣布不再鼓励使用这种方式,取而代之的方式是使用匿名的命名空间。在匿名命名空间中定义的变量和函数,都不会暴露给其他编译单元。请看下面的例子。

```
namespace {                //匿名的命名空间
    int n;
    void f() {
        n++;
    }
}
```

习惯　应当将不希望被其他编译单元引用的函数和变量放在匿名的命名空间中。

5.6.3　标准 C++ 库

在 C 语言中,系统函数、系统的外部变量和一些宏定义都放置在运行库(run-time library)中。C++ 的库中除继续保留了大部分 C 语言系统函数外,还加入了预定义的模板和类。标准 C++ 类库是一个极为灵活并可扩展的可重用软件模块的集合。标准 C++ 类与组件在逻辑上分为如下 6 种类型。

- 输入输出类;
- 容器类与 ADT(抽象数据类型);
- 存储管理类;
- 算法;
- 错误处理;
- 运行环境支持。

对库中预定义内容的声明分别存在于不同的头文件中,要使用这些预定义的成分,就要将相应的头文件包含到源程序中。当包含了必要的头文件后,就可以使用其中预定义的内容了。

提示　包含这些头文件的目的是在当前编译单元中引入所需的引用性声明,而它们的定义则以目标代码的形式存放于系统的运行库中。

使用标准 C++ 库时,还需要加入下面这一条语句来将指定命名空间中的名称引入到当前作用域中:

using namespace std;

如果不使用上述方法,就需要在使用 std 命名空间中的标识符时冠以命名空间名"std::"。

习惯　通常情况下,using namespace 语句不宜放在头文件中,因为这会使一个命名空间不被察觉地对一个源文件开放。

5.6.4　编译预处理

在编译器对源程序进行编译之前,首先要由预处理器对程序文本进行预处理。预处理器提供了一组编译预处理指令和预处理操作符。预处理指令实际上不是 C++ 语言的一部分,它只是用来扩充 C++ 程序设计的环境。所有的预处理指令在程序中都是以"♯"来引导,每一条预处理指令单独占用一行,不要用分号结束。预处理指令可以根据需要出现在程序中的任何位置。

1.♯include 指令

♯include 指令也称文件包含指令,其作用是将另一个源文件嵌入到当前源文件中该点处。通常用 ♯include 指令来嵌入头文件。文件包含指令有如下两种格式。

(1)♯include ＜文件名＞

按标准方式搜索,文件位于系统目录的 include 子目录下。

(2)♯include "文件名"

首先在当前目录中搜索,若没有,再按标准方式搜索。

♯include 指令可以嵌套使用。假设有一个头文件 myhead.h,该头文件中又可以有如下的文件包含指令:

```
#include "file1.h"
#include "file2.h"
```

2.♯define 和 ♯undef 指令

预处理器最初是为 C 语言设计的,♯define 曾经在 C 程序中被广泛使用,但 ♯define 能完成的一些功能,能够被 C++ 引入的一些语言特性很好地替代。

在 C 语言中,用 ♯define 来定义符号常量,例如下列预编译指令定义了一个符号常量 PI 的值为 3.14:

```
#define PI 3.14
```

在 C++ 中虽然仍可以这样定义符号常量,但是更好的方法是在类型说明语句中用 const 进行修饰。

在 C 语言中,还可以用 ♯define 来定义带参数宏,以实现简单的函数计算,提高程序的运行效率,但是在 C++ 中这一功能已被内联函数取代。因此在这里不做过多的介绍。

用 ♯define 还可以定义空符号,例如:

```
#define MYHEAD_H
```

定义它的目的,仅仅是表示"MYHEAD_H 已经定义过"这样一种状态。将该符号配合条件编译指令一起使用,可以起到一些特殊作用,这是 C++ 程序中 ♯define 的最常用之处。

♯undef 的作用是删除由 ♯define 定义的宏,使之不再起作用。

3.条件编译指令

使用条件编译指令,可以限定程序中的某些内容要在满足一定条件的情况下才参与编译。因此,利用条件编译可以使同一个源程序在不同的编译条件下产生不同的目标代码。例如,可以在调试程序时增加一些调试语句,以达到跟踪的目的,并利用条件编译指令,限定当程序调试好后,重新编译时,使调试语句不参与编译。常用的条件编译语句有下列 5 种形式。

(1) 形式一

```
#if  常量表达式
        程序段                     //当"常量表达式"非零时编译本程序段
#endif
```

(2) 形式二

```
#if   常量表达式
        程序段 1                   //当"常量表达式"非零时编译本程序段
#else
        程序段 2                   //当"常量表达式"为零时编译本程序段
#endif
```

(3) 形式三

```
#if   常量表达式 1
        程序段 1                   //当"常量表达式 1"非零时编译本程序段
#elif   常量表达式 2
        程序段 2                   //当"常量表达式 1"为零、"常量表达式 2"非零时编译本程序段
        ⋮
#elif   常量表达式 n
        程序段 n                   //当"常量表达式 1"、…、"常量表达式 n-1"均为零、
                                  //"常量表达式 n"非零时编译本程序段
#else
        程序段 n+1                 //其他情况下编译本程序段
#endif
```

(4) 形式四

```
#ifdef   标识符
        程序段 1
#else
        程序段 2
#endif
```

如果"标识符"经 #defined 定义过,且未经 undef 删除,则编译程序段 1,否则编译程序段 2。如果没有程序段 2,则 #else 可以省略:

```
#ifdef   标识符
        程序段 1
#endif
```

(5) 形式五

```
#ifndef　标识符
　　　程序段 1
#else
　　　程序段 2
#endif
```

如果"标识符"未被定义过,则编译程序段 1,否则编译程序段 2。如果没有程序段 2,则 #else 可以省略:

```
#ifndef　标识符
　　　程序段 1
#endif
```

4. defined 操作符

defined 是一个预处理操作符,而不是指令,因此不要以 # 开头。defined 操作符使用的形式为:

```
defined(标识符)
```

若"标识符"在此前经 # define 定义过,并且未经 # undef 删除,则上述表达式为非 0,否则上述表达式的值为 0。下面两种写法是完全等效的。

```
#ifndef　MYHEAD_H
#define MYHEAD_H
　　　　…
#endif
```

等价于

```
#if!defined(MYHEAD_H)
#define MYHEAD_H
　　　　…
#endif
```

由于文件包含指令可以嵌套使用,在设计程序时要避免多次重复包含同一个头文件,否则会引起变量及类的重复定义。例如,某个工程包括如下 4 个源文件。

```
//main.cpp
#include "file1.h"
#include "file2.h"
int main() {
    …
}

//file1.h
#include "head.h"
```

```
    ...
    //file2.h
    #include "head.h"
    ...

    //head.h
    ...
class Point {
    ...
}
    ...
```

这时,由于♯include指令的嵌套使用,使得头文件head.h被包含了两次,于是编译时系统会指出错误:类Point被重复定义。如何避免这种情况呢? 这就要在可能被重复包含的头文件中使用条件编译指令。用一个唯一的标识符来标记某文件是否已参加过编译,如果已参加过编译,则说明该程序段是被重复包含的,编译时忽略重复部分。将文件head.h改写如下:

```
    //head.h
    #ifndef HEAD_H
    #define HEAD_H
    ...
class Point {
    ...
}
    ...
    #endif
```

在这个头文件中,首先判断标识符HEAD_H是否被定义过。若未定义过,说明此头文件尚未参加过编译,于是编译下面的程序段,并且对标识符HEAD_H进行宏定义,标记此文件已参加过编译。若标识符HEAD_H被定义过,说明此头文件参加过编译,于是编译器忽略下面的程序段。这样便不会造成对类Point的重复定义。

5.7 综合实例——个人银行账户管理程序

在第4章中,以个人银行账户管理程序为例,说明了类和成员函数的设计和应用。在本节中,将在第4章综合实例的基础上对程序做如下改进。

(1) 在5.2.1和5.3.1两节中曾介绍了静态数据成员的概念。在本实例中,将为SavingsAccount类增加一个静态数据成员total,用来记录各个账户的总金额,并为其增加相应的静态成员函数getTotal用来对其进行访问。

(2) 在5.3.2节中介绍了用const修饰的类成员函数。在本实例中,将4.7节综合实例程序中SavingsAccount类的诸如getBalance,accumulate这些不需要改变对象状态的成员函数声明为常成员函数。

（3）在 5.6.1 节中介绍了 C++ 程序的一般结构。在本实例中将在第 4 章综合实例的基础上对程序结构进行调整：将 SavingsAccount 类从主函数所在的源文件中分开，建立两个新的文件 account.h 和 account.cpp，分别存放 SavingsAccount 类的定义和实现。

本例的类设计与第 4 章综合实例大致相同，只是在类 SavingsAccount 中增加静态数据成员 total、静态成员函数 getTotal，并将原有的部分成员函数变为了常成员函数。SavingsAccount 类的 UML 图如图 5-9 所示。

```
┌─────────────────────────────────────────────────┐
│                 SavingsAccount                    │
├─────────────────────────────────────────────────┤
│ -id : int                                         │
│ -balance : double                                 │
│ -rate : double                                    │
│ -lastDate : int                                   │
│ -accumulation : double                            │
│ -total : double                                   │
├─────────────────────────────────────────────────┤
│ -record(date: int, amount : double)               │
│ <<const>> -accumulate(date : int) : double        │
│ +SavingsAccount(date : int, id : int, rate : double)│
│ <<const>> +getId() : int                          │
│ <<const>> +getBalance() : double                  │
│ <<const>> +getRate() : double                     │
│ <<const>> +show()                                 │
│ +deposit(date : int, amount : double)             │
│ +withdraw(date : int, amount : double)            │
│ +settle(date : int)                               │
│ <<static>> +getTotal() : double                   │
└─────────────────────────────────────────────────┘
```

图 5-9　个人银行账户管理程序的 SavingsAccount 类的 UML 图

例 5-11　个人银行账户管理程序。

整个程序分为 3 个文件：account.h 是类定义头文件，account.cpp 是类实现文件，5_11.cpp 是主函数文件。

```cpp
//account.h
#ifndef __ACCOUNT_H__
#define __ACCOUNT_H__
class SavingsAccount {                    //储蓄账户类
private:
    int id;                               //账号
    double balance;                       //余额
    double rate;                          //存款的年利率
    int lastDate;                         //上次变更余额的日期
    double accumulation;                  //余额按日累加之和
    static double total;                  //所有账户的总金额
    //记录一笔账,date 为日期,amount 为金额,desc 为说明
    void record(int date, double amount);
    //获得到指定日期为止的存款金额按日累积值
    double accumulate(int date) const {
```

```
        return accumulation+balance * (date-lastDate);
    }
public:
    //构造函数
    SavingsAccount(int date, int id, double rate);
    int getId() const {return id;}
    double getBalance() const {return balance;}
    double getRate() const {return rate;}
    static double getTotal() {return total;}
    void deposit(int date, double amount);            //存入现金
    void withdraw(int date, double amount);           //取出现金
    //结算利息,每年 1 月 1 日调用一次该函数
    void settle(int date);
    //显示账户信息
    void show() const;
};
#endif//__ACCOUNT_H__


//account.cpp
#include "account.h"
#include <cmath>
#include <iostream>
using namespace std;

double SavingsAccount::total=0;
//SavingsAccount 类相关成员函数的实现
SavingsAccount::SavingsAccount(int date, int id, double rate)
    : id(id), balance(0), rate(rate), lastDate(date), accumulation(0) {
    cout<<date<<"\t#"<<id<<" is created"<<endl;
}
void SavingsAccount::record(int date, double amount) {
    accumulation=accumulate(date);
    lastDate=date;
    amount=floor(amount * 100+0.5)/100;               //保留小数点后两位
    balance+=amount;
    total+=amount;
    cout<<date<<"\t#"<<id<<"\t"<<amount<<"\t"<<balance<<endl;
}
void SavingsAccount::deposit(int date, double amount) {
    record(date, amount);
}
void SavingsAccount::withdraw(int date, double amount) {
    if (amount>getBalance())
        cout<<"Error: not enough money"<<endl;
```

```
    else
        record(date, -amount);
}
void SavingsAccount::settle(int date) {
    double interest=accumulate(date) * rate/365;          //计算年息
    if (interest!=0)
        record(date, interest);
    accumulation=0;
}
void SavingsAccount::show() const {
    cout<<"#"<<id<<"\tBalance: "<<balance;
}
```

```
//5_11.cpp
#include "account.h"
#include <iostream>
using namespace std;
int main() {
    //建立几个账户
    SavingsAccount sa0(1, 21325302, 0.015);
    SavingsAccount sa1(1, 58320212, 0.015);
    //几笔账目
    sa0.deposit(5, 5000);
    sa1.deposit(25, 10000);
    sa0.deposit(45, 5500);
    sa1.withdraw(60, 4000);
    //开户后第 90 天到了银行的计息日,结算所有账户的年息
    sa0.settle(90);
    sa1.settle(90);
    //输出各个账户信息
    sa0.show();     cout<<endl;
    sa1.show();     cout<<endl;
    cout<<"Total: "<<SavingsAccount::getTotal()<<endl;
    return 0;
}
```

运行结果:

```
1    #21325302 is created
1    #58320212 is created
5    #21325302    5000    5000
25   #58320212    10000   10000
45   #21325302    5500    10500
60   #58320212    -4000   6000
90   #21325302    27.64   10527.6
```

```
90    #58320212     21.78    6021.78
#21325302        Balance: 10527.6
#58320212        Balance: 6021.78
Total: 16549.4
```

除了本例新增的总金额输出外,其他输出结果与第 4 章的综合实例完全一样。本例新增了静态数据成员 total,在 account. h 的类定义中给出了它的声明,在 account. cpp 中给出了它的定义(即为它分配空间),并将其初值设为 0。SavingsAccount∷record 函数中,每当当前账户的 balance 修改时,total 也随之进行修改。由于 deposit,withdraw 和 settle 各函数都是通过 record 函数来修改余额的,因此 total 随时都等于所有账户的余额总和。

另外,在 5.6.4 节曾介绍了条件编译指令,通过对 account. h 使用条件编译指令,可以避免本实例中 SavingsAccount 类被重复包含到文件中而导致编译错误。

5.8　小结

在 C++ 中,数据的共享与保护机制是一个很重要的特性。其包含的内容主要为标识符的作用域、可见性和生存期,通过类的静态成员实现同一个类的不同对象之间数据和操作的共享,通过常成员来设置成员的保护属性。

程序的多文件结构有助于编写多个源代码文件来组织大型程序。另外通过编译预处理命令可以为源程序做必要的预处理工作,从而可以避免很多不必要的麻烦和错误。

习　　题

5-1　什么叫做作用域? 有哪几种类型的作用域?

5-2　什么叫做可见性? 可见性的一般规则是什么?

5-3　下面程序的运行结果是什么? 实际运行一下,看看与你的设想有何不同。

```cpp
#include <iostream>
using namespace std;
int x=5, y=7;
void myFunction() {
    int y=10;
    cout<< "x from myFunction: "<<x<<"\n";
    cout<< "y from myFunction: "<<y<<"\n\n";
}
int main() {
    cout<<"x from main: "<<x<<"\n";
    cout<<"y from main: "<<y<<"\n\n";
    myFunction();
    cout<<"Back from myFunction!\n\n";
    cout<<"x from main: "<<x<<"\n";
```

```
        cout<< "y from main: "<<y<< "\n";
        return 0;
}
```

5-4 假设有两个无关系的类 Engine 和 Fuel,使用时,如何使 Fuel 成员访问 Engine 中的私有和保护的成员?

5-5 什么叫做静态数据成员?它有何特点?

5-6 什么叫做静态函数成员?它有何特点?

5-7 定义一个 Cat 类,拥有静态数据成员 numOfCats,记录 Cat 的个体数目;静态成员函数 getNumOfCats(),读取 numOfCats。设计程序测试这个类,体会静态数据成员和静态成员函数的用法。

5-8 什么叫做友元函数?什么叫做友元类?

5-9 如果类 A 是类 B 的友元,类 B 是类 C 的友元,类 D 是类 A 的派生类,那么类 B 是类 A 的友元吗?类 C 是类 A 的友元吗?类 D 是类 B 的友元吗?

5-10 静态成员变量可以为私有的吗?声明一个私有的静态整型成员变量。

5-11 在一个文件中定义一个全局变量 n,主函数 main(),在另一个文件中定义函数 fn1(),在 main() 中对 n 赋值,再调用 fn1(),在 fn1() 中也对 n 赋值,显示 n 最后的值。

5-12 在函数 fn1() 中定义一个静态变量 n,fn1() 中对 n 的值加 1,在主函数中,调用 fn1() 十次,显示 n 的值。

5-13 定义类 X,Y,Z,函数 h(X *),满足:类 X 有私有成员 i,Y 的成员函数 g(X *) 是 X 的友元函数,实现对 X 的成员 i 加 1;类 Z 是类 X 的友元类,其成员函数 f(X *) 实现对 X 的成员 i 加 5;函数 h(X *) 是 X 的友元函数,实现对 X 的成员 i 加 10。在一个文件中定义和实现类,在另一个文件中实现 main() 函数。

5-14 定义 Boat 与 Car 两个类,二者都有 weight 属性,定义二者的一个友元函数 getTotalWeight(),计算二者的重量和。

5-15 在函数内部定义的普通局部变量和静态局部变量在功能上有何不同?计算机底层对这两类变量做了怎样的不同处理,导致了这种差异?

5-16 编译和连接这两个步骤的输入输出分别是什么类型的文件?两个步骤的任务有什么不同?在以下几种情况下,在对程序进行编译、连接时是否会报错?会在哪个步骤报错?

    (1) 定义了一个函数 void f(int x, int y),以 f(1) 的形式调用。

    (2) 在源文件起始处声明了一个函数 void f(int x),但未给出其定义,以 f(1) 的形式调用。

    (3) 在源文件起始处声明了一个函数 void f(int x),但未给出其定义,也未对其进行调用。

    (4) 在源文件 a. cpp 中定义了一个函数 void f(int x),在源文件 b. cpp 中也定义了一个函数 void f(int x),试图将两源文件编译后连接在一起。

第 6 章

数组、指针与字符串

学习了 C++ 基本的控制结构、函数及类的概念和应用,很多问题都可以描述和解决了。但是对于大规模的数据,尤其是相互间有一定联系的数据,或者大量相似而又有一定联系的对象,怎样表示和组织才能达到高效呢? C++ 的数组类型为同类型对象的组织提供了一种有效的形式。

C++ 从 C 继承来的一个重要特征就是可以直接使用地址来访问内存,指针变量便是实现这一特征的重要数据类型。应用指针,可以方便地处理连续存放的大量数据,以较低的代价实现函数间的大量数据共享,灵活地实现动态内存分配。

字符数组可以用来表示字符串,这是从 C 语言继承的有效方法,但是从面向对象的观点和安全性的角度来看,用字符数组表示的字符串有不足之处,因此标准 C++ 类库中提供了 string 类,这是通过类库来扩展数据类型的一个很好的典范。

本章介绍数组类型与指针类型、动态内存分配以及字符串数据的存储与处理。

6.1 数组

为了理解数组的作用,请考虑这样一个问题:在程序中如何存储和处理具有 n 个整数的数列? 如果 n 很小,比如 n 等于 3 时,显然不成问题,简单地声明 3 个 int 变量就可以了。如果 n 为 10 000,用简单 int 变量来表示这 10 000 个数,就需要声明 10 000 个 int 变量,其烦琐程度可想而知。用什么方法来处理这 10 000 个变量呢? 数组就是针对这样的问题,用于存储和处理大量同类型数据的数据结构。

数组是具有一定顺序关系的若干对象的集合体,组成数组的对象称为该数组的元素。数组元素用数组名与带方括号的下标表示,同一数组的各元素具有相同的类型。数组可以由除 void 型以外的任何一种类型构成,构成数组的类型和数组之间的关系,可以类比为数学上数与向量或矩阵的关系。

每个元素有 n 个下标的数组称为 n 维数组。如果用 array 来命名一个一维数组,且其下标为从 0 到 N 的整数,则数组的各元素为 array [0],array [1],…,array [N]。这样一个数组可以顺序储存 $N+1$ 个数据,因此 $N+1$ 就是数组 array 的大小,数组的下标下界为 0,数组的下标上界为 N。

6.1.1 数组的声明与使用

1. 数组的声明

数组属于自定义数据类型,因此在使用之前首先要进行类型声明。声明一个数组类型,应该包括以下几个方面。

(1) 确定数组的名称。

(2) 确定数组元素的类型。

(3) 确定数组的结构(包括数组维数,每一维的大小等)。

数组类型声明的一般形式为:

数据类型　　标识符[常量表达式1][常量表达式2]…;

数组中元素的类型是由"数据类型"给出,这个数据类型,可以是整型、浮点型等基本类型,也可以是结构体、类等用户自定义类型。数组的名称由"标识符"指定。

"常量表达式1"、"常量表达式2"、…… 称为数组的界,必须是在编译时就可求出的常量表达式,其值必须为正整数。数组的下标用来限定数组的元素个数、排列次序和每一个元素在数组中的位置。一个数组可以有多个下标,有 n 个下标的数组称为 n 维数组。数组元素的下标个数称为数组的维数。声明数组时,每一个下标表达式表示该维的下标个数(注意:不是下标上界)。数组元素个数是各下标表达式的乘积。例如:

```
int b[10];
```

表示 b 为 int 型数组,有 10 个元素:b[0]~b[9],可以用于存放有 10 个元素的整数序列。

```
int a[5][3];
```

表示 a 为 int 型二维数组,其中第一维有 5 个下标(0~4),第二维有 3 个下标(0~2),数组元素的个数为 15,可以用于存放 5 行 3 列的整型数据表格。值得注意的是数组下标的起始值是 0。对于上面声明的数组 a,第一个元素是 a[0][0],最后一个元素是 a[4][2]。也就是说,每一维的下标都是从 0 开始的。

2. 数组的使用

使用数组时,只能分别对数组的各个元素进行操作。数组的元素是由下标来区分的。对于一个已经声明过的数组,其元素的使用形式为:

数组名[下标表达式1][下标表达式2]…

其中,下标表达式的个数取决于数组的维数,N 维数组就有 N 个下标表达式。

数组中的每一个元素都相当于一个相应类型的变量,凡是允许使用该类型变量的地方,都可以使用数组元素。可以像使用一个整型变量一样使用整型数组的每一个元素。同样,每一个类类型数组的元素也可以和一个该类的普通对象一样使用。在使用过程中需要注意如下两点。

(1) 数组元素的下标表达式可以是任意合法的算术表达式,其结果必须为整数。

(2) 数组元素的下标值不得超过声明时所确定的上下界,否则运行时将出现数组越界错误。

例 6-1　数组的声明与使用。

```
//6_1.cpp
#include <iostream>
```

```
using namespace std;
int main(){
    int a[10], b[10];
    for (int i=0; i<10; i++) {
        a[i]=i*2-1;
        b[10-i-1]=a[i];
    }
    for (int i=0; i<10; i++) {
        cout<<"a["<<i<<"]="<<a[i]<<"   ";
        cout<<"b["<<i<<"]="<<b[i]<<endl;
    }
    return 0;
}
```

程序中,定义了两个有 10 个元素的一维数组 a 和 b,使用 for 循环对它们赋值,在引用 b 的元素时采用了算术表达式作为下标。程序运行之后,将一1,1,3,…,17 分别赋给数组 a 的元素 a[0],a[1],…,a[9],b 中元素的值刚好是 a 中元素的逆序排列。

如果把两个循环控制语句 for(int i=0;i<10;i++)改写为 for(int i=1;i<=10;i++),在编译和连接过程中都不会有错,但最后运行时,不仅不会得到正确结果,而且有可能产生意想不到的错误,这就是一个典型的数组越界错误。

提示 如果发生了数组越界,运行时有时会得到提示,但有时却得不到任何提示,不可预期的结果会悄悄发生。

6.1.2 数组的存储与初始化

1. 数组的存储
数组元素在内存中是顺序、连续存储的。数组元素在内存中占据一组连续的存储单元,逻辑上相邻的元素在物理地址上也是相邻的。一维数组是简单地按照下标的顺序,连续存储的。多维数组的元素也是顺序、连续存储的,其存储次序的约定非常重要。

元素的存储次序问题关系到对数组做整体处理时,以什么样的顺序对数组元素进行操作。C++ 中很多操作都与数组元素的存储顺序相关,如数组初始化、函数间的数据传递等。

一个一维数组可以看作是数学上的一个列向量,各元素是按下标从小到大的顺序连续存放在计算机内存单元中。例如,数组声明语句:

```
int arr[5];
```

声明了一个有 5 个元素的一维 int 型数组,可以看作是列向量[arr[0],arr[1], arr[2],arr[3],arr[4]]^T,元素在内存中的存放顺序如图 6-1 所示。

arr[0]	arr[1]	arr[2]	arr[3]	arr[4]

图 6-1 一维数组存储结构图

一个二维数组可以看作是数学上的一个矩阵,第一个下标称为行标,第二个下标称为列标。例如,数组声明语句

```
int m[2][3]
```

声明了一个二维数组,相当于一个 2 行 3 列的矩阵:

$$M = \begin{bmatrix} m(1,1) & m(1,2) & m(1,3) \\ m(2,1) & m(2,2) & m(2,3) \end{bmatrix}$$

但是在 C++ 中,数组元素每一维的下标是从 0 开始的,因此在程序中,它就被表示为:

$$M = \begin{bmatrix} m[0][0] & m[0][1] & m[0][2] \\ m[1][0] & m[1][1] & m[1][2] \end{bmatrix}$$

其中,元素 $m[1][0]$,行标为 1,列标为 0,表示矩阵第 2 行第 1 个元素。二维数组在内存中是按行存放的,即先放第 1 行,再放第 2 行……每行中的元素是按列下标由小到大的次序存放,这样的存储方式也称为行优先存储。二维数组 M 在内存中的存放顺序如图 6-2 所示。

图 6-2　二维数组存储结构图

提示　C++ 中二维数组被当作一维数组的数组。例如,int m[2][3] 所定义的 m,可以看作是这样一个数组,它的大小是 2,它的每一个元素都是一个大小为 3、类型为 int 的数组。由于数组的每个元素都要存放在连续的空间中,因此二维数组自然会按行优先的顺序存储。下面介绍的多维数组亦如此。

同样,对多维数组,也是采取类似方式顺序存放,可以把下标看作是一个计数器,右边为低位,每一位都在上下界之间变化。当某一位计数超过上界,就向左进一位,本位及右边各位回到下界。可以看出,最左一维下标值变化最慢,而最右边一维(最后一维)下标值变化最快,其他各维下标值变化情况以此类推。值得特别注意的是下界是 0,上界是下标表达式的值减 1。例如,数组声明语句

```
int m[2][3][4];
```

声明了一个三维数组,元素的存放顺序如图 6-3 所示。

$m[0][0][0]$	$m[0][0][1]$	$m[0][0][2]$	$m[0][0][3]$	$m[0][1][0]$	$m[0][1][1]$

$m[0][1][2]$	$m[0][1][3]$	$m[0][2][0]$	$m[0][2][1]$	$m[0][2][2]$	$m[0][2][3]$

$m[1][0][0]$	$m[1][0][1]$	$m[1][0][2]$	$m[1][0][3]$	$m[1][1][0]$	$m[1][1][1]$

$m[1][1][2]$	$m[1][1][3]$	$m[1][2][0]$	$m[1][2][1]$	$m[1][2][2]$	$m[1][2][3]$

图 6-3　三维数组存储结构图

一般情况下,三维和三维以上的数组很少使用,最常用的就是一维数组。

2. 数组的初始化

数组的初始化就是在声明数组时给部分或全部元素赋初值。对于基本类型的数组,初始化过程就是给数组元素赋值;对于对象数组,每个元素都是某个类的一个对象,初始化就是调用该对象的构造函数。关于对象数组,稍后将详细介绍。

声明数组时可以给出数组元素的初值,例如:

```
int a[3]={1, 1, 1};
```

表示声明了一个具有 3 个元素的 int 型数组,数组的元素 a[0],a[1],a[2]的值都是 1。声明数组时如果列出全部元素的初值,可以不用说明元素个数,下面的语句和刚才的语句完全等价:

```
int a[]={1, 1, 1};
```

当然,也可以只对数组中的部分元素进行初始化,比如声明一个有 5 个元素的浮点型数组,给前 3 个元素分别赋值 1.0,2.0 和 3.0,可以写为:

```
float fa[5]={1.0, 2.0, 3.0};
```

这时,数组元素的个数必须明确指出,对于后面两个不赋值元素,也不用做任何说明。初始化只能针对所有元素或者从起始地址开始的前若干元素,而不能间隔赋初值。

细节　当指定的初值个数小于数组大小时,剩下的数组元素会被赋予 0 值。若定义数组时没有指定任何一个元素的初值,对于静态生存期的数组,每个元素仍然会被赋予 0 值;但对于动态生存期的数组,每个元素的初值都是不确定的。

多维数组的初始化也遵守同样的规则。此外,如果给出全部元素的初值,第一维的下标个数可以不用显式说明,例如:

```
int a[2][3]={1,0,0,0,1,0};
```

等价于

```
int a[][3]={1, 0, 0, 0, 1, 0};
```

多维数组可以按第一维下标进行分组,使用花括号将每一组的数据括起来。对于二维数组,可以分行用花括号括起来。下面的写法与上面的语句完全等效:

```
int a[2][3]={{1, 0, 0}, {0, 1, 0}};
```

采用括号分组的写法,容易识别,易于理解。

此外,数组也可以被声明为常量,例如:

```
const float fa[5]={1.0, 2.0, 3.0};
```

它表明 fa 数组中每个元素都被当作常量对待,也就是说它们的值在初始化后皆不可以改变。声明为常量的数组,必须给定初值。

6.1.3 数组作为函数参数

数组元素和数组名都可以作为函数的参数以实现函数间数据的传递和共享。

可以用数组元素作为调用函数时的实参,这与使用该类型的一个变量(或对象)作实参是完全相同的。

如果使用数组名作函数的参数,则实参和形参都应该是数组名,且类型要相同。和普通变量作参数不同,**使用数组名传递数据时,传递的是地址**。形参数组和实参数组的首地址重合,后面的元素按照各自在内存中的存储顺序进行对应,对应元素使用相同的数据存储地址,因此实参数组的元素个数不应该少于形参数组的元素个数。如果在被调函数中对形参数组元素值进行改变,主调函数中实参数组的相应元素值也会改变,这是值得特别注意的一点。

例 6-2 使用数组名作为函数参数。

下列程序在主函数中初始化一个矩阵并将每个元素都输出,然后调用子函数,分别计算每一行的元素之和,将和直接存放在每行的第一个元素中,返回主函数之后输出各行元素的和。

```cpp
//6_2.cpp
#include <iostream>
using namespace std;
void rowSum(int a[][4], int nRow){      //计算二维数组 a 每行元素的值的和,nRow 是行数
    for (int i=0; i<nRow; i++){
        for(int j=1; j<4; j++)
            a[i][0]+=a[i][j];
    }
}
int main(){                                         //主函数
    int table[3][4]={{1, 2, 3, 4}, {2, 3, 4, 5}, {3, 4, 5, 6}};   //声明并初始化数组
    for (int i=0; i<3; i++)    {                     //输出数组元素
        for (int j=0; j<4; j++)
            cout<<table[i][j]<<"  ";
        cout<<endl;
    }
    rowSum(table, 3);                                //调用子函数,计算各行和
    for (int i=0; i<3; i++)                          //输出计算结果
        cout<<"Sum of row "<<i<<" is "<<table[i][0]<<endl;
    return 0;
}
```

程序运行的结果为:

```
1   2   3   4
2   3   4   5
3   4   5   6
```

```
Sum of row 0 is 10
Sum of row 1 is 14
Sum of row 2 is 18
```

仔细分析程序的输出结果,在子函数调用之前,输出的 table[i][0]分别为 1,2,3,而调用完成之后 table[i][0]为 10,14 和 18,也就是说在子函数中对形参元素的操作结果直接影响到函数实参的相应元素。

细节　把数组作为参数时,一般不指定数组第一维的大小,即使指定,也会被忽略。

6.1.4　对象数组

数组的元素不仅可以是基本数据类型,也可以是自定义类型。例如,要存储和处理某单位全体雇员的信息,就可以建立一个雇员类的对象数组。对象数组的元素是对象,不仅具有数据成员,而且还有函数成员。因此,和基本类型数组相比,对象数组有一些特殊之处。

声明一个一维对象数组的语句形式是:

类名　数组名[常量表达式];

与基本类型数组一样,在使用对象数组时也只能引用单个数组元素。每个数组元素都是一个对象,通过这个对象,便可以访问到它的公有成员,一般形式是:

数组名[下标表达式].成员名

第 4 章曾详细介绍了使用构造函数初始化对象的过程。对象数组的初始化过程,实际上就是调用构造函数对每一个元素对象进行初始化的过程。如果在声明数组时给每一个数组元素指定初始值,在数组初始化过程中就会调用与形参类型相匹配的构造函数,例如:

Location a[2]={Location(1, 2), Location(3, 4)};

在执行时会先后两次调用带形参的构造函数分别初始化 a[0]和 a[1]。如果没有指定数组元素的初始值,就会调用默认构造函数,例如:

Location a[2]={Location(1, 2)};

在执行时首先调用带形参的构造函数初始化 a[0],然后调用默认构造函数初始化 a[1]。

如果需要建立某个类的对象数组,在设计类的构造函数时就要充分考虑到数组元素初始化时的需要:当各元素对象的初值要求为相同的值时,应该在类中定义默认构造函数;当各元素对象的初值要求为不同的值时,需要定义带形参(无默认值)的构造函数。

当一个数组中的元素对象被删除时,系统会调用析构函数来完成扫尾工作。

例 6-3　对象数组应用举例。

```
//Point.h
#ifndef _POINT_H
#define _POINT_H

class Point {                          //类的定义
public:                                //外部接口
```

```cpp
    Point();
    Point(int x, int y);
    ~Point();
    void move(int newX,int newY);
    int getX() const {return x;}
    int getY() const {return y;}
    static void showCount();                    //静态函数成员
private:                                        //私有数据成员
    int x, y;
};


#endif                                          //_POINT_H


//Point.cpp
#include <iostream>
#include "Point.h"
using namespace std;

Point::Point(){
    x=y=0;
    cout<<"Default Constructor called."<<endl;
}

Point::Point(int x, int y) : x(x), y(y){
    cout<<"Constructor called."<<endl;
}

Point::~Point(){
    cout<<"Destructor called."<<endl;
}

void Point::move(int newX,int newY){
    cout<<"Moving the point to ("<<newX<<", "<<newY<<")"<<endl;
    x=newX;
    y=newY;
}

//6_3.cpp
#include "Point.h"
#include <iostream>
using namespace std;

int main(){
    cout<<"Entering main…"<<endl;
```

```
Point a[2];
for(int i=0; i<2; i++)
    a[i].move(i+10, i+20);
cout<< "Exiting main…"<<endl;
return 0;
}
```

运行结果：

```
Entering main…
Default Constructor called.
Default Constructor called.
Moving the point to (10, 20)
Moving the point to (11, 21)
Exiting main…
Destructor called.
Destructor called.
```

6.1.5　程序实例

例 6-4　利用 Point 类进行点的线性拟合。

1. 简单分析

点的线性拟合是一般实验数据处理最常用的方法。下面考虑一个用 n 个数据点拟合成直线的问题，直线模型为

$$y(x) = ax + b$$

这个问题称为线性回归。设变量 y 随自变量 x 变化，给定 n 组观测数据 (x_i, y_i)，用直线来拟合这些点，其中 a, b 是直线的斜率和截距，称为回归系数。

为确定回归系数，通常采用最小二乘法，即要使下式达到最小。

$$Q = \sum_{i=0}^{n-1} [y_i - (ax_i + b)]^2 \tag{6-1}$$

根据极值原理，a 和 b 满足下列方程：

$$\frac{\partial Q}{\partial a} = 2\sum_{i=0}^{n-1} [y_i - (ax_i + b)](-x_i) = 0 \tag{6-2}$$

$$\frac{\partial Q}{\partial b} = 2\sum_{i=0}^{n-1} [y_i - (ax_i + b)](-1) = 0 \tag{6-3}$$

解得：

$$a = \frac{L_{xy}}{L_{xx}} = \frac{\sum\limits_{i=0}^{n-1}(x_i - \bar{x})(y_i - \bar{y})}{\sum\limits_{i=0}^{n-1}(x_i - \bar{x})^2} \tag{6-4}$$

$$b = \bar{y} - a\bar{x} \tag{6-5}$$

$$\bar{x} = \sum_{i=0}^{n-1} x_i/n, \quad \bar{y} = \sum_{i=0}^{n-1} y_i/n \tag{6-6}$$

最终可以得到直线方程 $y(x)=ax+b$。

对于任何一组数据,都可以用这样的方法拟合出一条直线,但是有些数据点远离直线,而有些数据点就很接近于直线,这就需要有一个判据。相关系数是对所拟合直线的线性程度的一般判据,它可以判断一组数据线性相关的密切程度,定义为:

$$r = \frac{L_{xy}}{\sqrt{L_{xx}L_{yy}}} \tag{6-7}$$

其中,L_{xy} 和 L_{xx} 的定义见公式(6-4),L_{yy} 定义为:

$$L_{yy} = \sum_{i=0}^{n-1}(y_u - \bar{y})^2 \tag{6-8}$$

r 的绝对值越接近于 1,表示数据的线性关系越好,直线关系的数据 $r=1$。相关系数接近于 0,表明数据的直线关系很差,或者二者根本就不是线性关系。因此,直线拟合之后,通常要计算相关系数,用来衡量直线关系程度。

在本例的程序中,利用第 4 章给出的 Point 类为基础,使用该类对象的数组来存储数据点,加入一个该类的友元函数来进行拟合计算,计算的结果为 a,b 和表示近似程度的 r。

类和友元函数的关系可以用如图 6-4 所示的 UML 图形标记表示。

Point
− X : float − Y : float
+ Point(xx : float = 0, yy : float = 0) + getX() : float + getY() : float <<friend>> + lineFit(points : Point [], nPoint : int) : float

图 6-4　用于线性回归的 Point 类

2. 程序源代码

整个程序分为两个文件,Point 类的头文件 Point. h 和程序主函数所在文件 6_4. cpp。

```
//Point.h
#ifndef _POINT_H
#define _POINT_H

class Point {                                  //Point 类的定义
public:                                        //外部接口
    Point(float x=0, float y=0) : x(x), y(y){}
    float getX() const {return x;}
    float getY() const {return y;}
private:                                        //私有数据成员
    float x, y;
};
#endif                                          //_POINT_H

//6_4.cpp
```

```cpp
#include "Point.h"
#include <iostream>
#include <cmath>
using namespace std;

//直线线性拟合,points 为各点,nPoint 为点数
float lineFit(const Point points[], int nPoint){
    float avgX=0, avgY=0;
    float lxx=0, lyy=0, lxy=0;
    for(int i=0; i<nPoint; i++)     {                    //计算 x,y 的平均值
        avgX+=points[i].getX()/nPoint;
        avgY+=points[i].getY()/nPoint;
    }
    for(int i=0; i<nPoint; i++)     {                    //计算 Lxx,Lyy 和 Lxy
        lxx+=(points[i].getX()-avgX) * (points[i].getX()-avgX);
        lyy+=(points[i].getY()-avgY) * (points[i].getY()-avgY);
        lxy+=(points[i].getX()-avgX) * (points[i].getY()-avgY);
    }
    cout<< "This line can be fitted by y=ax+b."<<endl;
    cout<< "a= "<<lxy/lxx<<"   ";                         //输出回归系数 a
    cout<< "b= "<<avgY-lxy * avgX/lxx<<endl;              //输出回归系数 b
    return static_cast<float>(lxy/sqrt(lxx * lyy));       //返回相关系数 r
}

int main(){
    Point p[10]={Point(6, 10), Point(14, 20), Point(26, 30), Point(33, 40),
                 Point(46, 50), Point(54, 60), Point(67, 70), Point(75, 80),
                 Point(84, 90), Point(100, 100)};         //初始化数据点
    float r=lineFit(p, 10);                               //进行线性回归计算
    cout<< "Line coefficient r= "<<r<<endl;               //输出相关系数
    return 0;
}
```

3. 运行结果

程序运行的结果为：

```
This line can be fitted by y=ax+b.
a= 0.97223   b= 5.90237
Line coefficient r= 0.998193
```

4. 分析与说明

程序主函数首先声明一个 Point 类类型的数组,用来存放需要拟合的点。在数组声明的同时,对数组进行了初始化,这种初始化是逐个调用 Point 类的构造函数来完成的。接着调用 Point 类的友元函数 lineFit 进行线性回归计算,最后输出回归系数 a,b 和线性系数 r。

lineFit 函数的第一个参数是一个常量数组,它使得在 lineFit 函数中,数组 points 的

每一个元素都被当作常对象,因而不会改变其内容。

　　这个程序的缺点是可以处理的数据点数是固定的,由 Point 类对象数组的大小决定,这在实际使用中是一个很大的缺憾,在以后的章节中,会对本程序进行改造,以适应任意多个数据对的处理。

6.2　指针

　　指针是 C++ 从 C 中继承过来的重要数据类型,它提供了一种较为直接的地址操作手段。正确地使用指针,可以方便、灵活而有效地组织和表示复杂的数据结构。动态内存分配和管理也离不开指针。同时,指针也是 C++ 的主要难点。为了理解指针,首先要理解关于内存地址的概念。

6.2.1　内存空间的访问方式

　　计算机的内存储器被划分为一个个存储单元。存储单元按一定的规则编号,这个编号就是存储单元的地址。地址编码的基本单位是字节,每个字节由 8 个二进制位组成,也就是说每个字节是一个基本内存单元,有一个地址。计算机就是通过这种地址编号的方式来管理内存数据读写的准确定位的。图 6-5 是内存结构的简化示意框图。

图 6-5　存储结构简图

　　在 C++ 程序中如何利用内存单元存取数据呢? 一是通过变量名,二是通过地址。程序中声明的变量要占据一定的内存空间,例如,对于一些常见的 32 位系统,short 型占 2 字节,long 型占 4 字节。具有静态生存期的变量在程序开始运行之前就已经被分配了内存空间。具有动态生存期的变量,是在程序运行时遇到变量声明语句时被分配内存空间的。在变量获得内存空间的同时,变量名也就成了相应内存空间的名称,在变量的整个生存期内都可以用这个名字访问该内存空间,表现在程序语句中就是通过变量名存取变量内容。但是,有时使用变量名不够方便或者根本没有变量名可用,这时就需要直接用地址来访问内存单元。例如,在不同的函数之间传送大量数据时,如果不传递变量的值,只传递变量的地址,就会减少系统开销,提高效率。如果是动态分配的内存单元(将在 6.3 节介绍),则根本就没有名称,这时只能通过地址访问。

　　对内存单元的访问管理可以和学生公寓的情况类比,如图 6-6 所示。假设每个学生住一间房,每个学生就相当于一个变量的内容,房间是存储单元,房号就是存储地址。如果知道了学生姓名,可以通过这个名字来访问该学生,这相当于使用普通变量名访问数据。如果知道了房号,同样也可以访问该学生,这相当于通过地址访问数据。

图 6-6　学生公寓结构简图

　　在 C++ 中有专门用来存放内存单元地址的变量类型,这就是指针类型。

6.2.2　指针变量的声明

指针也是一种数据类型,具有指针类型的变量称为指针变量。**指针变量是用于存放内存单元地址的。**

通过变量名访问一个变量是直接的,而通过指针访问一个变量是间接的。就好像你要找一位学生,不知道他住哪,但是知道 201 房间里有他的地址,走进 201 房间后看到一张字条:"找我请到 302"。这时你按照字条上的地址到 302 去,便顺利地找到了他。这个 201 房间,就相当于一个指针变量,字条上的字便是指针变量中存放的内容,而住在 302 房间的学生便是指针所指向的对象值。

指针也是先声明后使用,声明指针的语法形式是:

数据类型　*标识符;

其中"*"表示这里声明的是一个指针类型的变量。数据类型可以是任意类型,指的是指针所指向的对象(包括变量和类的对象)的类型,这说明了指针所指的内存单元可以用于存放什么类型的数据,称之为指针的类型。例如,语句

int * ptr;

定义了一个指向 int 型数据的指针变量,这个指针的名称是 ptr,专门用来存放 int 型数据的地址。

读者也许有这样的疑问:为什么在声明指针变量时要指出它所指的对象是什么类型呢?为了理解这一点,首先要思考一下:当在程序中声明一个变量时声明了什么信息?也许我们所意识到的只是声明了变量需要的内存空间,但这只是一方面;另一个重要的方面就是限定了对变量可以进行的运算及其运算规则。例如,有如下语句:

short i;

它定义了 i 是一个 short 类型的变量,这不仅意味着它需要占用 2 个字节的内存空间,而且规定了 i 可以参加算术运算、关系运算等运算以及相应的运算规则。

在稍后介绍指针的运算时,读者会看到指针变量的运算规则与它所指的对象类型是密切相关的,声明指针时需要明确指出它用于存放什么类型数据的地址。指针可以指向各种类型,包括基本类型、数组(数组元素)、函数、对象,同样也可以指向指针。

6.2.3　与地址相关的运算"*"和"&"

C++ 提供了两个与地址相关的运算符——"*"和"&"。"*"称为指针运算符,也称解析(dereference),表示获取指针所指向的变量的值,这是一个一元操作符。例如,* ptr 表示指针 ptr 所指向的 int 型数据的值。"&"称为取地址运算符,也是一个一元操作符,用来得到一个对象的地址,例如,使用 &i 就可以得到变量 i 的存储单元地址。

必须注意,"*"和"&"出现在声明语句中和执行语句中其含义是不同的,它们作为一元运算符和作为二元运算符时含义也是不同的。一元运算符"*"出现在声明语句中,在

被声明的变量名之前时,表示声明的是指针,例如:

```
int * p;              //声明 p 是一个 int 型指针
```

"＊"出现在执行语句中或声明语句的初始化表达式中作为一元运算符时,表示访问指针所指对象的内容,例如:

```
cout << * p;          //输出指针 p 所指向的内容
```

"&"出现在变量声明语句中位于被声明的变量左边时,表示声明的是引用,例如:

```
int &rf;              //声明一个 int 型的引用 rf
```

"&"在给变量赋初值时出现在等号右边或在执行语句中作为一元运算符出现时,表示取对象的地址,例如:

```
int a, b;
int * pa, * pb=&b;
pa=&a;
```

6.2.4 节将详细介绍关于给指针赋值的问题。

6.2.4   指针的赋值

定义了一个指针,只是得到了一个用于存储地址的指针变量,但是变量中并没有确定的值,其中的地址值是一个不确定的数,也就是说,不能确定这时候的指针变量中存放的是哪个内存单元的地址。这时候指针所指的内存单元中有可能存放着重要数据或程序代码,如果盲目去访问,可能会破坏数据或造成系统的故障。因此定义指针之后必须先赋值,然后才可以引用。与其他类型的变量一样,对指针赋初值也有两种方法,如下所述。

(1) 在定义指针的同时进行初始化赋值。语法形式为:

存储类型   数据类型   ＊指针名=初始地址;

(2) 在定义之后,单独使用赋值语句。赋值语句的语法形式为:

指针名=地址;

如果使用对象地址作为指针的初值,或在赋值语句中将对象地址赋给指针变量,该对象必须在赋值之前就声明过,而且这个对象的类型应该和指针类型一致。也可以使用一个已经赋值的指针去初始化另一个指针,这就是说,可以使多个指针指向同一个变量。

对于基本类型的变量、数组元素、结构成员、类的对象,可以使用取地址运算符 & 来获得它们的地址,例如使用 &i 来取得 int 型变量 i 的地址。

一个数组,可以用它的名称来直接表示它的起始地址。**数组名称实际上就是一个不能被赋值的指针,即指针常量。** 例如下面的语句:

```
int a[10];            //定义 int 型数组
int * ptr=a;          //定义并初始化 int 型指针
```

首先定义一个具有 10 个 int 类型数据的数组 a,然后定义 int 类型指针 ptr,并用数组名表示数组首地址来初始化指针。

下面通过一个例子来回顾一下关于指针的知识。

例 6-5 指针的定义、赋值与使用。

```cpp
//6_5.cpp
#include <iostream>
using namespace std;
int main(){
    int i;                              //定义 int 型数 i
    int * ptr=&i;                       //取 i 的地址赋给 ptr
    i=10;                               //int 型数赋初值
    cout<<"i="<<i<<endl;                //输出 int 型数的值
    cout<<"* ptr="<< * ptr<<endl;       //输出 int 型指针所指地址的内容
    return 0;
}
```

程序运行的结果是：

```
i=10
* ptr=10
```

下面来分析一下程序的运行情况。程序首先定义了一个 int 类型变量 i,然后定义了一个 int 类型指针 ptr,并用取地址操作符求出 i 的地址作为指针 ptr 的初值,再给 int 类型变量 i 赋初值 10。这时的情况可以用图 6-7 来简单描述,这里假设 int 类型指针 ptr 和 int 类型变量 i 在内存中的地址分别为 3000 和 3004。

图 6-7 指针变量与变量的指针

int 类型变量 i 的内容是 10,int 类型指针变量 ptr 所存储的是变量 i 的地址 3000。&i 的运算结果是 i 的地址 3000。而 * ptr 即 ptr 所指的变量 i 的值 10。这时,输出的 i 值和 * ptr 都是 10。前者是直接访问,后者是通过指针间接访问。

程序中两次出现 * ptr,它们是具有不同含义的。第一次是在指针声明语句中,标识符前面的“ * ”表示被声明的标识符是指针;第二次是在输出语句中,是指针运算符,是对指针所指向的变量间接访问。

关于指针的类型,还应该注意以下几点。

（1）可以声明**指向常量的指针**,此时不能通过指针来改变所指对象的值,但指针本身可以改变,可以指向另外的对象。例如：

```cpp
int a;
const int * p1=&a;      //p1 是指向常量的指针
int b;
p1=&b;                  //正确,p1 本身的值可以改变
* p1=1;                 //编译时出错,不能通过 p1 改变所指的对象
```

使用指向常量的指针,可以确保指针所指向的常量不被意外更改。如果用一般指针存放常量的地址,编译器就不能确保指针所指的对象不被更改。

(2) 可以声明**指针类型的常量**,这时指针本身的值不能被改变。例如:

```
int * const p2=&a;
p2=&b;                          //错误,p2 是指针常量,值不能改变
```

(3) 一般情况下,指针的值只能赋给相同类型的指针。但是有一种特殊的 **void 类型指针**,可以存储任何类型的对象地址,就是说任何类型的指针都可以赋值给 void 类型的指针变量。经过使用类型显式转换,通过 void 类型的指针便可以访问任何类型的数据。

例 6-6　void 类型指针的使用。

```
//6_6.cpp
# include <iostream>
using namespace std;

int main(){
//void voidObject;                      错,不能声明 void 类型的变量
    void * pv;                          //对,可以声明 void 类型的指针
    int i=5;
    pv=&i;                              //void 类型指针指向整型变量
    int * pint=static_cast<int * >(pv); //void 类型指针赋值给 int 类型指针
    cout<<" * pint="<< * pint<<endl;
    return 0;
}
```

程序运行的结果是:

```
 * pint=5
```

提示　void 指针一般只在指针所指向的数据类型不确定时使用。

6.2.5　指针运算

指针是一种数据类型。与其他数据类型一样,指针变量也可以参与部分运算,包括算术运算、关系运算和赋值运算。对指针赋值的运算在前面已经介绍过了,本节介绍指针的算术运算和关系运算。

指针可以和整数进行加减运算,但是运算规则是比较特殊的。前面介绍过声明指针变量时必须指出它所指的对象是什么类型。这里将看到指针进行加减运算的结果与指针的类型密切相关。比如有指针 p1 和整数 n1,p1+n1 表示指针 p1 当前所指位置后方第 n1 个数的地址,p1-n1 表示指针 p1 当前所指位置前方第 n1 个数的地址。"指针++"或"指针--"表示指针当前所指位置下一个或前一个数据的地址。

* (p1+n1)表示 p1 当前所指位置后方第 n1 个数的内容,它也可以写作 p1[n1],这与 * (p1+n1)的写法是完全等价的,同样, * (p1-n1)也可以写作 p1[-n1]。

图 6-8 给出了指针加减运算的简单示意。

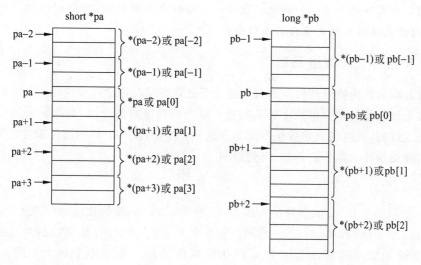

图 6-8　指针的算术运算

　　一般来讲,指针的算术运算是和数组的使用相联系的,因为只有在使用数组时,才会得到连续分布的可操作内存空间。对于一个独立变量的地址,如果进行算术运算,然后对其结果所指向的地址进行操作,有可能会意外破坏该地址中的数据或代码。因此,对指针进行算术运算时,一定要确保运算结果所指向的地址是程序中分配使用的地址。

　　提示　指针算术运算的不慎使用会导致指针指向无法预期的地址,从而造成不确定的结果,因此指针的算术运算一定要慎用。

　　指针变量的关系运算指的是指向相同类型数据的指针之间进行的关系运算。如果两个相同类型的指针相等,就表示这两个指针是指向同一个地址。不同类型的指针之间或指针与非 0 整数之间的关系运算是毫无意义的。但是指针变量可以和整数 0 进行比较,**0专用于表示空指针,也就是一个不指向任何有效地址的指针**,在后面的例子中将会使用。

　　给指针赋值的方法在 6.2.4 节已经详细地介绍过,这里要强调的是赋给指针变量的值必须是地址常量(如数组名)或地址变量,不能是非 0 的整数,但可以给一个指针变量赋值为 0,这时表示该指针是一个空指针,不指向任何地址。例如:

```
int * p;        //声明一个 int 型指针 p
p=0;            //将 p 设置为空指针,不指向任何地址
```

　　细节　空指针也可以用 NULL 来表示,例如

```
int * p=NULL;
```

　　NULL 是一个在很多头文件中都有定义的宏,被定义为 0。

　　为什么有时需要用这种方法将一个指针设置为空指针呢? 这是因为有时在声明一个指针时,并没有一个确定的地址值可以赋给它,当程序运行到某个时刻才会将某个地址赋给该指针。这样,从指针变量诞生起到它具有确定的值之前这一段时间,其中的值是不确定的。如果误用这个不确定的值作为地址去访问内存单元,将会造成不可预见的错误。因此在这种情况下便首先将指针设置为空。

习惯　如果不便于用一个有效地址给一个指针变量赋初值，那么应当用 0 作为它的初值，从而避免指向不确定地址的指针出现。

6.2.6　用指针处理数组元素

指针加减运算的特点使得指针特别适合于处理存储在一段连续内存空间中的同类数据。而数组恰好是具有一定顺序关系的若干同类型变量的集合体，数组元素的存储在物理上也是连续的，数组名就是数组存储的首地址。这样，便可以使用指针来对数组及其元素进行方便而快速的操作。例如，下列语句

```
int array[5];
```

声明了一个存放 5 个 int 类型数的一维数组，数组名 array 就是数组的首地址（第一个元素的地址），即 array 和 &array[0] 相同。数组中 5 个整数顺序存放，因此，通过数组名这个地址常量和简单的算术运算就可以访问数组元素。数组中下标为 i 的元素就是 *（数组名 $+i$），例如，* array 就是 array[0]，*（array $+3$）就是数组元素 array[3]。

细节　把数组作为函数的形参，等价于把指向数组元素类型的指针作为形参。例如，下面 3 个写法，出现在形参列表中都是等价的。

```
void f(int p[]);
void f(int p[3]);
void f(int * p);
```

例 6-7　设有一个 int 型数组 a，有 10 个元素。用 3 种方法输出各元素。
程序 1：使用数组名和下标。

```
//6_7_1.cpp
#include <iostream>
using namespace std;

int main(){
    int a[10]={1, 2, 3, 4, 5, 6, 7, 8, 9, 0};
    for (int i=0; i<10; i++)
        cout<<**a[i]**<<"   ";
    cout<<endl;
    return 0;
}
```

程序 2：使用数组名和指针运算。

```
//6_7_2.cpp
#include <iostream>
using namespace std;

int main(){
    int a[10]={1, 2, 3, 4, 5, 6, 7, 8, 9, 0};
```

```
    for (int i=0; i<10; i++)
        cout<< * (a+i)<<"  ";
    cout<<endl;
    return 0;
}
```

程序 3：使用指针变量。

```
//6_7_3.cpp
#include <iostream>
using namespace std;

int main(){
    int a[10]={1, 2, 3, 4, 5, 6, 7, 8, 9, 0};
    for (int * p=a; p<(a+10); p++)
        cout<< * p<<"  ";
    cout<<endl;
    return 0;
}
```

上述 3 个程序的运行结果都是一样的，结果如下：

```
1 2 3 4 5 6 7 8 9 0
```

这个例题十分简单，请读者自己分析一下运行结果，仔细体会数组名、数组元素下标、指向数组元素的指针之间的联系和区别。

6.2.7 指针数组

如果一个数组的每个元素都是指针变量，这个数组就是指针数组。指针数组的每个元素都必须是同一类型的指针。

声明一维指针数组的语法形式为：

数据类型 * 数组名[下标表达式];

下标表达式指出数组元素的个数，数据类型确定每个元素指针的类型，数组名是指针数组的名称，同时也是这个数组的首地址。例如，下列语句

```
int * pa[3];
```

声明了一个 int 类型的指针数组 pa，其中有 3 个元素，每个元素都是一个指向 int 类型数据的指针。

由于指针数组的每个元素都是一个指针，必须先赋值后引用，因此，声明数组之后，对指针元素赋初值是必不可少的。

例 6-8 利用指针数组输出单位矩阵。

单位矩阵是主对角线元素为 1，其余元素为 0 的矩阵，本例是一个 3 行 3 列的单位矩阵。

```
//6_8.cpp
#include <iostream>
using namespace std;
int main(){
    int line1[]={1, 0, 0};                        //定义数组,矩阵的第一行
    int line2[]={0, 1, 0};                        //定义数组,矩阵的第二行
    int line3[]={0, 0, 1};                        //定义数组,矩阵的第三行

    //定义整型指针数组并初始化
    int * pLine[3]={line1, line2, line3};

    cout<<"Matrix test:"<<endl;                    //输出单位矩阵
    for (int i=0; i<3; i++){                       //对指针数组元素循环
        for (int j=0; j<3; j++)                    //对矩阵每一行循环
            cout<<pLine[i][j]<<" ";
        cout<<endl;
    }
    return 0;
}
```

在程序中,定义了一个具有 3 个元素的 int 类型指针数组,并在定义的同时用 line1, line2,line3 三个数组的首地址为这 3 个元素初始化,使每个元素分别指向矩阵的一行,矩阵的每一行都用一个数组存放,然后通过指针数组的元素来访问存放矩阵数据的 int 型数组。程序的输出结果为:

```
Matrix test:
1,0,0
0,1,0
0,0,1
```

上例中的 pLine[i][j] 与 $*$(pLine[i]$+$j)等价,即先把指针数组 pLine 所存储的第 i 个指针读出,然后读取它所指向的地址后方的第 j 个数。它在表示形式上与访问二维数组的元素非常相似,但在具体的访问过程上却不大一样。

二维数组在内存中是以行优先的方式按照一维顺序关系存放的。因此对于二维数组,可以将其理解为一维数组的一维数组,数组名是它的首地址,这个数组的元素个数就是行数,每个元素是一个一维数组。例如,声明一个二维 int 类型数组:

```
int array2[3][3]={{11, 12, 13}, {21, 22, 23}, {31, 32, 33}};
```

array2[0]是一个长度为 3 的一维数组,当 array2[0]在表达式中出现时,表示一个指向该一维数组首地址的整型指针,这和一维数组的数组名表示指向该数组首地址的指针是一样的道理,所以可以用 $*$(array2[0])来表示 array2[0][0],用 $*$(array2[0]$+$1)来表示 array2[0][1]。上例中的 pLine[i][j] 与这里的 array2[i][j]的不同之处在于,对于 pLine 来说,pLine[i]的值需要通过读取指针数组 pLine 的第 i 个元素才能得到,而 array2[i]的值是

通过二维数组 array2 的首地址计算得到的,内存中并没有一个指针数组来存储 array2[i]的值。二者的区别如图 6-9 所示。

(a) 指针数组

(b) 二维数组

图 6-9　指针数组与二维数组的区别

尽管指针数组与二维数组存在本质的差异,但二者具有相同的访问形式,可以把二维数组当作指针数组来访问,例如下面的程序。

例 6-9　二维数组举例。

```cpp
//6_9.cpp
#include <iostream>
using namespace std;

int main(){
    int array2[3][3]={{11, 12, 13}, {21, 22, 23}, {31, 32, 33}};
    for(int i=0; i<3; i++){
        for(int j=0; j<3; j++)
            cout<< * ( * (array2+i)+j)<<" ";        //逐个输出二维数组第 i 行元素值
        cout<<endl;
    }
    return 0;
}
```

程序的输出结果为:

```
11 12 13
21 22 23
31 32 33
```

通过数组元素的地址可以输出二维数组元素,形式如下:

```
* (* (array2+i)+j)
```

这就是 array2 数组的第 *i* 行 *j* 列元素,对应于使用下标表示的 array2[i][j]。

对多维数组,在形式上同样可以当作相应维数减 1 的一个多维指针数组,读者如果感兴趣,可以以三维数组为例自行分析。

6.2.8　用指针作为函数参数

当需要在不同的函数之间传送大量数据时,程序执行时调用函数的开销就会比较大。这时如果需要传递的数据是存放在一个连续的内存区域中,就可以只传递数据的起始地址,而不必传递数据的值,这样就会减少开销,提高效率。C++ 的语法对此提供了支持:函数的参数不仅可以是基本类型的变量、对象名、数组名或引用,而且可以是指针。如果以指针作为形参,在调用时实参将值传递给形参,也就是使实参和形参指针变量指向同一内存地址。这样在子函数运行过程中,通过形参指针对数据值的改变也同样影响着实参指针所指向的数据值。

C++ 中的指针是从 C 语言继承过来的。在 C 语言中,以指针作为函数的形参有三个作用:第一个作用是使实参与形参指针指向共同的内存空间,以达到参数双向传递的目的,即通过在被调函数中直接处理主调函数中的数据而将函数的处理结果返回其调用者。这个作用在 C++ 中已经由引用实现了,这一点在第 3 章中介绍用引用作为函数参数时已经详细介绍过。第二个作用,就是减少函数调用时数据传递的开销。这一作用在 C++ 中有时可以通过引用实现,有时还是需要使用指针。以指针作形参的第三个作用,是通过指向函数的指针传递函数代码的首地址,这个问题将在稍后介绍。

习惯　如果函数体中不需要通过指针改变指针所指向对象的内容,应在参数表中将其声明为指向常量的指针,这样使得常对象被取地址后也可作为该函数的参数。

在设计程序时,当某个函数中以指针或引用作为形参都可以达到同样目的,使用引用会使程序的可读性更好些。

例 6-10　读入 3 个浮点数,将整数部分和小数部分分别输出。

程序由主函数和一个进行浮点数分解的子函数组成,浮点数在子函数中分解之后,将整数部分和小数部分传递回主函数中输出。可以想象,如果直接使用整型和浮点型变量,形参在子函数中的变化根本就无法传递到主函数,因此采用指针作为函数的参数。源代码如下:

```cpp
//6_10.cpp
#include <iostream>
using namespace std;

//将实数 x 分成整数部分和小数部分,形参 intPart、fracPart 是指针
void splitFloat(float x, int * intPart, float * fracPart){
    * intPart=static_cast<int>(x);          //取 x 的整数部分
    * fracPart=x- * intPart;                 //取 x 的小数部分
```

```
    }

    int main(){
        cout<<"Enter 3 float point numbers:"<<endl;
        for(int i=0; i<3; i++){
            float x, f;
            int n;
            cin>>x;
            splitFloat(x, &n, &f);                    //变量地址作为实参
            cout<<"Integer Part="<<n<<" Fraction Part="<<f<<endl;
        }
        return 0;
    }
```

程序中的 splitFloat 函数采用了两个指针变量作为参数,主函数在调用过程中使用变量的地址作为实参。形实结合时,子函数的 intPart 的值就是主函数 int 型变量 n 的地址。因此,子函数中改变 * intPart 的值,其结果也会直接影响到主函数中变量 n 的值。fracPart 和浮点数 f 也有类似的关系。

程序的运行结果为:

```
Enter 3 float point numbers:
4.7
Integer Part=4    Fraction Part=0.7
8.913
Integer Part=8    Fraction Part=0.913
-4.7518
Integer Part=-4    Fraction Part=-0.7518
```

在这个程序中,使用引用作为形参也可以达到同样目的,请读者自己尝试将例 6-10 的程序改为使用引用作函数的参数。

6.2.9　指针型函数

除了 void 类型的函数之外,函数在调用结束之后都要有返回值,指针也可以是函数的返回值。当一个函数的返回值是指针类型时,这个函数就是指针型函数。使用指针型函数的最主要目的就是要在函数结束时把大量的数据从被调函数返回到主调函数中。而通常非指针型函数调用结束后,只能返回一个变量或者对象。

指针型函数的一般定义形式是:

```
数据类型 * 函数名(参数表)
{
    函数体
}
```

数据类型表明函数返回指针的类型;函数名和“ * ”标识了一个指针型的函数;参数表

中是函数的形参列表。

6.2.10　指向函数的指针

本书中到现在为止介绍的都是指向数据的指针,例如:

```
int * intPart;
float * fracPart;
```

在程序运行时,不仅数据要占据内存空间,执行程序的代码也被调入内存并占据一定的空间。每一个函数都有函数名,实际上这个函数名就表示函数的代码在内存中的起始地址。由此看来,调用函数的通常形式“函数名(参数表)”的实质就是“函数代码首地址(参数表)”。

函数指针就是专门用来存放函数代码首地址的变量。在程序中可以像使用函数名一样使用指向函数的指针来调用函数。也就是说一旦函数指针指向了某个函数,它与函数名便具有同样的作用。函数名在表示函数代码起始地址的同时,也包括函数的返回值类型和参数的个数、类型、排列次序等信息。因此在通过函数名调用函数时,编译系统能够自动检查实参与形参是否相符,用函数的返回值参与其他运算时,能自动进行类型一致性检查。

声明一个函数指针时,也需要说明函数的返回值、形式参数列表,其一般语法如下:

数据类型 (* 函数指针名)(形参表)

数据类型说明函数指针所指函数的返回值类型;第一个圆括号中的内容指明一个函数指针的名称;形参表则列出了该指针所指函数的形参类型和个数。

提示　由于对函数指针的定义在形式上比较复杂,如果在程序中出现多个这样的定义,多次重复这样的定义会相当烦琐,一个很好的解决办法是使用 typedef。例如:

```
typedef int ( * DoubleIntFunction)(double);
```

这声明了 DoubleIntFunction 为“有一个 double 形参、返回类型为 int 的函数的指针”类型的别名。下面,需要声明这一类型的变量时,可以直接使用:

```
DoubleIntFunction funcPtr;
```

这声明了一个具有该类型的名称为 funcPtr 的函数指针。用 typedef 可以很方便地为复杂类型起别名。

函数指针在使用之前也要进行赋值,使指针指向一个已经存在的函数代码的起始地址。一般语法为:

函数指针名=函数名;

等号右边的函数名所指出的必须是一个已经声明过的、和函数指针具有相同返回类型和相同形参表的函数。在赋值之后,就可以通过函数指针名来直接引用这个指针指向的函数。

请看下面的例子。

例 6-11　函数指针实例。

```
//6_11.cpp
#include <iostream>
using namespace std;

void printStuff(float){
    cout<<"This is the print stuff function."<<endl;
}

void printMessage(float data){
    cout<<"The data to be listed is "<<data<<endl;
}

void printFloat(float data){
    cout<<"The data to be printed is "<<data<<endl;
}

const float PI=3.14159f;
const float TWO_PI=PI*2.0f;

int main(){                               //主函数
    void (* functionPointer)(float);      //函数指针
    printStuff(PI);
    functionPointer=printStuff;           //函数指针指向 printStuff
    functionPointer(PI);                  //函数指针调用
    functionPointer=printMessage;         //函数指针指向 printMessage
    functionPointer(TWO_PI);              //函数指针调用
    functionPointer(13.0);                //函数指针调用
    functionPointer=printFloat;           //函数指针指向 printFloat
    functionPointer(PI);                  //函数指针调用
    printFloat(PI);
    return 0;
}
```

程序运行结果为：

```
This is the print stuff function.
This is the print stuff function.
The data to be listed is 6.28318
The data to be listed is 13
The data to be printed is 3.14159
The data to be printed is 3.14159
```

本例的程序中声明了一个 void 类型的函数指针：

```
void (* functionPointer)(float);          //void 类型的函数指针
```

在主函数运行过程中，通过赋值语句使这个指针分别指向函数 printStuff，printMessage 和 printFloat，然后通过函数指针来实现对函数的调用。

6.2.11　对象指针

1. 对象指针的一般概念

和基本类型的变量一样，每一个对象在初始化之后都会在内存中占有一定的空间。因此，既可以通过对象名，也可以通过对象地址来访问一个对象。虽然对象同时包含了数据和函数两种成员，与一般变量略有不同，但是对象所占据的内存空间只是用于存放数据成员的，函数成员不在每一个对象中存储副本。对象指针就是用于存放对象地址的变量。对象指针遵循一般变量指针的各种规则，声明对象指针的一般语法形式为：

```
类名 * 对象指针名；
```

例如：

```
Point * pointPtr;          //声明 Point 类的对象指针变量 PointPtr
Point p1;                  //声明 Point 类的对象 p1
pointPtr=&p1;              //将对象 p1 的地址赋给 PointPtr,使 PointPtr 指向 p1
```

就像通过对象名来访问对象的成员一样，使用对象指针一样可以方便地访问对象的成员，语法形式为：

```
对象指针名->成员名
```

这种形式与"(* 对象指针名). 成员名"的访问形式是等价的。

例 6-12　使用指针来访问 Point 类的成员。

```
//6_12.cpp
#include <iostream>
using namespace std;

class Point {                                   //类的定义
public:                                         //外部接口
    Point(int x=0, int y=0) : x(x), y(y){}      //构造函数
    int getX() const {return x;}                //返回 x
    int getY() const {return y;}                //返回 y
private:                                        //私有数据
    int x, y;
};

int main(){                                     //主函数
    Point a(4, 5);                              //定义并初始化对象 a
    Point * p1=&a;                              //定义对象指针,用 a 的地址将其初始化
    cout<<p1->getX()<<endl;                     //利用指针访问对象成员
```

```
    cout<<a.getX()<<endl;                    //利用对象名访问对象成员
    return 0;
}
```

对象指针在使用之前,也一定要先进行初始化,让它指向一个已经声明过的对象,然后再使用。通过对象指针,可以访问到对象的公有成员。

在 4.4.2 小节中,介绍前向引用声明时,曾经用下面这个程序段为例:

```
class Fred;                //前向引用声明
class Barney {
    Fred x;                //错误:类 Fred 的定义尚不完善
};
class Fred {
    Barney y;
};
```

我们已经知道这段程序是错误的,但是将程序稍加修改,成为以下形式,语法上就正确了。

```
class Fred;                //前向引用声明
class Barney {
    Fred * x;
};
class Fred {
    Barney y;
};
```

这里在类 Barney 中声明一个类 Fred 的指针(不是对象),这是允许的,而 Fred 的定义位于 Barney 的完整定义之后,当然就可以声明 Fred 类的对象作为数据成员。因此这段程序是正确的。

2. this 指针

this 指针是一个隐含于每一个类的非静态成员函数中的特殊指针(包括构造函数和析构函数),它用于指向正在被成员函数操作的对象。

细节　this 指针实际上是类成员函数的一个隐含参数。在调用类的成员函数时,目的对象的地址会自动作为该参数的值,传递给被调用的成员函数,这样被调函数就能够通过 this 指针来访问目的对象的数据成员。对于常成员函数来说,这个隐含的参数是常指针类型的。

4.2.4 节在介绍类成员函数的调用时,曾经提到过,每次对成员函数的调用都存在一个目的对象,this 指针就是指向这个目的对象的指针。回顾一下在例 6-4 中使用 Point 类数组来解决线性回归问题时的情况:在数组中,有多个 Point 类的对象,使用数组下标来标识它们。对于每个对象,执行 getX 函数获取它的横坐标时,所使用的语句是:

```
    return x;
```

系统需要区分每次执行这条语句时被赋值的数据成员到底是属于哪一个对象,使用的就

是这个 this 指针,对于系统来讲,每次调用都相当于执行的是:

```
return this->x;
```

this 指针明确地指出了成员函数当前所操作的数据所属的对象。实际过程是,this 指针是成员函数的一个隐含形参,当通过一个对象调用成员函数时,系统先将该对象的地址通过该参数传递给成员函数,成员函数对对象的数据成员进行操作时,就隐含使用了 this 指针。

this 是一个指针常量,对于常成员函数,this 同时又是一个指向常量的指针。在成员函数中,可以使用 * this 来标识正在调用该函数的对象。

提示　当局部作用域中声明了与类成员同名的标识符时,对该标识符的直接引用代表的是局部作用域中所声明的标识符,这时为了访问该类成员,可以通过 this 指针。

3. 指向类的非静态成员的指针

类的成员自身也是一些变量、函数或者对象等,因此也可以直接将它们的地址存放到一个指针变量中,这样,就可以使指针直接指向对象的成员,进而可以通过这些指针访问对象的成员。

指向对象成员的指针使用前也要先声明,再赋值,然后引用。因此首先要声明指向该对象所在类的成员的指针。声明指针语句的一般形式为:

```
类型说明符   类名:: * 指针名;                    //声明指向数据成员的指针
类型说明符   (类名:: * 指针名)(参数表);          //声明指向函数成员的指针
```

声明了指向成员的指针之后,需要对其进行赋值,也就是要确定指向类的哪一个成员。对数据成员指针赋值的一般语法形式为:

```
指针名=& 类名::数据成员名;
```

注意　对类成员取地址时,也要遵守访问权限的约定,也就是说,在一个类的作用域之外不能够对它的私有成员取地址。

对于一个普通变量,用“&”运算符就可以得到它的地址,将这样的地址赋值给相应的指针就可以通过指针访问变量。但是对于类的成员来说问题就要稍微复杂些。类的定义只确定了各个数据成员的类型、所占内存大小以及它们的相对位置,在定义时并不为数据成员分配具体的地址。因此经上述赋值之后,只是说明了被赋值的指针是专门用于指向哪个数据成员的,同时在指针中存放该数据成员在类中的相对位置(即相对于起始地址的地址偏移量),当然通过这样的指针现在并不能访问什么。

由于类是通过对象而实例化的,在声明类的对象时才会为具体的对象分配内存空间,这时只要将对象在内存中的起始地址与成员指针中存放的相对偏移结合起来就可以访问到对象的数据成员了。访问数据成员时,这种结合可通过以下两种语法形式实现:

```
对象名. * 类成员指针名
```



```
对象指针名-> * 类成员指针名
```

成员函数指针在声明之后要用以下形式的语句对其赋值：

指针名＝＆类名::函数成员名；

注意　常成员函数与普通成员函数具有不同的类型，因此能够被常成员函数赋值的指针，需要在声明时明确写出 const 关键字。

一个普通函数的函数名就表示它的起始地址，将起始地址赋给指针，就可以通过指针调用函数。类的成员函数虽然并不在每个对象中复制一份副本，但是由于需要确定 this 指针，因而必须通过对象来调用非静态成员函数。因此经过上述对成员函数指针赋值以后，也还不能用指针直接调用成员函数，而是需要首先声明类的对象，然后用以下形式的语句利用指针调用成员函数：

(对象名.﹡类成员指针名)(参数表)

或

(对象指针名->﹡类成员指针名)(参数表)

成员函数指针的声明、赋值和使用过程中的返回值类型、函数参数表一定要互相匹配。

例 6-13　访问对象的公有成员函数的不同方式。

```
int main(){                              //主函数
    Point a(4,5);                        //定义对象 A
    Point * p1=&a;                       //定义对象指针并初始化
    int (Point:: * funcPtr)() const=&Point::getX; //定义成员函数指针并初始化

    cout<< (a. * funcPtr)()<<endl;       //(1)使用成员函数指针和对象名访问成员函数
    cout<< (p1-> * funcPtr)()<<endl;     //(2)使用成员函数指针和对象指针访问成员
函数
    cout<<a.getX()<<endl;                //(3)使用对象名访问成员函数
    cout<<p1->getX()<<endl;              //(4)使用对象指针访问成员函数

    return 0;
}
```

例 6-13 的程序只给出了主函数部分，类的定义部分可以参看例 6-12。本例中，声明了一个 Point 类的对象 a，分别通过对象名、对象的指针和函数成员的指针对对象 a 的公有成员函数 getX 进行访问，程序运行输出的结果都是 a 的私有数据成员 x 的值 4。请注意分析对象指针及成员指针的不同用法。

4. 指向类的静态成员的指针

对类的静态成员的访问是不依赖于对象的，因此可以用普通的指针来指向和访问静态成员。下面对例 5-4 稍做修改，形成例 6-14 和例 6-15 的程序，用于说明如何通过普通指针变量访问类的静态成员。

例 6-14　通过指针访问类的静态数据成员。

```
//6_14.cpp
#include <iostream>
using namespace std;

class Point {                               //Point 类定义
public:                                     //外部接口
    Point(int x=0, int y=0) : x(x), y(y){   //构造函数
        count++;
    }
    Point(const Point &p) : x(p.x), y(p.y){ //复制构造函数
        count++;
    }
    ~Point(){   count--;}
    int getX() const {return x;}
    int getY() const {return y;}
    static int count;                       //静态数据成员声明,用于记录点的个数

private:                                     //私有数据成员
    int x, y;
};

int Point::count=0;                          //静态数据成员定义和初始化,使用类名限定

int main(){                                  //主函数实现
    int * ptr=&Point::count;                 //定义一个 int 型指针,指向类的静态成员
    Point a(4, 5);                           //定义对象 a
    cout<<"Point A: "<<a.getX()<<", "<<a.getY();
    cout<<" Object count="<< * ptr<<endl;    //直接通过指针访问静态数据成员

    Point b(a);                              //定义对象 b
    cout<<"Point B: "<<b.getX()<<", "<<b.getY();
    cout<<" Object count="<< * ptr<<endl;    //直接通过指针访问静态数据成员

    return 0;
}
```

例 6-15 通过指针访问类的静态函数成员。

```
//6_15.cpp
#include <iostream>
using namespace std;

class Point {                               //Point 类定义
public:                                     //外部接口
    Point(int x=0, int y=0) : x(x), y(y){   //构造函数
```

```
        count++;
    }
    Point(const Point &p) : x(p.x), y(p.y){          //复制构造函数
        count++;
    }
    ~Point(){count--;}
    int getX() const {return x;}
    int getY() const {return y;}

    static void showCount(){                          //输出静态数据成员
        cout<<"  Object count="<<count<<endl;
    }

private:                                              //私有数据成员
    int x, y;
    static int count;                                 //静态数据成员声明,用于记录点的个数
};

int Point::count=0;                                   //静态数据成员定义和初始化,使用类名限定

int main(){                                           //主函数实现
    void (* funcPtr)()=Point::showCount;              //定义一个指向函数的指针,指向类的静态成
                                                      //员函数

    Point a(4, 5);                                    //定义对象 A
    cout<<"Point A: "<<a.getX()<<", "<<a.getY();
    funcPtr();                                        //输出对象个数,直接通过指针访问静态函数成员

    Point b(a);                                       //定义对象 B
    cout<<"Point B: "<<b.getX()<<", "<<b.getY();
    funcPtr();                                        //输出对象个数,直接通过指针访问静态函数成员

    return 0;
}
```

6.3　动态内存分配

　　虽然通过数组,可以对大量的数据和对象进行有效的管理,但是很多情况下,在程序运行之前,并不能够确切地知道数组中会有多少个元素。就拿线性回归的例子来讲,如果每次实验得到的数据对个数并不相同而且差别很大,Point 类的对象数组到底声明为多大,就是一个很头疼的问题。如果数组声明得很大,比如有 200 个元素,但只需要处理 10 个点,就会造成很大的浪费;如果数组比较小,又影响对大量数据的处理。在 C++ 中,动态内存分配技术可以保证程序在运行过程中按照实际需要申请适量的内存,使用结束

后还可以释放,这种在程序运行过程中申请和释放的存储单元也称为堆对象,申请和释放过程一般称为建立和删除。

在 C++ 程序中建立和删除堆对象使用两个运算符:new 和 delete。

运算符 new 的功能是动态分配内存,或者称为动态创建堆对象,语法形式为:

```
new 数据类型 (初始化参数列表);
```

该语句在程序运行过程中申请分配用于存放指定类型数据的内存空间,并根据初始化参数列表中给出的值进行初始化。如果内存申请成功,new 运算便返回一个指向新分配内存首地址的类型的指针,可以通过这个指针对堆对象进行访问;如果申请失败,会抛出异常(有关异常,将在第 12 章介绍)。

如果建立的对象是一个基本类型变量,初始化过程就是赋值,例如:

```
int * point;
point=new int(2);
```

动态分配了用于存放 int 类型数据的内存空间,并将初值 2 存入该空间中,然后将首地址赋给指针 point。

细节　对于基本数据类型,如果不希望在分配内存后设定初值,可以把括号省去,例如:

```
int * point=new int;
```

如果保留括号,但括号中不写任何数值,则表示用 0 对该对象初始化,例如:

```
int * point=new int();
```

如果建立的对象是某一个类的实例对象,就是要根据初始化参数列表的参数类型和个数调用该类的构造函数。

细节　在用 new 建立一个类的对象时,如果该类存在用户定义的默认构造函数,则"new T"和"new T()"这两种写法的效果是相同的,都会调用这个默认构造函数。但若用户未定义默认构造函数,使用"new T"创建对象时,会调用系统生成的隐含的默认构造函数;使用"new T()"创建对象时,系统除了执行默认构造函数会执行的那些操作外,还会为基本数据类型和指针类型的成员用 0 赋初值,而且这一过程是递归的。也就是说,如果该对象的某个成员对象也没有用户定义的默认构造函数,那么对该成员对象的基本数据类型和指针类型的成员,同样会被以 0 赋初值。

运算符 delete 用来删除由 new 建立的对象,释放指针所指向的内存空间。格式为:

```
delete 指针名;
```

如果被删除的是对象,该对象的析构函数将被调用。对于用 new 建立的对象,只能使用 delete 进行一次删除操作,如果对同一内存空间多次使用 delete 进行删除将会导致运行错误。

注意　用 new 分配的内存,必须用 delete 加以释放,否则会导致动态分配的内存无法回收,使得程序占据的内存越来越大,这叫做"内存泄漏"。

例 6-16　动态创建对象。

```cpp
//6_16.cpp
#include<iostream>
using namespace std;
class Point {
public:
    Point() : x(0), y(0){
        cout<<"Default Constructor called."<<endl;
    }
    Point(int x, int y) : x(x), y(y){
        cout<<"Constructor called."<<endl;
    }
    ~Point(){cout<<"Destructor called."<<endl;}
    int getX() const {return x;}
    int getY() const {return y;}
    void move(int newX, int newY){
        x=newX;
        y=newY;
    }
private:
    int x, y;
};

int main(){
    cout<<"Step one: "<<endl;
    Point * ptr1=new Point;    //动态创建对象,没有给出参数列表,因此调用默认构造函数
    delete ptr1;               //删除对象,自动调用析构函数

    cout<<"Step two: "<<endl;
    ptr1=new Point(1,2);       //动态创建对象,并给出参数列表,因此调用有形参的构造函数
    delete ptr1;               //删除对象,自动调用析构函数

    return 0;
}
```

程序运行结果如下:

```
Step one:
Default Constructor called.
Destructor called.
Step two:
Constructor called.
Destructor called.
```

使用运算符 new 也可以创建数组类型的对象,这时需要给出数组的结构说明。用

new 运算符动态创建一维数组的语法形式为：

　　new 类型名 [数组长度]；

其中数组长度指出了数组元素个数，它可以是任何能够得到正整数值的表达式。

　　细节　用 new 动态创建一维数组时，在方括号后仍然可以加小括号"()"，但小括号内不能带任何参数。是否加"()"的区别在于，不加"()"，则对数组每个元素的初始化，与执行"new T"时所进行初始化的方式相同；加"()"，则与执行"new T()"所进行初始化的方式相同。例如，如果这样动态生成一个整型数组：

　　int * p=new int[10] ()；

则可以方便地为动态创建的数组用 0 值初始化。

　　如果是用 new 建立的数组，用 delete 删除时在指针名前面要加"[]"，格式如下：

　　delete[]　指针名；

　　例 6-17　动态创建对象数组。

```
//6_17.cpp
# include <iostream>
using namespace std;
class Point {
    //类的定义同例 6-16
    //…
};
int main(){
    Point * ptr=new Point[2];          //创建对象数组
    ptr[0].move(5, 10);                //通过指针访问数组元素的成员
    ptr[1].move(15, 20);               //通过指针访问数组元素的成员
    cout<<"Deleting…"<<endl;
    delete[] ptr;                      //删除整个对象数组
    return 0;
}
```

运行结果如下：

```
Default Constructor called.
Default Constructor called.
Deleting…
Destructor called.
Destructor called.
```

　　这里利用动态内存分配操作实现了数组的动态创建，使得数组元素的个数可以根据运行时的需要而确定。但是建立和删除数组的过程使得程序略显烦琐，更好的方法是将数组的建立和删除过程封装起来，形成一个动态数组类。

　　另外，在动态数组类中，通过类的成员函数访问数组元素，可以在每次访问之前检查

一下下标是否越界,使得数组下标越界的错误能够及早被发现。这种检查,可以通过 C++ 的 assert 来进行。assert 的含义是"断言",它是标准 C++ 的 cassert 头文件中定义的一个宏,用来判断一个条件表达式的值是否为 true,如果不为 true,则程序会中止,并且报告出错误,这样就很容易将错误定位。一个程序一般可以以两种模式编译——调试 (debug) 模式和发行 (release) 模式,assert 只在调试模式下生效,而在发行模式下不执行任何操作,这样兼顾了调试模式的调试需求和发行模式的效率需求。

提示　由于 assert 只在调试模式下生效,一般用 assert 只是检查程序本身的逻辑错误,而用户的不当输入造成的错误,则应当用其他方式加以处理。

例 6-18 是一个简单的动态数组类示例,第 9 章将介绍较为完备的动态安全数组。

例 6-18　动态数组类。

本实例中创建的动态数组类 ArrayOfPoints 与 Point 类存在着使用关系,其 UML 图形表示如图 6-10 所示。

源程序:

```cpp
//6_18.cpp
#include <iostream>
#include <cassert>
using namespace std;
class Point {
    //类的定义同例 6-16
    //…
};
//动态数组类
class ArrayOfPoints {
public:
    ArrayOfPoints(int size) : size(size){
        points=new Point[size];
    }
    ~ArrayOfPoints(){
        cout<<"Deleting…"<<endl;
        delete[] points;
    }
    //获得下标为 index 的数组元素
    Point &element(int index){
        assert(index>=0 && index<size);    //如果数组下标越界,程序中止
        return points[index];
    }
private:
    Point * points;    //指向动态数组首地址
    int size;          //数组大小
};

int main(){
    int count;
```

图 6-10　ArrayOfPoints 与 Point 类的关系

```
        cout<<"Please enter the count of points: ";
        cin>>count;
        ArrayOfPoints points(count);              //创建对象数组
        points.element(0).move(5, 0);             //访问数组元素的成员
        points.element(1).move(15, 20);           //访问数组元素的成员
        return 0;
    }
```

运行结果如下：

```
Please enter the number of points: 2
Default Constructor called.
Default Constructor called.
Deleting…
Destructor called.
Destructor called.
```

在 main() 函数中，只是建立一个 ArrayOfPoints 类的对象，对象的初始化参数 size 指定了数组元素的个数，创建和删除对象数组的过程都由 ArrayOfPoints 类的构造函数和析构函数完成。这虽然使 main() 函数更为简洁，但是对数组元素的访问形式"points. element(0)"却显得啰唆。如果希望像使用普通数组一样，通过下标操作符"[]"来访问数组元素，就需要对下标操作符进行重载，这将在第 9 章详细介绍。

用 new 操作也可以创建多维数组，形式如下：

```
new   类型名 T[数组第 1 维长度][数组第 2 维长度]…;
```

其中数组第 1 维长度可以是任何结果为正整数的表达式，而其他各维数组长度必须是结果为正整数的常量表达式。如果内存申请成功，new 运算返回一个指向新分配内存的首地址的指针，但不是 T 类型指针，而是一个指向 T 类型数组的指针，数组元素的个数为除最左边一维外各维下标表达式的乘积。例如，下列语句

```
float * fp;
fp=new float[10][25][10];
```

便会产生错误。这是因为，在这里 new 操作产生的是指向一个 25×10 的二维 float 类型数组的指针，而 fp 是一个指向 float 型数据的指针。正确的写法应该是：

```
float (*cp)[25][10];
cp=new float[10][25][10];
```

如此得到的指针 cp，既可以作为指针使用，也可以像一个三维数组名一样使用，请看如下程序。

例 6-19　动态创建多维数组。

```
//6_19.cpp
#include <iostream>
using namespace std;
```

```
int main(){
    float (*cp)[9][8]=new float[8][9][8];

    for (int i=0; i<8; i++)
        for (int j=0; j<9; j++)
            for (int k=0; k<8; k++)
                //以指针形式访问数组元素
                *(*(*(cp+i)+j)+k)=static_cast<float>(i*100+j*10+k);

    for (int i=0; i<8; i++){
        for (int j=0; j<9; j++){
            for (int k=0; k<8; k++)
                //将指针 cp 作为数组名使用,通过数组名和下标访问数组元素
                cout<<cp[i][j][k]<<"  ";
            cout<<endl;
        }
        cout<<endl;
    }

    delete[] cp;
    return 0;
}
```

6.4 用 vector 创建数组对象

数组是继承于 C 语言的一种表示群体数据的方法,具有简单、高效的优点,但无论是静态数组,还是用 new 动态创建的数组,都难以检测下标越界的错误,在实际应用中常常造成困扰。例 6-18 提供了一个很好的例子,它通过将动态数组封装成一个类,允许在调试状态下访问数组元素时检查下标越界的错误。然而,它只能表示 Point 类型的动态数组,若要处理其他类型的动态数组,还需创建新的动态数组类,这是很烦琐的重复性工作。事实上,C++ 标准库也提供了被封装的动态数组——vector,而且这种被封装的数组可以具有各种类型,这就使我们免去了那些重复性工作。vector 不是一个类,而是一个类模板。模板的概念将在第 9 章详细介绍,读者通过本章的学习,只需在形式上记住 vector 的使用方式。用 vector 定义动态数组的形式为:

```
vector<元素类型>数组对象名(数组长度);
```

尖括号中的类型名表示数组元素的类型。数组长度是一个表达式,表达式中可以包含变量。例如,下面定义了一个大小为 10 的 int 型动态数组对象 arr:

```
int x=10;
vector<int>arr(x);
```

细节　　与普通数组不同的是,用 vector 定义的数组对象的所有元素都会被初始化。如果数组的元素类型为基本数据类型,则所有元素都会被以 0 初始化;如果数组元素为类类型,则会调用类的默认构造函数初始化。因此如果以此形式定义的 vector 动态数组,需要保证作为数组元素的类具有默认构造函数。另外,初值也可以自己指定,但只能为所有元素指定相同初值,形式为:

vector<元素类型>数组对象名(数组长度, 元素初值);

对 vector 数组对象元素的访问方式,与普通数组具有相同的形式:

数组对象名[下标表达式]

但是 vector 数组对象的名字表示的就是一个数组对象,而非数组的首地址,因为数组对象不是数组,而是封装了数组的对象。

vector 定义的数组对象具有一个重要的成员函数 size(),它会返回数组的大小。下面通过一个例子来展示 vector 的用法。

例 6-20　　vector 应用举例。

```cpp
//6_20.cpp
#include <iostream>
#include <vector>
using namespace std;

//计算数组 arr 中元素的平均值
double average(const vector<double> &arr){
    double sum=0;
    for (unsigned i=0; i<arr.size(); i++)
        sum+=arr[i];
    return sum/arr.size();
}

int main(){
    unsigned n;
    cout<<"n=";
    cin >>n;

    vector<double>arr(n);                      //创建数组对象
    cout<<"Please input "<<n<<" real numbers:"<<endl;
    for (unsigned i=0; i<n; i++)
        cin>>arr[i];

    cout<<"Average="<<average(arr)<<endl;
    return 0;
}
```

运行结果如下：

```
n=5
Please input 5 real numbers:
1.2 3.1 5.3 7.9 9.8
Average=5.46
```

本例中，在主函数里创建了动态数组对象 arr，然后通过键盘输入的方式为数组元素赋值，再调用 average 函数计算数组元素的平均值。

vector 还具有很多其他强大的功能，例如它的大小可以扩展，这些特性都将在第 10 章详细介绍。

6.5　深复制与浅复制

虽然第 4 章已经介绍过复制构造函数，但是在此前大多数简单例题中都不需要特别编写复制构造函数，隐含的复制构造函数足以实现对象间数据元素的一一对应复制。因此，读者对于编写复制构造函数的必要性，可能一直存在疑问。其实隐含的复制构造函数并不总是适用的，因为它完成的只是浅复制。什么是浅复制呢？我们还是通过下面这个例题来说明。

例 6-21　对象的浅复制。

这里仍以 ArrayOfPoints 类来实现动态数组，在 main() 函数中利用默认的复制构造函数建立两组完全相同的点，然后观察程序的效果。

```cpp
//6_21.cpp
#include <iostream>
#include <cassert>
using namespace std;
class Point {
    //类的定义同例 6-16
    //…
};
class ArrayOfPoints {
    //类的定义同例 6-18
    //…
};
int main(){
    int count;
    cout<<"Please enter the count of points: ";
    cin>>count;
    ArrayOfPoints pointsArray1(count);              //创建对象数组
    pointsArray1.element(0).move(5,10);
    pointsArray1.element(1).move(15,20);
```

```
    ArrayOfPoints pointsArray2=pointsArray1;          //创建对象数组副本
    cout<<"Copy of pointsArray1:"<<endl;
    cout<<"Point_0 of array2: "<<pointsArray2.element(0).getX()<<", "
        <<pointsArray2.element(0).getY()<<endl;
    cout<<"Point_1 of array2: "<<pointsArray2.element(1).getX()<<", "
        <<pointsArray2.element(1).getY()<<endl;

    pointsArray1.element(0).move(25, 30);
    pointsArray1.element(1).move(35, 40);
    cout<<"After the moving of pointsArray1:"<<endl;
    cout<<"Point_0 of array2: "<<pointsArray2.element(0).getX()<<", "
        <<pointsArray2.element(0).getY()<<endl;
    cout<<"Point_1 of array2: "<<pointsArray2.element(1).getX()<<", "
        <<pointsArray2.element(1).getY()<<endl;

    return 0;
}
```

运行结果如下：

```
Please enter the number of points:2
Default Constructor called.
Default Constructor called.
Copy of pointsArray1:
Point_0 of array2: 5, 10
Point_1 of array2: 15, 20
After the moving of pointsArray1:
Point_0 of array2: 25, 30
Point_1 of array2: 35, 40
Deleting…
Destructor called.
Destructor called.
Deleting…
```

在一些编译环境下，接下来程序会出现异常，也就是运行错误。原因在哪里呢？首先来看一看上面的输出结果，程序中 pointsArray2 是从 pointsArray1 复制来的，它们的初始状态当然是一样的，但是当程序通过 move 函数移动 pointsArray1 中的第一组点之后，pointsArray2 中的第二组点也被移动到了同样的位置。这就说明两组点之间存在着某种必然的联系，而这种联系并不是我们所期望的，也许这就是程序最终出错的根源吧。

这里建立对象 pointsArray2 时调用的是默认的复制构造函数，实现对应数据项的直接复制。这一过程如图 6-11 所示。

从图中可以看出默认的复制构造函数将两个对象的对应数据项简单复制后，pointsArray1 的成员 points 和 pointsArray2 的成员 points 具有相同的值，也就是说两个指针指向的是同一内存地址，表面上好像完成了复制，但是并没有形成真正的副本。因此

图 6-11 浅复制效果示意图

当程序中移动 pointsArray1 中的点时，也影响到了 pointsArray2。这种效果就是"浅复制"。

浅复制还有更大的弊病，在程序结束之前 pointsArray1 和 pointsArray2 的析构函数会自动被调用，动态分配的内存空间会被释放。由于两个对象共用了同一块内存空间，因此该空间被两次释放，于是导致运行错误。解决这一问题的方法是编写复制构造函数，实现"深复制"。例 6-21 是实现深复制的程序。

例 6-22 对象的深复制。

```cpp
//6_22.cpp
#include <iostream>
#include <cassert>
using namespace std;
class Point {
    //类的定义同例 6-16
    //…
};
class ArrayOfPoints {
public:
    ArrayOfPoints(const ArrayOfPoints& v);
    //其他成员同例 6-18
};
ArrayOfPoints::ArrayOfPoints(const ArrayOfPoints& v){
    size=v.size;
    points=new Point[size];
    for (int i=0; i<size; i++)
        points[i]=v.points[i];
}
int main(){
    //同例 6-20
```

}

程序的运行结果如下：

```
Please enter the number of points:2
Default Constructor called.
Default Constructor called.
Default Constructor called.
Default Constructor called.
Copy of pointsArray1:
Point_0 of array2: 5, 10
Point_1 of array2: 15, 20
After the moving of pointsArray1:
Point_0 of array2: 5, 10
Point_1 of array2: 15, 20
Deleting…
Destructor called.
Destructor called.
Deleting…
Destructor called.
Destructor called.
```

从这次的运行结果可以看出，程序实现的是深复制：移动 pointsArray1 中的点不再影响 pointsArray2 中的点，而且程序结束前分别释放 pointsArray1 和 pointsArray2 中的内存空间，也不再引起错误。深复制的过程如图 6-12 所示。

(a) 复制前　　　　　　　　　　　　　　　　(b) 复制后

图 6-12　深复制效果示意图

6.6　字符串

与 C 语言一样，在 C++ 的基本数据类型变量中没有字符串变量。那么如何存储和处理字符串数据呢？在 C 语言中是使用字符型数组来存放字符串的，C++ 程序中也仍然可以沿用这种办法。不仅如此,标准 C++ 库中还预定义了 string 类。本节就来介绍这两种方法。

6.6.1　用字符数组存储和处理字符串

第 2 章中介绍过,字符串常量是用一对双引号括起来的字符序列。例如,"abcd","China","This is a string. " 都是字符串常量。它在内存中的存放形式是,按串中字符的排列次序顺序存放,每个字符占一个字节,并在末尾添加 ‵\0′ 作为结尾标记。这实际上是一个隐含创建的类型为 char 的数组,一个字符串常量就表示这样一个数组的首地址。因此,可以把字符串常量赋给字符串指针,由于常量值是不能改的,应将字符串常量赋给指向常量的指针,例如:

```
const char * STRING1="This is a string.";
```

这时,可以直接对 STRING1 进行输出,例如:

```
cout<<STRING1;
```

字符串变量也可以用类似方式来表示。如果创建一个 char 数组,每个元素存放字符串的一个字符,在末尾放置一个‵\0′,便构成了 C++ 字符串。它的存储方式与字符串常量无异,但由于它是程序员创建的数组,因此可以改写其内容,因而这就是字符串变量而非常量了。这时要注意,用于存放字符串的数组其元素个数应该不小于字符串的长度(字符个数)加 1。对字符数组进行初始化赋值时,初值的形式可以是以逗号分隔的 ASCII 码或字符常量,也可以是整体的字符串常量(这时末尾的‵\0′是隐含的)。下面列出的语句都可以创建一个初值为"program"的字符串变量,3 种写法是等价的。

```
char str[8]={'p', 'r', 'o', 'g', 'r', 'a', 'm', '\0'};
char str[8]="program";
char str[]="program";
```

内存中数组 str 的内容如下:

p	r	o	g	r	a	m	\0

尽管对用字符数组表示的字符串进行初始化还比较容易、直观,但进行许多其他字符串操作时却比较麻烦。执行很多字符串操作需要借助 cstring 头文件中的字符串处理函数。例如将一个字符串的内容复制到另一字符串需要用 strcpy 函数,按辞典顺序比较两个的大小需要用 strcmp 函数,将两个字符串连接起来需要用 strcat 函数。另外,当字符串长度很不确定时,需要用 new 来动态创建字符数组,最后还要用 delete 释放,这些都相当烦琐。C++ 对这些烦琐的操作进行了封装,形成了 string 类,可以更加方便地操作字符串。

6.6.2　string 类

使用数组来存放字符串,调用系统函数来处理字符串,毕竟显得不方便,而且数据与处理数据的函数分离也不符合面向对象方法的要求。为此,C++ 标准类库将面向对象的串的概念加入到 C++ 语言中,预定义了字符串类(string 类)。string 类提供了对字符串进行处理所需要的操作。使用 string 类需要包含头文件 string。string 类封装了串的属性并提供了一系列允许访问这些属性的函数。

细节　严格地说,string 并非一个独立的类,而是类模板 basic_string 的一个特化实例。不过对于 string 的使用者来说,它的特点与一个类无异,因此可以把它当作一个类来看待。有关模板,将在第 9 章详细介绍。

下面简要介绍一下 string 类的构造函数、几个常用的成员函数和操作。为了简明起见,函数原型是经过简化的,与头文件中的形式不完全一样。读者如果需要详细了解,可以查看编译系统的联机帮助。

1. 构造函数的原型

```
string();                          //默认构造函数,建立一个长度为 0 的串
string(const string& rhs);         //复制构造函数
string(const char * s);            //用指针 s 所指向的字符串常量初始化 string 类的对象
string(const string& rhs, unsigned int pos, unsigned int n);
        //将对象 rhs 中的串从位置 pos 开始取 n 个字符,用来初始化 string 类的对象
        //注:串中的第一个字符的位置为 0
string(const char * s, unsigned int n);
        //用指针 s 所指向的字符串中的前 n 个字符初始化 string 类的对象
string(unsigned int n, char c);
        //将参数 c 中的字符重复 n 次,用来初始化 string 类的对象
```

提示　由于 string 类具有接收 const char * 类型的构造函数,因此字符串常量和用字符数组表示的字符串变量都可以隐含地转换为 string 对象(请读者回顾 4.7.2 节有关类类型转换的介绍)。例如,可以直接使用字符串常量对 string 对象初始化:

```
string str="Hello world!";
```

2. string 类的操作符

string 类提供了丰富的操作符,可以方便地完成字符串赋值(内容复制)、字符串连接、字符串比较等功能。表 6-1 列出了 string 类的操作符及其说明。

表 6-1　**string 类的操作符**

操作符	示例	注　释	操作符	示例	注　释
+	s+t	将串 s 和 t 连接成一个新串	<	s<t	判断 s 是否小于 t
=	s=t	用 t 更新 s	<=	s<=t	判断 s 是否小于或等于 t
+=	s+=t	等价于 s=s+t	>	s>t	判断 s 是否大于 t
==	s==t	判断 s 与 t 是否相等	>=	s>=t	判断 s 是否大于或等于 t
!=	s!=t	判断 s 与 t 是否不等	[]	s[i]	访问串中下标为 i 的字符

提示　之所以能够通过上面的操作符来操作 string 对象,是因为 string 类对这些操作符进行了重载。操作符的重载将在第 8 章详细介绍。

　　这里所说的对两串大小的比较,是依据字典顺序的比较。设有两字符串 s1 与 s2,二者大小的比较规则如下。

　　(1) 如果 s1 与 s2 长度相同,且所有字符完全相同,则 s1＝s2。

　　(2) 如果 s1 与 s2 所有字符不完全相同,则比较第一对不相同字符的 ASCII 码,较小字符所在的串为较小的串。

　　(3) 如果 s1 的长度 n1 小于 s2 的长度 n2,且两字符串的前 n1 个字符完全相同,则 s1＜s2。

3. 常用成员函数功能简介

　　string 类的成员函数有很多,每个函数都有多种重载形式,这里只举例列出其中一小部分,对于其他函数和重载形式就不一一列出了,读者在使用时可以查看联机帮助。在下面的函数说明中,将成员函数所属的对象称为"本对象",其中存放的字符串称为"本字符串"。

```
string append (const char * s);           //将字符串 s 添加在本串尾
string assign (const char * s);           //赋值,将 s 所指向的字符串赋值给本对象
int compare(const string &str) const;     //比较本串与 str 中串的大小,当本串<str 串
                                          //时,返回负数;当本串>str 串时,返回正数;
                                          //两串相等时,返回 0
string & insert(unsigned int p0, const char * s);
//将 s 所指向的字符串插入在本串中位置 p0 之前
string substr(unsigned int pos, unsigned int n) const;
//取子串,取本串中位置 pos 开始的 n 个字符,构成新的 string 类对象作为返回值
unsigned int find(const basic_string &str) const;
//查找并返回 str 在本串中第一次出现的位置
unsigned int length() const;
//返回串的长度(字符个数)
void swap(string& str);
//将本串与 str 中的字符串进行交换
```

下面来看一个 string 类应用的例子。

例 6-23　string 类应用举例。

```cpp
//6_23.cpp
#include <string>
#include <iostream>
using namespace std ;

//根据 value 的值输出 true 或 false,title 为提示文字
inline void test(const char * title, bool value){
    cout<<title<<" returns "<< (value?"true" : "false")<<endl;
}

int main(){
```

```
        string s1="DEF";
        cout<<"s1 is "<<s1<<endl;

        string s2;
        cout<<"Please enter s2: ";
        cin>>s2;
        cout<<"length of s2: "<<s2.length()<<endl;

        //比较运算符的测试
        test("s1<=\"ABC\"", s1<="ABC");
        test("\"DEF\"<=s1", "DEF"<=s1);
        //连接运算符的测试
        s2+=s1;
        cout<<"s2=s2+s1: "<<s2<<endl;
        cout<<"length of s2: "<<s2.length()<<endl;
        return 0;
}
```

运行结果：

```
s1 is DEF
Please enter S2: 123
length of s2: 3
s1<="ABC" returns false
"DEF"<=s1 returns true
s2=s2+s1: 123DEF
length of s2: 6
```

请读者分析一下运行结果，从中理解字符串的操作。

上面的例子中，直接使用 cin 的"≫"操作符从键盘输入字符串，以这种方式输入时，空格会被作为输入的分隔符。例如，如果从键盘输入字符串"123 ABC"，那么被读入的字符串实际上是"123"，"ABC"将在下一次从键盘输入字符串时被读入。

如果希望从键盘读入字符串，直到行末为止，不以中间的空格作为输入的分隔符，可以使用头文件 string 中定义的 getline。例如，如果将上面的代码中输入 s2 的语句改为下列语句，就能达到这一目的。

```
getline(cin, s2);
```

这时，如果从键盘输入字符串"123 ABC"，那么整个字符串都会被赋给 s2。这实际表示输入字符串时只以换行符作为分隔符。getline 还允许在输入字符串时增加其他分隔符，使用方法是把可以作为分隔符的字符作为第 3 个参数传递给 getline。例如，使用下面的语句，可以把逗号作为分隔符。

```
getline(cin, s2, ',');
```

下面一个例子说明了 getline 的用法。

例 6-24 用 getline 输入字符串。

```cpp
#include <iostream>
#include <string>
using namespace std;

int main(){
    for (int i=0; i<2; i++)    {
        string city, state;
        getline(cin, city, ',');
        getline(cin, state);
        cout<<"City: "<<city<<"   State: "<<state<<endl;
    }
    return 0;
}
```

运行结果：

```
Beijing,China
City: Beijing    State: China
San Francisco,the United States
City: San Francisco    State: the United States
```

6.7 综合实例——个人银行账户管理程序

在第 4 章和第 5 章中，以一个银行账户管理程序为例，说明了类和成员函数的设计和应用，以及类的静态成员的应用和程序结构的组织问题。在本节中，将在第 5 章综合实例的基础上对银行账户管理程序进一步加以完善。

（1）第 4 章和第 5 章中，都是用一个整数来表示银行账号，但这并不是完美的方案。例如，如果银行账号以"0"开头，或账号超过整数的表示范围，或账号中包括其他字符，这种表示方式都不能胜任。本章学习了字符串后，可以改用字符串来表示银行账号，这样以上问题得到了解决。另外，第 4 章和第 5 章的程序中所输出的账目列表，每笔账目都没有说明，使用字符串可以为各笔账目增加说明文字。此外，我们为 SavingsAccount 类专门增加了一个用来报告错误的函数，当其他函数需要输出错误信息时，直接把信息以字符串形式传递给该函数即可，简化了错误信息的输出。

（2）第 4 章和第 5 章中，主程序创建的两个账户为两个独立的变量，只能用名字去引用它们，在主程序末尾分别对两个账户进行结算（settle）和显示（show）时，需要将几乎相同的代码书写两遍，如果账户数量增多将会带来更大麻烦。本章学习了数组后，可以将多个账户组织在一个数组中，这样可以把需要对各个账户做的事情放在循环中，避免了代码的冗余。

（3）第 4 章和第 5 章的程序中，日期都是用一个整数来表示的，这样计算两个日期相距天数时非常方便，但这种表示很不直观，对用户很不友好。事实上，日期可以用一个类来表示,内含年、月、日三个数据成员,但这又给计算两个日期相差天数带来了麻烦。为了计算日期间相差的天数,可以先选取一个比较规整的基准日期,在构造日期对象时将该日期到这个基准日期的相对天数计算出来,我们将这个相对天数称为"相对日期"。这样在计算两个日期相差的天数时,只需将二者的相对日期相减即可。假设将公元元年 1 月 1 日作为公共的基准日期,将 y 年 m 月 d 日相距这一天的天数记为 $f(y/m/d, 1/1/1)$,可以将其分解为 3 部分:

$$f(y/m/d, 1/1/1) = f(y/1/1, 1/1/1) + f(y/m/1, y/1/1) + f(y/m/d, y/m/1)$$

上面等式右边的第一项表示当年的 1 月 1 日与公元元年 1 月 1 日相距的天数,即公元元年到公元 $y-1$ 年的总天数。平年每年有 365 天,闰年多一天,因此该值为 $365(y-1)$ 加上公元元年到 $y-1$ 年之间的闰年数。由于 4 年一闰,100 的倍数免闰,400 的倍数再闰,故有:

$$f(y/1/1, 1/1/1) = 365(y-1) + \left\lfloor \frac{y-1}{4} \right\rfloor - \left\lfloor \frac{y-1}{100} \right\rfloor + \left\lfloor \frac{y-1}{400} \right\rfloor$$

其中 $\lfloor x \rfloor$ 表示对 x 向下取整。$f(y/m/1, y/1/1)$ 表示 y 年的 m 月 1 日与 1 月 1 日相距天数。由于每月的天数不同,因此这难以表示为一个统一公式。好在各平年中指定月份的 1 日与 1 月 1 日相差的天数可以由月份 m 唯一确定,因此可以把每月 1 日到 1 月 1 日的天数放在一个数组中,计算时只要查询该数组,便可得到 $f(y/m/1, y/1/1)$ 的值。而对于闰年,仍可通过数组查询,只需在 $m > 2$ 时将查得的值加 1。该值只依赖于 x 和 y,将它记为 $g(m, y)$。此外:

$$f(y/m/d, y/m/1) = d - 1$$

如果把公元元年 1 月 1 日的相对日期定为 1,那么公元 y 年 m 月 d 日的相对日期就是:

$$f(y/m/d, 1/1/1) + 1 = 365(y-1) + \left\lfloor \frac{y-1}{4} \right\rfloor - \left\lfloor \frac{y-1}{100} \right\rfloor + \left\lfloor \frac{y-1}{400} \right\rfloor + g(m, y) + d$$

相对日期得出后,计算两日期相差天数的难题就迎刃而解了。

本例中类图设计的 UML 图形表示如图 6-13 所示。

本例增加了日期类 Date,该类的数据成员包括 year,month,day 和 totalDays,其中 totalDays 表示这一天的相对日期。该类的成员函数除了构造函数和用来获得年、月、日的函数外,还包括用来得到当前月的天数的 getMaxDay 函数、用来判断当前年是否为闰年的 isLeapYear 函数、用来将当前日期输出的 show 函数、用来判断当前日期与指定日期相差天数的 distance 函数,这些函数都会被 Date 类的其他成员函数或 SavingsAccount 类的函数调用。

在第 5 章综合例题的 SavingsAccount 类的基础上,将描述账号的数据类型由 int 改为了 string,将描述日期的数据类型由 int 改为了新定义的 Date 类,并且为 deposit,withdraw 和 settle 三个函数都增加了一个用来存储该笔账目说明信息的 string 型的 desc 参数,并且增加了一个专用于输出错误信息的 error 函数。

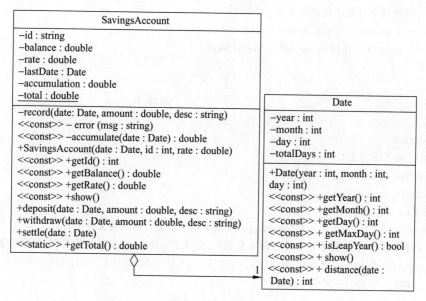

图 6-13　个人银行账户管理程序的 UML 图

以后,假定银行对活期储蓄账户的结算日期是每年的 1 月 1 日。

例 6-25　个人银行账户管理程序改进。

整个程序分为 5 个文件:date. h 是日期类头文件,date. cpp 是日期类实现文件,account. h 是储蓄账户类定义头文件,account. cpp 是储蓄账户类实现文件,6_25. cpp 是主函数文件。

```
//date.h
#ifndef __DATE_H__
#define __DATE_H__
class Date {                             //日期类
private:
    int year;                            //年
    int month;                           //月
    int day;                             //日
    int totalDays;                       //该日期是从公元元年 1 月 1 日开始的第几天
public:
    Date(int year, int month, int day);  //用年、月、日构造日期
    int getYear() const {return year;}
    int getMonth() const {return month;}
    int getDay() const {return day;}
    int getMaxDay() const;               //获得当月有多少天
    bool isLeapYear() const {            //判断当年是否为闰年
        return year%4==0 && year%100!=0||year%400==0;
    }
    void show() const;                   //输出当前日期
```

```cpp
    //计算两个日期之间差多少天
    int distance(const Date& date) const {
        return totalDays-date.totalDays;
    }
};
#endif                                          //__DATE_H__


//date.cpp
#include "date.h"
#include <iostream>
#include <cstdlib>
using namespace std;
namespace {              //namespace 使下面的定义只在当前文件中有效
    //存储平年中的某个月 1 日之前有多少天，为便于 getMaxDay 函数的实现，该数组多出一项
    const int DAYS_BEFORE_MONTH[]={0, 31, 59, 90, 120, 151, 181, 212, 243, 273, 304,
334, 365};
}
Date::Date(int year, int month, int day) : year(year), month(month), day(day){
    if (day<=0 || day>getMaxDay()){
        cout<<"Invalid date: ";
        show();
        cout<<endl;
        exit(1);
    }
    int years=year-1;
    totalDays=years * 365+years/4-years/100+years/400
        +DAYS_BEFORE_MONTH[month-1]+day;
    if (isLeapYear() && month>2) totalDays++;
}
int Date::getMaxDay() const {
    if (isLeapYear() && month==2)
        return 29;
    else
        return DAYS_BEFORE_MONTH[month]-DAYS_BEFORE_MONTH[month-1];
}
void Date::show() const {
    cout<<getYear()<<"-"<<getMonth()<<"-"<<getDay();
}


//account.h
#ifndef __ACCOUNT_H__
#define __ACCOUNT_H__
#include "date.h"
#include <string>
```

```
class SavingsAccount {                    //储蓄账户类
private:
    std::string id;                       //账号
    double balance;                       //余额
    double rate;                          //存款的年利率
    Date lastDate;                        //上次变更余额的时期
    double accumulation;                  //余额按日累加之和
    static double total;                  //所有账户的总金额
    //记录一笔账,date 为日期,amount 为金额,desc 为说明
    void record(const Date &date, double amount, const std::string &desc);
    //报告错误信息
    void error(const std::string &msg) const;
    //获得到指定日期为止的存款金额按日累积值
    double accumulate(const Date& date) const {
        return accumulation+balance * date.distance(lastDate);
    }
public:
    //构造函数
    SavingsAccount(const Date &date, const std::string &id, double rate);
    const std::string &getId() const {return id;}
    double getBalance() const {return balance;}
    double getRate() const {return rate;}
    static double getTotal(){return total;}
    //存入现金
    void deposit(const Date &date, double amount, const std::string &desc);
    //取出现金
    void withdraw(const Date &date, double amount, const std::string &desc);
    //结算利息,每年 1 月 1 日调用一次该函数
    void settle(const Date &date);
    //显示账户信息
    void show() const;
};
#endif                                    //__ACCOUNT_H__


//account.cpp
#include "account.h"
#include <cmath>
#include <iostream>
using namespace std;
double SavingsAccount::total=0;
//SavingsAccount 类相关成员函数的实现
SavingsAccount::SavingsAccount(const Date &date, const string &id, double rate)
    : id(id), balance(0), rate(rate), lastDate(date), accumulation(0){
    date.show();
```

```cpp
        cout<<"\t#"<<id<<" created"<<endl;
}
void SavingsAccount::record(const Date &date, double amount, const string &desc)
{
    accumulation=accumulate(date);
    lastDate=date;
    amount=floor(amount * 100+0.5)/100;              //保留小数点后两位
    balance+=amount;
    total+=amount;
    date.show();
    cout<<"\t#"<<id<<"\t"<<amount<<"\t"<<balance<<"\t"<<desc<<endl;
}
void SavingsAccount::error(const string &msg) const {
    cout<<"Error(#"<<id<<"): "<<msg<<endl;
}
void SavingsAccount::deposit(const Date &date, double amount, const string &desc){
    record(date, amount, desc);
}
void SavingsAccount::withdraw(const Date &date, double amount, const string &desc){
    if (amount>getBalance())
        error("not enough money");
    else
        record(date, -amount, desc);
}
void SavingsAccount::settle(const Date &date){
    double interest=accumulate(date) * rate              //计算年息
          / date.distance(Date(date.getYear()-1, 1, 1));
    if (interest!=0)
        record(date, interest, "interest");
    accumulation=0;
}
void SavingsAccount::show() const {
    cout<<id<<"\tBalance: "<<balance;
}


//6_25.cpp
#include "account.h"
#include <iostream>
using namespace std;
int main(){
    Date date(2008, 11, 1);                              //起始日期
    //建立几个账户
    SavingsAccount accounts[]={
        SavingsAccount(date, "03755217", 0.015),
```

```
        SavingsAccount(date, "02342342", 0.015)
    };
    const int n=sizeof(accounts)/sizeof(SavingsAccount);              //账户总数
    //11 月份的几笔账目
    accounts[0].deposit(Date(2008, 11, 5), 5000, "salary");
    accounts[1].deposit(Date(2008, 11, 25), 10000, "sell stock 0323");
    //12 月份的几笔账目
    accounts[0].deposit(Date(2008, 12, 5), 5500, "salary");
    accounts[1].withdraw(Date(2008, 12, 20), 4000, "buy a laptop");
    //结算所有账户并输出各个账户信息
    cout<<endl;
    for (int i=0; i<n; i++){
        accounts[i].settle(Date(2009, 1, 1));
        accounts[i].show();
        cout<<endl;
    }
    cout<<"Total: "<<SavingsAccount::getTotal()<<endl;
    return 0;
}
```

运行结果：

```
2008-11-1    #S3755217 created
2008-11-1    #02342342 created
2008-11-5    #S3755217      5000      5000      salary
2008-11-25   #02342342      10000     10000     sell stock 0323
2008-12-5    #S3755217      5500      10500     salary
2008-12-20   #02342342      -4000     6000      buy a laptop

2009-1-1     #S3755217      17.77     10517.8   interest
S3755217     Balance: 10517.8
2009-1-1     #02342342      13.2      6013.2    interest
02342342     Balance: 6013.2
Total: 16531
```

　　细节　　以上程序的 Date 类的构造函数中使用了 exit 函数,该函数的原型声明在 cstdlib 头文件中。它用来立即终止当前程序的执行,并且将一个整数返回给系统,该整数的作用与由主函数 main 返回的整数相同,如果是 0 表示程序正常退出,如果非 0 表示程序异常退出。

　　上面的程序中增加了 Date 类,把对日期的表示均替换为 Date 类型。从输出结果可以看出,用“年-月-日”的形式所表示的日期与整数相比要直观得多。此外,本例广泛应用了字符串,这样在银行账号中可以出现字母,而且为每笔账目增加了说明文字,使得程序输出的信息更加丰富。在主程序中,两个银行账户是用数组表示的,这样最后所执行的账户结算和输出账户信息的操作可以在一个循环中进行,无须把同样的代码书写多遍。

6.8　小结

　　本章主要介绍了 C++ 中利用数组和指针来组织数据的方法。数组是最为常见的数据组织形式,是具有一定顺序关系的若干变量的集合体。组成数组的变量称为该数组的元素,同一数组的各元素具有相同的数据类型。这里的数据类型可以是一般的简单数据类型,也可以是用户自定义的数据类型,如结构体、类等。如果数组的数据类型是类,则数组的每一个元素都是该类的一个对象,我们称这样的数组为对象数组。对象数组的初始化就是每一个元素对象调用构造函数的过程。可以给每一个数组元素指定显式的初始值,这时会调用相应有形参的构造函数,如果没有指定初始值,就会调用默认构造函数。同样,当一个数组中的元素对象被删除时,系统会调用析构函数来完成。

　　指针也是一种数据类型,具有指针类型的变量称为指针变量。指针变量是用来存放地址的变量。因此,指针提供了一种直接操作地址的手段。

　　指针可以指向简单变量,也可以指向对象,同时还可以指向函数(包括普通函数和对象的函数成员)。使用指针一般要包括 3 个步骤——声明、赋初值和引用。指针的初值很重要,使用指针之前必须对指针赋值,让它指向一个已经存在的数据或函数的地址,然后才可以使用;否则可能会造成系统瘫痪等较为严重的问题。指针是 C++ 中的一个难点,正确地使用指针,可以方便、灵活而有效地组织和表示复杂的数据结构。

　　本章还介绍了内存动态分配可以动态地进行内存管理。

　　最后,以字符串为例,讲解了数组的特例——字符数组的使用方法,同时介绍了对字符数组的各种操作进行了良好封装的 string 类。

习　　题

6-1　数组 a[10][5][15] 一共有多少个元素?

6-2　在数组 a[20] 中第一个元素和最后一个元素是哪一个?

6-3　用一条语句声明一个有 5 个元素的 int 型数组,并依次赋予 1~5 的初值。

6-4　已知有一个数组名叫 oneArray,用一条语句求出其元素的个数。

6-5　用一条语句声明一个有 5×3 个元素的二维 int 型数组,并依次赋予 1~15 的初值。

6-6　运算符"*"和"&"的作用是什么?

6-7　什么叫做指针?指针中储存的地址和这个地址中的值有何区别?

6-8　声明一个 int 型指针,用 new 语句为其分配包含 10 个元素的地址空间。

6-9　在字符串"Hello,world!"中的结束符是什么?

6-10　声明一个有 5 个元素的 int 型数组,在程序中提示用户输入元素值,最后再在屏幕上显示出来。

6-11　引用和指针有何区别?何时只能使用指针而不能使用引用?

6-12　声明下列指针:float 类型的指针 pfloat,char 类型的指针 pstr,struct Customer 型的指针 pcus。

6-13 给定 float 类型的指针 fp,写出显示 fp 所指向的值的输出流语句。

6-14 在程序中声明一个 double 类型变量的指针,分别显示指针占了多少字节和指针所指的变量占了多少字节。

6-15 const int * p1 和 int * const p2 的区别是什么?

6-16 声明一个 int 型变量 a,一个 int 型指针 p,一个引用 r,通过 p 把 a 的值改为 10,通过 r 把 a 的值改为 5。

6-17 下列程序有何问题,请仔细体会使用指针时应如何避免出现这个问题。

```
#include <iostream>
using namespace std;
int main(){
    int * p;
    * p=9;
    cout<< "The value at p: "<< * p;
    return 0;
}
```

6-18 下列程序有何问题,请改正;仔细体会使用指针时应如何避免出现这样的问题。

```
#include <iostream>
using namespace std;
int fn1(){
    int * p=new int (5);
    return * p;
}
int main(){
    int a=fn1();
    cout<< "the value of a is: "<<a;
    return 0;
}
```

6-19 声明一个参数为 int 型、返回值为 long 型的函数指针;声明类 A 的一个成员函数指针,其参数为 int 型,返回值为 long 型。

6-20 实现一个名为 SimpleCircle 的简单圆类。其数据成员 int * itsRadius 为一个指向其半径值的指针,存放其半径值。设计对数据成员的各种操作,给出这个类的完整实现并测试这个类。

6-21 编写一个函数,统计一条英文句子中字母的个数,在主程序中实现输入输出。

6-22 编写函数 void reverse(string &s),用递归算法使字符串 s 倒序。

6-23 设学生人数 N=8,提示用户输入 N 个人的考试成绩,然后计算出他们的平均成绩并显示出来。

6-24 基于 char * 设计一个字符串类 MyString,并且具有构造函数、析构函数、复制构造函数,重载运算符"+","=","+=","[]",尽可能完善它,使之能满足各种需要(运算符重载功能为选做,参见第 8 章)。

6-25 编写一个 3×3 矩阵转置的函数,在 main()函数中输入数据。

6-26 编写一个矩阵转置的函数,矩阵的行数和列数在程序中由用户输入。

6-27 定义一个 Employee 类,其中包括表示姓名、地址、城市和邮编等属性,包括 setName()和 display()等函数。display()使用 cout 语句显示姓名、地址、城市和邮编等属性,函数 setName()改变对象的姓名属性,实现并测试这个类。

6-28 分别将例 6-10 程序和例 6-16 程序中对指针的所有使用都改写为与之等价的引用形式,比较修改前后的程序,体会在哪些情况下使用指针更好,哪些情况下使用引用更好。

6-29 运行下面的程序,观察执行结果,指出该程序是如何通过指针造成安全性隐患的,思考如何避免这种情况的发生。

```cpp
#include <iostream>
using namespace std;
int main(){
    int arr[]={1, 2, 3};
    double * p=reinterpret_cast<double * >(&arr[0]);
    * p=5;
    cout<<arr[0]<<" "<<arr[1]<<" "<<arr[2]<<endl;
    return 0;
}
```

6-30 static_cast,const_cast 和 reinterpret_cast 各自应在哪些情况下使用?

第 7 章

继承与派生

　　编写程序,在很大程度上是为了描述和解决现实世界中的现实问题。C++中的类很好地采用了人类思维中的抽象和分类方法,类与对象的关系恰当地反映了个体与同类群体共同特征之间的关系。进一步观察现实世界可以看到,不同的事物之间往往往不是独立的,很多事物之间都有着复杂的联系。继承便是众多联系中的一种:孩子与父母有很多相像的地方,但同时也有不同;汽车与自行车都从属于一个更抽象的概念——交通工具,但它们无论从外观和功能上都各有不同、各具千秋。

　　面向对象的程序设计中提供了类的继承机制,允许程序员在保持原有类特性的基础上,进行更具体、更详细的类的定义。以原有的类为基础产生新的类,我们就说新类继承了原有类的特征,也可以说是从原有类派生出新类。类的派生机制有什么好处呢? 好处在于代码的重用性和可扩充性。通过继承可以充分利用别人做过一些类似的研究,和已有的一些分析、解决方案。重用这些代码,便使自己的开发工作能够站在巨人的肩膀上。软件开发完成后,当问题有了新的发展或对问题有了新的认识时,也能高效地改造和扩充已有的软件。

　　派生新类的过程一般包括吸收已有类的成员、调整已有类成员和添加新的成员 3 个步骤。本章围绕派生过程,着重讨论不同继承方式下的基类成员的访问控制问题、添加构造函数和析构函数;接着还将讨论在较为复杂的继承关系中,类成员的唯一标识和访问问题;最后给出类的继承实例——全选主元高斯消去法求解线性方程组和一个小型公司的人员信息管理系统。

7.1　类的继承与派生

7.1.1　继承关系举例

　　类的继承和派生的层次结构,可以说是人们对自然界中的事物进行分类、分析和认识的过程在程序设计中的体现。现实世界中的事物都是相互联系、相互作用的,人们在认识过程中,根据它们的实际特征,抓住其共同特性和细小差别,利用分类的方法进行分析和描述。比如对于交通工具的分类,如图 7-1 所示。这个分类树反映了交通工具的派生关系,最高层是抽象程度最高的,是最具有普遍和一般意义的概念,下层具有了上层的特性,同时加入了自己的新特征,而最下层是最为具体的。在这个层次结构中,由上到下,是一个具体化、特殊化的过程;由下到上,是一个抽象化的过程。上下层之间的关系就可以看作是基类与派生类的关系。

图 7-1　交通工具分类层次图的 UML 表示

让我们回顾一下第 4～6 章综合实例中关于个人银行账户管理系统的问题,在该程序中用 SavingsAccount 类描述了活期储蓄账户。如果有一个新的需求,需要在程序中添加一类新的账户——信用账户,那么该如何对程序进行修改呢?

信用账户具有很多和活期储蓄账户不同的特性,例如储蓄账户不能透支,而信用账户可以透支,储蓄账户中有余额时就有利息,而信用账户在余额为正数时没有利息,仅在余额为负数(即用户欠款)时才有利息。因此,需要为信用账户创建一个新的类 CreditAccount。然而,两类账户又有许多共性,例如它们都具有账号、余额等信息,当输出一条账目时可以采用相同的输出格式。如何在正确描述两类账户各自特性的同时,避免对它们的共性进行重复描述呢? 这就可以借助于面向对象程序设计中的继承与派生了。可以创建一个新的类 Account,用它来描述两类具体账户的共性,再将两个具体的账户类变成 Account 类的派生类,这样就能够很好地描述两类账户的共性和各自的特性。

所谓继承就是从先辈处得到属性和行为特征。**类的继承,是新的类从已有类那里得到已有的特性**。从另一个角度来看这个问题,**从已有类产生新类的过程就是类的派生**。类的继承与派生机制允许程序员在保持原有类特性的基础上,进行更具体、更详细的修改和扩充。由原有的类产生新类时,新类便包含了原有类特征,同时也可以加入自己所特有的新特性。原有的类称为**基类或父类**,产生的新类称为**派生类或子类**。派生类同样也可以作为基类派生新的类,这样就形成了类的层次结构。类的派生实际是一种演化、发展过程,即通过扩展、更改和特殊化,从一个已知类出发建立一个新类。通过类的派生可以建立具有共同关键特征的对象家族,从而实现代码的重用,这种继承和派生的机制对于已有程序的发展和改进,是极为有利的。

7.1.2　派生类的定义

在 C++ 中,派生类的一般定义语法为:

```
class 派生类名:继承方式　基类名 1,继承方式　基类名 2,…,继承方式　基类名 n
{
    派生类成员声明;
};
```

例如,假设基类 Base1 和 Base2 是已经定义的类,下面的语句定义了一个名为 Derived 的派生类,该类从基类 Base1 和 Base2 派生而来。

```
class Derived: public Base1, private Base2
{
public:
    Derived ();
    ~Derived ();
};
```

定义中的"基类名"(如 Base1,Base2)是已有的类的名称,"派生类名"是继承原有类的特性而生成的新类的名称(如 Derived)。**一个派生类,可以同时有多个基类,这种情况称为多继承**,这时的派生类同时得到了多个已有类的特征。上述例子就是一个多继承实例。**一个派生类只有一个直接基类的情况,称为单继承**。两种继承的 UML 表示如图 7-2 所示。单继承可以看作是多继承的一个最简单的特例,多继承可以看作是多个单继承的组合,它们之间的很多特性是相同的,我们的学习首先从简单的单继承开始。

(a) 多继承　　　　　　　　　　　　　　(b) 单继承

图 7-2　多继承和单继承的 UML 表示

在派生过程中,派生出来的新类也同样可以作为基类再继续派生新的类,此外,一个基类可以同时派生出多个派生类。也就是说,一个类从父类继承来的特征也可以被其他新的类所继承,一个父类的特征,可以同时被多个子类继承。这样,就形成了一个相互关联的类的家族,有时也称做类族。在类族中,直接参与派生出某类的基类称为**直接基类**,基类的基类甚至更高层的基类称为**间接基类**。比如由"交通工具"类派生出"汽车"类,"汽车"类又派生出"卡车"类,则"汽车"类是"卡车"类的直接基类,"交通工具"类是"汽车"类的直接基类,而"交通工具"类可以称为"卡车"类的间接基类。

在派生类的定义中,除了要指定基类外,还需要指定继承方式。**继承方式规定了如何访问从基类继承的成员**。在派生类的定义语句中,每一个"继承方式",只限定紧随其后的基类。继承方式关键字为:public,protected 和 private,分别表示公有继承、保护继承和私有继承。如果不显式地给出继承方式关键字,系统的默认值就认为是私有继承(private)。类的继承方式指定了派生类成员以及类外对象对于从基类继承来的成员的访问权限,这将在 7.2 节详细介绍。

前面的例子中对 Base1 是公有继承,对 Base2 是私有继承,同时声明了派生类自己新的构造函数和析构函数。

派生类成员是指除了从基类继承来的所有成员之外,新增加的数据和函数成员。这些新增的成员,正是派生类不同于基类的关键所在,是派生类对基类的发展。当重用和扩充已有的代码时,就是通过在派生类中新增成员来添加新的属性和功能。可以说,这就是类在继承基础上的进化和发展。

7.1.3　派生类生成过程

在 C++ 程序设计中,进行了派生类的定义之后,给出该类的成员函数的实现,整个类就算完成了,可以由它来生成对象进行实际问题的处理。仔细分析派生新类这个过程,实际是经历了 3 个步骤:吸收基类成员、改造基类成员、添加新的成员。面向对象的继承和派生机制,其最主要目的是实现代码的重用和扩充。因此,吸收基类成员就是一个重用的过程,而对基类成员进行调整、改造以及添加新成员就是原有代码的扩充过程,二者是相辅相成的。下面以 7.1.1 节中提出的个人银行账户管理系统为例分别对这几个步骤进行解释。基类 Account 和派生类 CreditAccount 定义如下,类的实现部分暂时略去,在 7.7 节中将列出解决这个问题的完整程序。

```cpp
class Account {                              //账户类
private:
    std::string id;                          //账号
    double balance;                          //余额
    static double total;                     //所有账户的总金额
protected:
    Account(const Date &date, const std::string &id);
    void record(const Date &date, double amount, const std::string &desc);
    void error(const std::string &msg) const;
public:
    const std::string &getId() const {return id;}
    double getBalance() const {return balance;}
    static double getTotal(){return total;}
    void show() const;
};

class CreditAccount : public Account {            //信用账户类
private:
    Accumulator acc;                             //辅助计算利息的累加器
    double credit;                               //信用额度
    double rate;                                 //欠款的日利率
    double fee;                                  //信用卡年费
    double getDebt() const;
public:
    //构造函数
```

```
    CreditAccount(const Date &date, const std::string &id, double credit,
    double rate, double fee);
    double getCredit() const;
    double getRate() const;
    double getFee() const;
    double getAvailableCredit();
    void deposit(const Date &date, double amount, const std::string &desc);
    void withdraw(const Date &date, double amount, const std::string &desc);
    void settle(const Date &date);
    void show() const;
};
```

1. 吸收基类成员

在 C++ 的类继承中，第一步是将基类的成员全盘接收，这样，派生类实际上就包含了它的全部基类中除构造和析构函数之外的所有成员。在派生过程中构造函数和析构函数都不被继承，这一点将在 7.3 节中详细介绍。在这里，派生类 CreditAccount 继承了基类 Account 中除构造和析构函数之外的所有非静态成员：id，balance，record 函数，error 函数，getId 函数，getBalance 函数，show 函数。经过派生过程这些成员便存在于派生类之中。

2. 改造基类成员

对基类成员的改造包括两个方面，一个是基类成员的访问控制问题，主要依靠派生类定义时的继承方式来控制，将在 7.2 节中详细介绍。另一个是对基类数据或函数成员的覆盖或隐藏，覆盖的概念将在第 8 章介绍，而隐藏就是简单地在派生类中声明一个和基类数据或函数同名的成员，例如这个例子中的 show()。**如果派生类声明了一个和某基类成员同名的新成员（如果是成员函数，则参数表也要相同，参数不同的情况属于重载），派生的新成员就隐藏了外层同名成员**。这时在派生类中或者通过派生类的对象，直接使用成员名就只能访问到派生类中声明的同名成员，这称做**同名隐藏**。在这里派生类 CreditAccount 中的 show() 函数就隐藏了基类 Account 中的同名函数。

3. 添加新的成员

派生类新成员的加入是继承与派生机制的核心，是保证派生类在功能上有所发展的关键。可以根据实际情况的需要，给派生类添加适当的数据和函数成员，来实现必要的新增功能。在这里派生类 CreditAccount 中就添加了数据成员 acc，credit，rate 和 fee。

由于在派生过程中，基类的构造函数和析构函数是不能被继承的，因此要实现一些特别的初始化和扫尾清理工作，就需要在派生类中加入新的构造和析构函数。例如派生类 CreditAccount 的构造函数 CreditAccount()。

本章的内容基本上是按照派生的这 3 个步骤组织的。第一步实际在定义派生类之后自动完成了，程序员无法干预，我们也不再做深入讨论。第二个步骤中着重学习不同继承方式下的基类成员的访问控制问题。在第三步中，重点放在了构造函数和析构函数上，其他一般成员的添加，方法和规则与定义一个类时完全相同，可以参看第 4 章的内容。接着学习在较为复杂的继承关系中，类成员的唯一标识和访问问题。最后通过类的继承实例作为本章的回顾与总结。

7.2　访问控制

派生类继承了基类的全部数据成员和除了构造、析构函数之外的全部函数成员,但是这些成员的访问属性在派生的过程中是可以调整的。从基类继承的成员,其访问属性由继承方式控制。

基类的成员可以有 public(公有)、protected(保护)和 private(私有)三种访问属性。基类的自身成员可以对基类中任何一个其他成员进行访问,但是通过基类的对象,就只能访问该类的公有成员。

类的继承方式有 **public**(公有继承)、**protected**(保护继承)和 **private**(私有继承)三种。不同的继承方式,导致原来具有不同访问属性的基类成员在派生类中的访问属性也有所不同。这里说的访问来自两个方面:一是派生类中的新增成员访问从基类继承的成员;二是在派生类外部(非类族内的成员),通过派生类的对象访问从基类继承的成员。下面分别进行讨论。

7.2.1　公有继承

当类的继承方式为公有继承时,基类的公有成员和保护成员的访问属性在派生类中不变,而基类的私有成员不可直接访问。也就是说基类的公有成员和保护成员被继承到派生类中访问属性不变,仍作为派生类的公有成员和保护成员,派生类的其他成员可以直接访问它们。在类族之外只能通过派生类的对象访问从基类继承的公有成员,而无论是派生类的成员还是派生类的对象都无法**直接**访问基类的私有成员。

例 7-1　Point 类公有继承。

Point 类是在前面的章节中多次使用的类。在这个例子中,将从 Point 类派生出新的 Rectangle(矩形)类。矩形是由一个点加上长、宽构成。矩形的点具备了 Point 类的全部特征,同时,矩形自身也有一些特点,这就需要在继承 Point 类的同时添加新的成员。这两个类的继承关系可以用 UML 图形描述,如图 7-3 所示。

下面先来看程序的头文件部分。

```
//Point.h
#ifndef _POINT_H
#define _POINT_H
class Point {                          //基类 Point 类的定义
public:                                //公有函数成员
    void initPoint(float x=0, float y=0){this->x=x; this->y=y;}
    void move(float offX, float offY){x+=offX; y+=offY;}
    float getX() const {return x;}
    float getY() const {return y;}
private:                               //私有数据成员
    float x, y;
```

图 7-3　Point 类和 Rectangle 类的继承关系的 UML 图形表示

```
};
#endif                                              //_POINT_H


//Rectangle.h
#ifndef _RECTANGLE_H
#define _RECTANGLE_H
#include "Point.h"
class Rectangle: public Point {                     //派生类定义部分
public:                                             //新增公有函数成员
    void initRectangle(float x, float y, float w, float h){
        initPoint(x, y);                            //调用基类公有成员函数
        this->w=w;
        this->h=h;
    }
    float getH() const {return h;}
    float getW() const {return w;}
private:                                            //新增私有数据成员
    float w, h;
};
#endif                                              //_RECTANGLE_H
```

这里首先定义了基类 Point。派生类 Rectangle 继承了 Point 类的全部成员（隐含的默认构造和析构函数除外），因此在派生类中，实际所拥有的成员就是从基类继承过来的成员与派生类新定义成员的总和。继承方式为公有继承，这时，基类中的公有成员在派生类中的访问属性保持原样，派生类的成员函数及对象可以访问到基类的公有成员（例如在

派生类函数成员 initRectangle 中直接调用基类的函数 initPoint)，但是无法访问基类的私有成员(例如基类的 x,y)。基类原有的外部接口(例如基类的 getX()和 getY()函数)变成了派生类外部接口的一部分。当然，派生类自己新增的成员之间都是可以互相访问的。

Rectangle 类继承了 Point 类的成员，也就实现了代码的重用，同时通过新增成员，加入了自身的独有特征，达到了程序的扩充。

程序的主函数部分如下：

```
//7_1.cpp
#include <iostream>
#include <cmath>
#include "Rectangle.h"
using namespace std;
int main(){
    Rectangle rect;                              //定义 Rectangle 类的对象
    rect.initRectangle(2, 3, 20, 10);            //设置矩形的数据
    rect.move(3,2);                              //移动矩形位置
    cout<<"The data of rect(x,y,w,h): "<<endl;
    cout<<rect.getX() <<", "                     //输出矩形的特征参数
      <<rect.getY()<<", "
      <<rect.getW()<<", "
      <<rect.getH()<<endl;
    return 0;
}
```

程序的运行结果是：

```
The data of rect(x,y,w,h):
5, 5, 20, 10
```

主函数中首先声明了一个派生类的对象 rect，对象生成时调用了系统所产生的默认构造函数，这个函数的功能是什么都不做。然后通过派生类的对象，访问了派生类的公有函数 initRectangle，move 等，也访问了派生类从基类继承来的公有函数 getX()，getY()。这样我们看到了，从一个基类以公有方式产生了派生类之后，在派生类的成员函数中，以及通过派生类的对象如何访问从基类继承的公有成员。

7.2.2 私有继承

当类的继承方式为私有继承时，基类中的公有成员和保护成员都以私有成员身份出现在派生类中，而基类的私有成员在派生类中不可直接访问。也就是说基类的公有成员和保护成员被继承后作为派生类的私有成员，派生类的其他成员可以直接访问它们，但是在类族外部通过派生类的对象无法直接访问它们。无论是派生类的成员还是通过派生类的对象，都无法直接访问从基类继承的私有成员。

经过私有继承之后，所有基类的成员都成为了派生类的私有成员或不可直接访问的成员，如果进一步派生的话，基类的全部成员就无法在新的派生类中被直接访问。因此，

私有继承之后,基类的成员再也无法在以后的派生类中直接发挥作用,实际是相当于中止了基类功能的继续派生,出于这种原因,一般情况下私有继承的使用比较少。

例 7-2　Point 类私有继承。

这个例子所面对的问题和例 7-1 相同,只是采用不同的继承方式,即在继承过程中对基类成员的访问权限设置不同。程序类的定义部分如下:

```
//Point.h
#ifndef _POINT_H
#define _POINT_H
class Point {                                       //基类 Point 类的定义
public:                                             //公有函数成员
    void initPoint(float x=0, float y=0){this->x=x; this->y=y;}
    void move(float offX, float offY){x+=offX; y+=offY;}
    float getX() const {return x;}
    float getY() const {return y;}
private:                                             //私有数据成员
    float x, y;
};
#endif                                               //_POINT_H


//Rectangle.h
#ifndef _RECTANGLE_H
#define _RECTANGLE_H
#include "Point.h"
class Rectangle: private Point {                    //派生类定义部分
public:                                             //新增公有函数成员
    void initRectangle(float x, float y, float w, float h){
        initPoint(x, y);                            //调用基类公有成员函数
        this->w=w;
        this->h=h;
    }
    void move(float offX, float offY){Point::move(offX, offY);}
    float getX() const {return Point::getX();}
    float getY() const {return Point::getY();}
    float getH() const {return h;}
    float getW() const {return w;}
private:                                             //新增私有数据成员
    float w, h;
};
#endif                                               //_RECTANGLE_H
```

同样,派生类 Rectangle 继承了 Point 类的成员,因此在派生类中,实际所拥有的成员就是从基类继承来的成员与派生类新成员的总和。继承方式为私有继承,这时,基类中的公有和保护成员在派生类中都以私有成员的身份出现。派生类的成员函数及对象无法访

问基类的私有成员（例如基类的 x，y）。派生类的成员仍然可以访问到从基类继承过来的公有和保护成员（例如在派生类函数成员 initRectangle 中直接调用基类的函数 initPoint），但是在类外部通过派生类的对象根本无法直接访问到基类的任何成员，基类原有的外部接口（例如基类的 getX() 和 getY() 函数）被派生类封装和隐蔽起来。当然，派生类新增的成员之间仍然可以自由地互相访问。

在私有继承情况下，为了保证基类的一部分外部接口特征能够在派生类中也存在，就必须在派生类中重新声明同名的成员。这里在派生类 Rectangle 中，重新声明了 move，getX，getY 等函数，利用派生类对基类成员的访问能力，把基类的原有成员函数的功能照搬过来。这种在派生类中重新声明的成员函数具有比基类同名成员函数更小的作用域，因此在调用时，根据同名隐藏的原则，自然会使用派生类的函数。

程序的主函数部分和例 7-1 完全相同，但是执行过程有所不同。

```cpp
//7_2.cpp
#include <iostream>
#include <cmath>
#include "Rectangle.h"
using namespace std;

int main(){
    Rectangle rect;                              //定义 Rectangle 类的对象
    rect.initRectangle(2, 3, 20, 10);            //设置矩形的数据
    rect.move(3,2);                              //移动矩形位置
    cout<<"The data of rect(x,y,w,h): "<<endl;
    cout<<rect.getX() <<", "                     //输出矩形的特征参数
      <<rect.getY()<<", "
      <<rect.getW()<<", "
      <<rect.getH()<<endl;
    return 0;
}
```

和例 7-1 主函数最大的不同是：本例的 Rectangle 类对象 rect 调用的函数都是派生类自身的公有成员，因为是私有继承，它不可能访问到任何一个基类的成员。同例 7-1 Point 类公有继承相比较，本例对程序修改的只是派生类的内容，基类和主函数部分根本没有做过任何改动，读者也可以看到面向对象程序设计封装性的优越性。Rectangle 类的外部接口不变，内部成员的实现做了改造，根本就没有影响到程序的其他部分，这正是面向对象程序设计重用与可扩充性的一个实际体现。程序运行的结果同例 7-1。

7.2.3　保护继承

保护继承中，基类的公有成员和保护成员都以保护成员的身份出现在派生类中，而基类的私有成员不可直接访问。这样，派生类的其他成员就可以直接访问从基类继承来的公有和保护成员，但在类外部通过派生类的对象无法直接访问它们，如图 7-4 所示。无论是派生类的成员还是派生类的对象都无法直接访问基类的私有成员。

图 7-4　类保护成员访问规则的 UML 表示

　　比较私有继承和保护继承可以看出,实际上在直接派生类中,所有成员的访问属性都是完全相同的。但是,如果派生类作为新的基类继续派生时,二者的区别就出现了。假设 Rectangle 类以私有方式继承了 Point 类后,Rectangle 类又派生出 Square 类,那么 Square 类的成员和对象都不能访问间接从 Point 类中继承来的成员。如果 Rectangle 类是以保护方式继承了 Point 类,那么 Point 类中的公有和保护成员在 Rectangle 类中都是保护成员。Rectangle 类再派生出 Square 类后,Point 类中的公有和保护成员被 Square 类间接继承后,有可能是保护的或者是私有的(视从 Rectangle 到 Square 的派生方式不同而不同)。因而,Square 类的成员有可能可以访问间接从 Point 类中继承来的成员。

　　从继承的访问规则,可以看到类中保护成员的特征。如果 Point 类中含有保护成员,对于建立 Point 类对象的模块来讲,保护成员和该类的私有成员一样是不可访问的。如果 Point 类派生出子类 Rectangle,则对于 Rectangle 类来讲,保护成员与公有成员具有相同的访问特性。换句话来说,就是 Point 类中的保护成员有可能被它的派生类访问,但是决不可能被其他外部使用者(比如程序中的普通函数、与 Point 类平行的其他类等)访问。这样,如果合理地利用保护成员,就可以在类的复杂层次关系中在共享与成员隐蔽之间找到一个平衡点,既能实现成员隐蔽,又能方便继承,实现代码的高效重用和扩充。

　　下面再通过两个简单的例子对上述问题进行深入说明。假定某一个类 A 有保护数据成员 x,我们来讨论成员 x 的访问特征。

　　基类 A 的定义为:

```
class A {
protected:              //保护数据成员
    int x;
};
```

如果主函数为:

```
int main(){
    A a;
```

```
    a.x=5;             //错误!
}
```

程序在编译阶段就会出错,错误原因就是在建立 A 类对象的模块——主函数中试图访问 A 类的保护成员,这是不允许的,因为该成员的访问规则和 A 类的私有成员是相同的。这就说明在建立 A 类对象 a 的模块中是无法访问 A 类的保护成员的,在这种情况下,保护成员和私有成员一样得到了很好的隐蔽。

如果 A 类以公有方式派生产生了 B 类,则在 B 类中,A 类保护成员和该类的公有成员一样是可以访问的。例如:

```
class A {
protected:
    int x;
};
class B: public A {          //公有派生
public:
    void function();
};
void B::function(){
    x=5;
}
```

在派生类 B 的成员函数 function 内部,是完全可以访问基类的保护成员的。

注意　如果 B 是 A 的派生类,B 的成员函数只能通过 B 的对象访问 A 中定义的 protected 成员,而不能通过 A 的对象访问 A 的 protected 成员。

7.3　类型兼容规则

类型兼容规则是指在需要基类对象的任何地方,都可以使用公有派生类的对象来替代。通过公有继承,派生类得到了基类中除构造函数、析构函数之外的所有成员。这样,公有派生类实际就具备了基类的所有功能,凡是基类能解决的问题,公有派生类都可以解决。类型兼容规则中所指的替代包括以下的情况。

- 派生类的对象可以隐含转换为基类对象。
- 派生类的对象可以初始化基类的引用。
- 派生类的指针可以隐含转换为基类的指针。

在替代之后,派生类对象就可以作为基类的对象使用,但只能使用从基类继承的成员。

如果 B 类为基类,D 为 B 类的公有派生类,则 D 类中包含了基类 B 中除构造、析构函数之外的所有成员。这时,根据类型兼容规则,在基类 B 的对象可以出现的任何地方,都可以用派生类 D 的对象来替代。在如下程序中,b1 为 B 类的对象,d1 为 D 类的对象。

```
class B {…}
class D: public B {…}
```

```
B b1, * pb1;
D d1;
```

这时：

（1）派生类对象可以隐含转换为基类对象，即用派生类对象中从基类继承来的成员，逐个赋值给基类对象的成员：

```
b1=d1;
```

（2）派生类的对象也可以初始化基类对象的引用：

```
B &rb=d1;
```

（3）派生类对象的地址也可以隐含转换为指向基类的指针：

```
pb1=&d1
```

由于类型兼容规则的引入，对于基类及其公有派生类的对象，可以使用相同的函数统一进行处理。因为当函数的形参为基类的对象（或引用、指针）时，实参可以是派生类的对象（或指针），而没有必要为每一个类设计单独的模块，大大提高了程序的效率。这正是 C++ 的又一重要特色，即第 8 章要学习的多态性。可以说，类型兼容规则是多态性的重要基础之一。下面来看一个例子，例中使用同样的函数对同一个类族中的对象进行操作。

例 7-3 类型兼容规则实例。

本例中，基类 Base1 以公有方式派生出 Base2 类，Base2 类再作为基类以公有方式派生出 Derived 类。基类 Base1 中定义了成员函数 display()，在派生类中对这个成员函数进行了隐藏。类的派生关系的 UML 图形表示如图 7-5 所示。

程序代码如下：

```
//7_3.cpp
#include <iostream>
using namespace std;

class Base1 {                    //基类 Base1 定义
public:
    void display() const {cout<<"Base1::display()"<<endl;}
};
```

图 7-5 类的派生关系的
UML 图形表示

```
class Base2: public Base1 {      //公有派生类 Base2 定义
public:
    void display() const {cout<<"Base2::display()"<<endl;}
};

class Derived: public Base2 {    //公有派生类 Derived 定义
public:
    void display() const {cout<<"Derived::display()"<<endl;}
```

```
};

void fun(Base1 * ptr){              //参数为指向基类对象的指针
    ptr->display();                 //"对象指针->成员名"
}

int main(){                         //主函数
    Base1 base1;                    //声明 Base1 类对象
    Base2 base2;                    //声明 Base2 类对象
    Derived derived;                //声明 Derived 类对象

    fun(&base1);                    //用 Base1 对象的指针调用 fun 函数
    fun(&base2);                    //用 Base2 对象的指针调用 fun 函数
    fun(&derived);                  //用 Derived 对象的指针调用 fun 函数

    return 0;
}
```

程序的运行结果为：

```
B0::display()
B0::display()
B0::display()
```

这样,通过"对象名.成员名"或者"对象指针->成员名"的方式,就应该可以访问到各派生类中继承自基类的成员。虽然根据类型兼容原则,可以将派生类对象的地址赋值给基类 Base1 的指针,但是通过这个基类类型的指针,却只能访问到从基类继承的成员。

在程序中,声明了一个形参为基类 Base1 类型指针的普通函数 fun,根据类型兼容规则,可以将公有派生类对象的地址赋值给基类类型的指针,这样,使用 fun 函数就可以统一对这个类族中的对象进行操作。程序运行过程中,分别把基类对象、派生类 Base2 的对象和派生类 Derived 的对象赋值给基类类型指针 p,但是,通过指针 p,只能使用继承下来的基类成员。也就是说,尽管指针指向派生类 Derived 的对象,fun 函数运行时通过这个指针只能访问到 Derived 类从基类 Base1 继承过来的成员函数 display,而不是 Derived 类自己的同名成员函数。因此,主函数中 3 次调用函数 fun 的结果是同样的——访问了基类的公有成员函数。

通过这个例子可以看到,根据类型兼容规则,可以在基类对象出现的场合使用派生类对象进行替代,但是替代之后派生类仅仅发挥出基类的作用。在第 8 章,将学习面向对象程序设计的另一个重要特征——多态性。多态的设计方法可以保证在类型兼容的前提下,基类、派生类分别以不同的方式来响应相同的消息。

7.4　派生类的构造和析构函数

继承的目的是为了发展,派生类继承了基类的成员,实现了原有代码的重用,这只是一部分,而代码的扩充才是最主要的,只有通过添加新的成员,加入新的功能,类的派生才有实际意义。在前面的例子中,已经学习了派生类一般成员的添加,本节着重讨论派生类的构造函数和析构函数的一些特点。由于基类的构造函数和析构函数不能被继承,在派生类中,如果对派生类新增的成员进行初始化,就必须为派生类添加新的构造函数。但是派生类的构造函数只负责对派生类新增的成员进行初始化,对所有从基类继承下来的成员,其初始化工作还是由基类的构造函数完成。同样,对派生类对象的扫尾、清理工作也需要加入新的析构函数。

7.4.1　构造函数

定义了派生类之后,要使用派生类就需要声明该类的对象。对象在使用之前必须初始化。派生类的成员对象是由所有基类的成员对象与派生类新增的成员对象共同组成。**因此构造派生类的对象时,就要对基类的成员对象和新增成员对象进行初始化**。基类的构造函数并没有继承下来,要完成这些工作,就必须给派生类添加新的构造函数。派生类对于基类的很多成员对象是不能直接访问的,因此要完成对基类成员对象的初始化工作,需要通过调用基类的构造函数。派生类的构造函数需要以合适的初值作为参数,其中一些参数要传递给基类的构造函数,用于初始化相应的成员,另一些参数要用于对派生类新增的成员对象进行初始化。在构造派生类的对象时,会首先调用基类的构造函数,来初始化它们的数据成员,然后按照构造函数初始化列表中指定的方式初始化派生类新增的成员对象,最后才执行派生类构造函数的函数体。

派生类构造函数的一般语法形式为:

派生类名∷派生类名(参数表):基类名 1(基类 1 初始化参数表),…,基类名 n(基类 n 初始化参数表),成员对象名 1(成员对象 1 初始化参数表),…,成员对象名 m(成员对象 m 初始化参数表)
{
　　　　派生类构造函数的其他初始化操作;
}

这里,派生类的构造函数名与类名相同。在构造函数的参数表中,需要给出初始化基类数据和新增成员对象所需要的参数。在参数表之后,列出需要使用参数进行初始化的基类名和成员对象名及各自的初始化参数表,各项之间使用逗号分隔。

当一个类同时有多个基类时,对于所有需要给予参数进行初始化的基类,都要显式给出基类名和参数表。对于使用默认构造函数的基类,可以不给出类名。同样,对于成员对象,如果是使用默认构造函数,也不需要写出对象名和参数表。

下面来讨论什么时候需要声明派生类的构造函数。**如果对基类初始化时,需要调用基类的带有形参表的构造函数时,派生类就必须声明构造函数**,提供一个将参数传递给基类构造函数的途径,保证在基类进行初始化时能够获得必要的数据。如果不需要调用基类的带参数的构造函数,也不需要调用新增的成员对象的带参数的构造函数,派生类也可以不声明构造函数,全部采用默认的构造函数,这时新增成员的初始化工作可以用其他公有函数来完成。当派生类没有显式的构造函数时,系统会隐含生成一个默认构造函数,该函数会使用基类的默认构造函数对继承自基类的数据初始化,并且调用类类型的成员对象的默认构造函数,对这些成员对象初始化。

派生类构造函数执行的一般次序如下。

(1) 调用基类构造函数,调用顺序按照它们被继承时声明的顺序(从左向右)。

(2) 对派生类新增的成员对象初始化,调用顺序按照它们在类中声明的顺序。

(3) 执行派生类的构造函数体中的内容。

细节　构造函数初始化列表中基类名、对象名之间的次序无关紧要,它们各自出现的顺序可以是任意的,无论它们的顺序怎样安排,基类构造函数的调用和各个成员对象的初始化顺序都是确定的。

例 7-4　派生类构造函数举例(多继承、含有内嵌对象)。

这是一个具有一般性特征的例子,有 3 个基类 Base1,Base2 和 Base3。其中 Base3 只有一个默认的构造函数,其余两个基类的成员只是一个带有参数的构造函数。类 Derived 由这 3 个基类经过公有派生而来。派生类新增加了 3 个私有对象成员,分别是 Base1,Base2 和 Base3 类的对象。程序如下:

```
//7_4.cpp
#include <iostream>
using namespace std;
class Base1 {                                    //基类 Base1,构造函数有参数
public:
    Base1(int i){cout<< "Constructing Base1 "<<i<<endl;}
};
class Base2 {                                    //基类 Base2,构造函数有参数
public:
    Base2(int j){cout<< "Constructing Base2 "<<j<<endl;}
};
class Base3 {                                    //基类 Base3,构造函数无参数
public:
    Base3(){cout<< "Constructing Base3 * "<<endl;}
};
class Derived: public Base2, public Base1, public Base3 {
//派生新类 Derived,注意基类名的顺序
public:                                          //派生类的公有成员
    Derived(int a, int b, int c, int d): Base1(a), member2(d), member1(c), Base2(b)
    {}
    //注意基类名的个数与顺序,注意成员对象名的个数与顺序
private:                                          //派生类的私有成员对象
    Base1 member1;
    Base2 member2;
    Base3 member3;
};

int main(){
    Derived obj(1, 2, 3, 4);
    return 0;
```

```
}
```

程序的运行结果为：

```
Constructing Base2 2
Constructing Base1 1
Constructing Base3 *
Constructing Base1 3
Constructing Base2 4
Constructing Base3 *
```

下面来仔细分析派生类构造函数的特点。因为基类及内嵌对象成员都具有非默认形式的构造函数，所以派生类中需要显式声明一个构造函数，这个派生类构造函数的主要功能就是初始化基类及内嵌对象成员。按照前面所讲过的规则，派生类的构造函数定义为：

```
Derived(int a, int b, int c, int d):Base1(a), member2(d), member1(c), Base2(b){}
```

构造函数的参数表中给出了基类及内嵌成员对象所需的全部参数，在冒号之后，分别列出了各个基类及内嵌对象名和各自的参数。这里，有两个问题需要注意：首先，这里并没有列出全部基类和成员对象，由于 Base3 类只有默认构造函数，不需要给它传递参数，因此，基类 Base3 以及 Base3 类成员对象 member3 就不必列出。其次，基类名和成员对象名的顺序是随意的。这个派生类构造函数的函数体为空，可见实际上只是起到了传递参数和调用基类及内嵌对象构造函数的作用。

程序的主函数中只是声明了一个派生类 Derived 的对象 obj，生成对象 obj 时调用了派生类的构造函数。下面来考虑 Derived 类构造函数的执行情况，它应该是先调用基类的构造函数，然后调用内嵌对象的构造函数。基类构造函数的调用顺序是按照派生类定义时的顺序，因此应该是先 Base2，再 Base1，最后 Base3；而内嵌对象的构造函数调用顺序应该是按照成员在类中声明的顺序，应该是先 Base1，再 Base2，最后 Base3。程序运行的结果也完全证实了这种分析。

派生类构造函数定义中，并没有显式列出基类 Base3 和 Base3 类的对象 member3，这时系统就会自动调用该类的默认构造函数。如果一个基类同时声明了默认构造函数和带有参数的构造函数，那么在派生类构造函数声明中，既可以显式列出基类名和相应的参数，也可以不列出，程序员可以根据实际情况的需要来自行安排。

7.4.2　复制构造函数

当存在类的继承关系时，复制构造函数该如何编写呢？对一个类，如果程序员没有编写复制构造函数，编译系统会在必要时自动生成一个隐含的复制构造函数，这个隐含的复制构造函数会自动调用基类的复制构造函数，然后对派生类新增的成员对象一一执行复制。

如果要为派生类编写复制构造函数，一般需要为基类相应的复制构造函数传递参数。例如，假设 Derived 类是 Base 类的派生类，Derived 类的复制构造函数形式如下：

```
Derived::Derived(const Derived &v) : Base(v){…}
```

对此,读者未免困惑:Base 类的复制构造函数参数类型应该是 Base 类对象的引用,怎么这里用 Derived 类对象的引用 v 作为参数呢? 这是因为类型兼容规则在这里起了作用:可以用派生类的对象去初始化基类的引用。因此当函数的形参是基类的引用时,实参可以是派生类的对象。

7.4.3　析构函数

派生类的析构函数的功能是在该类对象消亡之前进行一些必要的清理工作。析构函数没有类型,也没有参数,和构造函数相比情况略微简单些。

在派生过程中,基类的析构函数也不能继承下来,如果需要析构的话,就要在派生类中声明新的析构函数。派生类析构函数的声明方法与没有继承关系的类中析构函数的声明方法完全相同,只要在函数体中负责把派生类新增的非对象成员的清理工作做好就够了,系统会自己调用基类及对象成员的析构函数来对基类及对象成员进行清理。但它的执行次序和构造函数正好完全相反,首先执行析构函数的函数体,然后对派生类新增的类类型的成员对象进行清理,最后对所有从基类继承来的成员进行清理。这些清理工作分别是执行派生类析构函数体、调用类类型的派生类对象成员所在类的析构函数和调用基类析构函数。对这些析构函数的调用次序,与对构造函数的调用次序刚好完全相反。

在本章前面的所有例子中,都没有显式声明过某个类的析构函数,这种情况下,编译系统会自动为每个类都生成一个默认的析构函数,并在对象生存期结束时自动调用。这样自动生成的析构函数的函数体是空的,但并非不做任何事情,它会隐含地调用派生类对象成员所在类的析构函数和调用基类的析构函数。

例 7-5　派生类析构函数举例(多继承、含有嵌入对象)。

下面对例 7-4 进行改造,分别给所有基类加入析构函数。程序如下:

```
//7_5.cpp
#include<iostream>
using namespace std;

class Base1 {                              //基类 Base1,构造函数有参数
public:
    Base1(int i){cout<<"Constructing Base1 "<<i<<endl;}
    ~Base1(){cout<<"Destructing Base1"<<endl;}
};

class Base2 {                              //基类 Base2,构造函数有参数
public:
    Base2(int j){cout<<"Constructing Base2 "<<j<<endl;}
    ~Base2(){cout<<"Destructing Base2"<<endl;}
};

class Base3 {                              //基类 Base3,构造函数无参数
public:
```

```
        Base3(){cout<<"Constructing Base3 * "<<endl;}
        ~Base3(){cout<<"Destructing Base3"<<endl;}
};
```

```
class Derived: public Base2, public Base1, public Base3 {
//派生新类 Derived,注意基类名的顺序
public:                                    //派生类的公有成员
        Derived(int a, int b, int c, int d): Base1(a), member2(d), member1(c), Base2
(b)
        {}
        //注意基类名的个数与顺序,注意成员对象名的个数与顺序
private:                                    //派生类的私有成员对象
        Base1 member1;
        Base2 member2;
        Base3 member3;
};
```

```
int main(){
        Derived obj(1, 2, 3, 4);
        return 0;
}
```

程序的运行结果如下:

```
Constructing Base2 2
Constructing Base1 1
Constructing Base3 *
Constructing Base1 3
Constructing Base2 4
Constructing Base3 *
Destructing Base3
Destructing Base2
Destructing Base1
Destructing Base3
Destructing Base1
Destructing Base2
```

程序中,给 3 个基类分别加入了析构函数,派生类没有做任何改动,仍然使用的是由系统提供的默认析构函数。主函数也保持原样。程序在执行时,首先执行派生类的构造函数,然后执行派生类的析构函数。构造函数部分已经讨论过了,派生类默认的析构函数又分别调用了成员对象及基类的析构函数,这时的次序刚好和构造函数执行时完全相反。

程序运行时的输出验证了我们的分析。关于派生类构造函数和析构函数的问题,这里只通过一个简单的例子说明了语法规则,在以后的实例中还会结合使用情况继续进行讨论。

7.5　派生类成员的标识与访问

围绕类派生吸收基类成员、改造基类成员和添加新成员的过程,我们学习了 C++ 中继承与派生的语法规则。经过类的派生,就形成了一个具有层次结构的类族。这一节,主要讨论派生类使用过程中的一些问题,也就是标识和访问派生类及其对象的成员(包括了基类中继承来的部分和新增的部分)问题。

在派生类中,成员可以按访问属性划分为以下 4 种。

(1) **不可访问的成员**。这是从基类私有成员继承而来的,派生类或是建立派生类对象的模块都没有办法访问到它们,如果从派生类继续派生新类,也是无法访问的。

(2) **私有成员**。这里可以包括从基类继承过来的成员以及新增加的成员,在派生类内部可以访问,但是建立派生类对象的模块中无法访问,继续派生,就变成了新的派生类中的不可访问成员。

(3) **保护成员**。可能是新增也可能是从基类继承过来的,派生类内部成员可以访问,建立派生类对象的模块无法访问,进一步派生,在新的派生类中可能成为私有成员或者保护成员。

(4) **公有成员**。派生类、建立派生类的模块都可以访问,继续派生,可能是新派生类中的私有、保护或者公有成员。

在对派生类的访问中,实际上有两个问题需要解决:第一是唯一标识问题,第二是成员本身的属性问题,严格讲应该是可见性问题。我们只能访问一个能够唯一标识的可见成员。如果通过某一个表达式能引用的成员不只一个,称为有二义性。二义性问题,也就是本节讨论的唯一标识问题。

7.5.1　作用域分辨符

作用域分辨符,就是我们经常见到的“::”,它可以用来限定要访问的成员所在的类的名称。一般的使用形式是:

　　　类名::成员名　　　　　　　　　　　　　　　//数据成员
　　　类名::成员名(参数表)　　　　　　　　　　　//函数成员

下面来看看作用域分辨符在类族层次结构中是如何唯一标识成员的。

对于在不同的作用域声明的标识符,可见性原则是:如果存在两个或多个具有包含关系的作用域,外层声明了一个标识符,而内层没有再次声明同名标识符,那么外层标识符在内层仍然可见;如果在内层声明了同名标识符,则外层标识符在内层不可见,这时称内层标识符**隐藏**了外层同名标识符,这种现象称为**隐藏规则**。

在类的派生层次结构中,基类的成员和派生类新增的成员都具有类作用域。二者的作用范围不同,是相互包含的两个层,派生类在内层。这时,如果派生类声明了一个和某个基类成员同名的新成员,派生的新成员就隐藏了外层同名成员,直接使用成员名只能访问到派生类的成员。**如果派生类中声明了与基类成员函数同名的新函数,即使函数的参**

数表不同,从基类继承的同名函数的所有重载形式也都会被隐藏。如果要访问被隐藏的成员,就需要使用作用域分辨符和基类名来限定。

对于多继承情况,首先考虑各个基类之间没有任何继承关系,同时也没有共同基类的情况。最典型的情况就是所有基类都没有上级基类。**如果某派生类的多个基类拥有同名的成员,同时,派生类又新增这样的同名成员,在这种情况下,派生类成员将隐藏所有基类的同名成员。**这时使用"对象名.成员名"或"对象指针->成员名"方式可以唯一标识和访问派生类新增成员,基类的同名成员也可以使用基类名和作用域分辨符访问。但是,如果派生类没有声明同名成员,"对象名.成员名"或"对象指针->成员名"方式就无法唯一标识成员。这时,从不同基类继承过来的成员具有相同的名称,同时具有相同的作用域,系统仅仅根据这些信息根本无法判断到底是调用哪个基类的成员,这时就必须通过基类名和作用域分辨符来标识成员。下面是一个程序实例。

细节　如果子类中定义的函数与父类的函数同名但具有不同的参数数量或参数类型,不属于函数重载,这时子类中的函数将使父类中的函数隐藏,调用父类中的函数必须使用父类名称来限定。只有在相同的作用域中定义的函数才可以重载。

例 7-6　多继承同名隐藏举例(1)。

在下面的程序中,定义了基类 Base1 和 Base2,由基类 Base1,Base2 共同公有派生产生了新类 Derived。两个基类中都声明了数据成员 var 和函数 fun,在派生类中新增了同名的两个成员。这时的 Derived 类共含有 6 个成员,而这 6 个成员只有两个名字。类的派生关系及派生类的结构如图 7-6 所示。

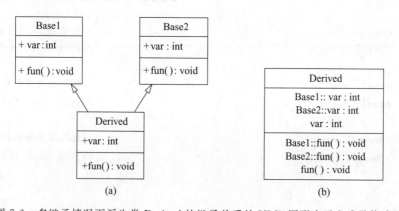

图 7-6　多继承情况下派生类 Derived 的继承关系的 UML 图形表示和成员构成图

现在来分析对派生类的访问情况。派生类中新增的成员具有更小的类作用域,因此,在派生类及建立派生类对象的模块中,派生类新增成员隐藏了基类的同名成员,这时使用"对象名.成员名"的访问方式,就只能访问到派生类新增的成员。对基类同名成员的访问,只能通过基类名和作用域分辨符来实现,也就是说,必须明确告诉系统要使用哪个基类的成员。源程序如下:

```cpp
//7_6.cpp
#include <iostream>
using namespace std;
```

```
class Base1 {                                          //定义基类 Base1
public:
    int var;
    void fun(){cout<<"Member of Base1"<<endl;}
};

class Base2 {                                          //定义基类 Base2
public:
    int var;
    void fun(){cout<<"Member of Base2"<<endl;}
};

class Derived: public Base1, public Base2 {            //定义派生类 Derived
public:
    int var;                                           //同名数据成员
    void fun(){cout<<"Member of Derived"<<endl;}       //同名函数成员
};

int main(){
    Derived d;
    Derived * p=&d;

    d.var=1;                                           //对象名.成员名标识
    d.fun();                                           //访问 Derived 类成员

    d.Base1::var=2;                                    //作用域分辨符标识
    d.Base1::fun();                                    //访问 Base1 基类成员

    p->Base2::var=3;                                   //作用域分辨符标识
    p->Base2::fun();                                   //访问 Base2 基类成员

    return 0;
}
```

程序的运行结果为：

```
Member of Derived
Member of Base1
Member of Base2
```

在主函数中，创建了一个派生类的对象 d，根据隐藏规则，如果通过成员名称来访问该类的成员，就只能访问到派生类新增加的两个成员，从基类继承过来的成员由于处于外层作用域而被隐藏。这时，要想访问从基类继承来的成员，就必须使用类名和作用域分辨符。程序中后面两组语句就是分别访问由基类 Base1，Base2 继承来的成员。

通过作用域分辨符,就明确地唯一标识了派生类中由基类所继承来的成员,达到了访问的目的,解决了成员被隐藏的问题。

如果在例 7-6 中,派生类没有声明与基类同名的成员,那么使用"对象名.成员名"就无法访问到任何成员,来自 Base1,Base2 类的同名成员具有相同的作用域,系统根本无法进行唯一标识,这时就必须使用作用域分辨符。

如果例 7-6 中的程序中派生类不增加新成员,改为如下形式:

```
class Derived: public Base1, public Base2 {};          //定义派生类 Derived
```

程序其余部分保持原样,主函数中"对象名.成员名"的访问方式就会出错。代码分析如下:

```
int main(){
    Derived d;
    Derived * p=&d;
    d.var=1;                    //错误,对象名.成员名标识具有二义性
    d.fun();                    //错误,对象名.成员名标识具有二义性
    d.Base1::var=2;             //作用域分辨符标识
    d.Base1::fun();             //访问 B1 基类成员
    p->Base2::var=3;            //作用域分辨符标识
    p->Base2::fun();            //访问 B2 基类成员
}
```

细节　如果希望 d.var 和 d.fun() 的用法不产生二义性,可以使用 using 关键字加以澄清。例如:

```
class Derived: public Base1, public Base2 {
public:
    using Base1::var;
    using Base1::fun;
};
```

这样,d.var 和 d.fun() 都可以明确表示对 Base1 中相关成员的引用了。using 的一般功能是将一个作用域中的名字引入到另一个作用域中,它还有一个非常有用的用法:将 using 用于基类中的函数名,这样派生类中如果定义同名但参数不同的函数,基类的函数不会被隐藏,两个重载的函数将会并存在派生类的作用域中。例如:

```
Class Derived2: public Base1 {
public:
    using Base1::fun;
    void fun(int i){…}
};
```

这时,使用 Derived2 的对象,既可以直接调用无参数的 fun 函数,又可以直接调用带 int 型参数的 fun 函数。

上面讨论多继承时,假定所有基类之间没有继承关系,如果这个条件得不到满足会出

现什么情况呢? **如果某个派生类的部分或全部直接基类是从另一个共同的基类派生而来,在这些直接基类中,从上一级基类继承来的成员就拥有相同的名称,因此派生类中也就会产生同名现象,对这种类型的同名成员也要使用作用域分辨符来唯一标识,而且必须用直接基类来进行限定。**

先来看一个例子。有一个基类 Base0,声明了数据成员 var0 和函数 fun0,由 Base0 公有派生产生了类 Base1 和 Base2,再以 Base1,Base2 作为基类共同公有派生产生了新类 Derived。在派生类中不再添加新的同名成员(如果有同名成员,同样遵循隐藏规则),这时的 Derived1 类,就含有通过 Base1,Base2 继承来的基类 Base0 中的同名成员 var0 和 fun0,类的派生关系及派生类的结构如图 7-7 所示。

(a) 派生关系　　　　　　　　　　　　(b) 成员构成图

图 7-7　多层多继承情况下派生类 Derived 继承关系 UML 图形表示和成员构成

现在来讨论同名成员 var0 和 fun0 的标识与访问问题。间接基类 Base0 的成员经过两次派生之后,通过不同的派生路径以相同的名字出现于派生类 Derived1 中。这时如果使用基类名 Base0 来限定,同样无法表明成员到底是从 Base1 还是 Base2 继承过来。因此必须使用直接基类 Base1 或者 Base2 的名称来限定,才能够唯一标识和访问成员。请看下面的源程序。

例 7-7 多继承同名隐藏举例(2)。

```cpp
//7_7.cpp
#include <iostream>
using namespace std;

class Base0 {                               //定义基类 Base0
public:
    int var0;
    void fun0(){cout<< "Member of Base0"<<endl;}
};
```

```
class Base1: public Base0 {                          //定义派生类 Base1
public:                                              //新增外部接口
    int var1;
};

class Base2: public Base0 {                          //定义派生类 Base2
public:                                              //新增外部接口
    int var2;
};

class Derived: public Base1, public Base2 {          //定义派生类 Derived
public:                                              //新增外部接口
    int var;
    void fun(){cout<< "Member of Derived"<<endl;}
};

int main(){                                          //程序主函数
    Derived d;                                       //定义 Derived 类对象 d
    d.Base1::var0=2;                                 //使用直接基类
    d.Base1::fun0();
    d.Base2::var0=3;                                 //使用直接基类
    d.Base2::fun0();
    return 0;
}
```

程序的运行结果为:

```
Member of Base0
Member of Base0
```

在程序主函数中,创建了一个派生类的对象 d,如果只通过成员名称来访问该类的成员 var0 和 fun0,系统就无法唯一确定要引用的成员。这时,必须使用作用域分辨符,通过直接基类名来确定要访问的从基类继承来的成员。

这种情况下,派生类对象在内存中就同时拥有成员 var0 的两份同名副本。对于数据成员来讲,虽然两个 var0 可以分别通过 Base1 和 Base2 调用 Base0 的构造函数进行初始化,可以存放不同的数值,也可以使用作用域分辨符通过直接基类名限定来分别进行访问,但是在很多情况下,我们只需要一个这样的数据副本。同一成员的多份副本增加了内存的开销。C++ 中提供了虚基类技术来解决这一问题。

提示　上例中,其实 Base0 类的函数成员 fun0 的代码始终只有一个副本,之所以调用 fun0 函数时仍然需要用基类名 Base1 或 Base2 加以限定,是因为调用非静态成员函数总是针对特定的对象,执行函数调用时需要将指向该类的一个对象的指针作为隐含的参数传递给被调函数来初始化 this 指针。上例中,Derived 类的对象中存在两个 Base0 类的子对象,因此调用 fun0 函数时,需要使用 Base1 或 Base2 加以限定,这样才能明确针对哪个 Base0 对象调用。

7.5.2　虚基类

当某类的部分或全部直接基类是从另一个共同基类派生而来时,在这些直接基类中从上一级共同基类继承来的成员就拥有相同的名称。在派生类的对象中,这些同名数据成员在内存中同时拥有多个副本,同一个函数名会有多个映射。可以使用作用域分辨符来唯一标识并分别访问它们,也可以**将共同基类设置为虚基类**,这时从不同的路径继承过来的同名数据成员在内存中就只有一个副本,同一个函数名也只有一个映射。这样就解决了同名成员的唯一标识问题。

虚基类的声明是在派生类的定义过程中进行的,其语法形式为:

```
class 派生类名:virtual 继承方式 基类名
```

上述语句声明基类为派生类的虚基类。在多继承情况下,虚基类关键字的作用范围和继承方式关键字相同,只对紧跟其后的基类起作用。声明了虚基类之后,虚基类的成员在进一步派生过程中和派生类一起维护同一个内存数据副本。

例 7-8　虚基类举例。

本例还是考虑前面提到的问题。有一个基类 Base0,声明了数据成员 var0 和函数 fun0,由 Base0 公有派生产生了类 Base1 和 Base2,与例 7-7 不同的是派生时声明 Base0 为虚基类,再以 Base1,Base2 作为基类共同公有派生产生了新类 Derived。在派生类中不再添加新的同名成员(如果有同名成员,同样遵循隐藏规则),这时的 Derived 类中,通过 Base1,Base2 两条派生路径继承来的基类 Base0 中的成员 var0 和 fun0 只有一份副本,类的派生关系的 UML 图形表示及派生类的结构如图 7-8 所示。

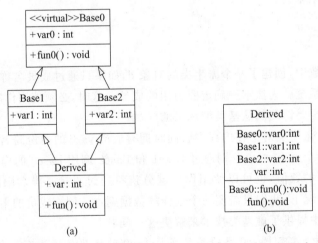

图 7-8　虚基类 Base0 和派生类 Derived 继承关系的 UML 图形表示和成员构成

使用了虚基类之后,在派生类 Derived 中只有唯一的数据成员 var0。在建立 Derived 类对象的模块中,直接使用"对象名.成员名"方式就可以唯一标识和访问这些成员。

源程序如下:

```
//7_8.cpp
#include <iostream>
using namespace std;

class Base0 {                                    //定义基类 Base0
public:
    int var0;
    void fun0(){cout<<"Member of Base0"<<endl;}
};

class Base1: virtual public Base0 {              //定义派生类 Base1
public:                                          //新增外部接口
    int var1;
};

class Base2: virtual public Base0 {              //定义派生类 Base2
public:                                          //新增外部接口
    int var2;
};

class Derived: public Base1, public Base2 {      //定义派生类 Derived
public:                                          //新增外部接口
    int var;
    void fun(){cout<<"Member of Derived"<<endl;}
};

int main(){                                      //程序主函数
    Derived d;                                   //定义 Derived 类对象 d
    d.var0=2;                                    //直接访问虚基类的数据成员
    d.fun0();                                    //直接访问虚基类的函数成员
    return 0;
}
```

程序的运行结果为:

```
Member of Base0
```

注意,虚基类声明只是在类的派生过程中使用了 virtual 关键字。在程序主函数中,创建了一个派生类的对象 d,通过成员名称就可以访问该类的成员 var0 和 fun0。

比较一下使用作用域分辨符和虚基类技术的例 7-7 和例 7-8,前者在派生类中拥有同名成员的多个副本,分别通过直接基类名来唯一标识,可以存放不同的数据、进行不同的操作,后者只维护一份成员副本。相比之下,前者可以容纳更多的数据,而后者使用更为简洁,内存空间更为节省。具体程序设计中,要根据实际问题的需要来选用合适的方法。

7.5.3 虚基类及其派生类构造函数

在例 7-8 中,虚基类的使用显得非常方便、简单,这是由于该程序中所有类使用的都是编译器自动生成的默认构造函数。如果虚基类声明有非默认形式的(即带形参的)构造函数,并且没有声明默认形式的构造函数,事情就比较麻烦了。这时,在整个继承关系中,直接或间接继承虚基类的所有派生类,都必须在构造函数的成员初始化表中列出对虚基类的初始化。例如,如果例 7-8 中的虚基类声明了带参数的构造函数,程序就要改成如下形式:

```cpp
#include <iostream>
using namespace std;
class Base0 {                                    //定义基类 Base0
public:                                          //外部接口
    Base0(int var) : var0(var) {}
    int var0;
    void fun0(){cout<< "Member of Base0"<<endl;}
};
class Base1: virtual public Base0 {              //Base0 为虚基类,派生 Base1 类
public:                                          //新增外部接口
    Base1(int var) : Base0(var) {}
    int var1;
};
class Base2: virtual public Base0 {              //Base0 为虚基类,派生 Base2 类
public:                                          //新增外部接口
    Base2(int var) : Base0(var) {}
    int var2;
};
class Derived: public Base1, public Base2 {      //派生类 Derived 定义
public:                                          //新增外部接口
    Derived(int var) : Base0(var),  Base1(var), Base2(var){}
    int var;
    void fun(){cout<< "Member of Derived"<<endl;}
};
int main(){                                      //程序主函数
    Derived d(1);                                //定义 Derived 类对象 d
    d.var=2;
    d.fun();
    return 0;
}
```

在这里,读者不免会担心:建立 Derived 类对象 d 时,通过 Derived 类的构造函数的初始化列表,不仅直接调用了虚基类构造函数 Base0,对从 Base0 继承的成员 var0 进行了初始化,而且还调用了直接基类 Base1 和 Base2 的构造函数 Base1()和 Base2(),而 Base1()和

Base2()的初始化列表中也都有对基类 Base0 的初始化。这样,对于从虚基类继承来的成员 var0 岂不是初始化了 3 次? 对于这个问题,C++ 编译器有很好的解决办法,我们完全不必担心,可以放心地像这样写程序。下面就来看看 C++ 编译器处理这个问题的策略。为了叙述方便,将建立对象时所指定的类称为当时的最远派生类。例如上述程序中,建立对象 d 时,Derived 就是最远派生类。建立一个对象时,如果这个对象中含有从虚基类继承来的成员,则虚基类的成员是由最远派生类的构造函数通过调用虚基类的构造函数进行初始化的。而且,只有最远派生类的构造函数会调用虚基类的构造函数,该派生类的其他基类(例如,上例中的 Base1 和 Base2 类)对虚基类构造函数的调用都自动被忽略。

细节　构造一个类的对象的一般顺序是:

(1) 如果该类有直接或间接的虚基类,则先执行虚基类的构造函数。

(2) 如果该类有其他基类,则按照它们在继承声明列表中出现的次序,分别执行它们的构造函数,但构造过程中,不再执行它们的虚基类的构造函数。

(3) 按照在类定义中出现的顺序,对派生类中新增的成员对象进行初始化。对于类类型的成员对象,如果出现在构造函数初始化列表中,则以其中指定的参数执行构造函数,如未出现,则执行默认构造函数;对于基本数据类型的成员对象,如果出现在构造函数的初始化列表中,则使用其中指定的值为其赋初值,否则什么也不做。

(4) 执行构造函数的函数体。

7.6　程序实例——用高斯消去法解线性方程组

很多自然科学和工程技术中问题的解决最终都归结到线性方程组的求解。高斯消去法是线性方程组解法中很经典的算法,由它改进、变形而得到的全选主元消去法,是一种效率很高、较为常用的线性方程组解法。

7.6.1　算法基本原理

设有 n 元线性方程组(考虑便于 C++ 程序数组表示,方程的下标从 0 开始),

$$\begin{cases} a_{00}x_0 + a_{01}x_1 + \cdots + a_{0,n-1}x_{n-1} = b_0 \\ a_{10}x_0 + a_{11}x_1 + \cdots + a_{1,n-1}x_{n-1} = b_1 \\ \qquad\qquad\vdots \\ a_{n-1,0}x_0 + a_{n-1,1}x_1 + \cdots + a_{n-1,n-1}x_{n-1} = b_{n-1} \end{cases} \tag{7-1}$$

写为矩阵形式为 $\boldsymbol{Ax=b}$,其中 $\boldsymbol{A}$ 为线性方程组的系数矩阵,$\boldsymbol{x}$ 为列向量,是方程组的解,$\boldsymbol{b}$ 也是列向量。一般来讲,可以假定矩阵 $\boldsymbol{A}$ 是非奇异阵。有关矩阵方面的知识,请参看线性代数方面的书籍。

$$\boldsymbol{A} = \begin{bmatrix} a_{00} & a_{01} & \cdots & a_{0,n} \\ a_{10} & a_{11} & \cdots & a_{1,n} \\ \vdots & \vdots & \ddots & \vdots \\ a_{n-1,0} & a_{n-1,1} & \cdots & a_{n-1,n-1} \end{bmatrix}, \quad \boldsymbol{x} = \begin{bmatrix} x_0 \\ x_1 \\ \vdots \\ x_{n-1} \end{bmatrix}, \quad \boldsymbol{b} = \begin{bmatrix} b_0 \\ b_1 \\ \vdots \\ b_{n-1} \end{bmatrix} \tag{7-2}$$

将系数矩阵 A 和向量 b 放在一起,形成增广矩阵 B:

$$B = (A, b) = \begin{bmatrix} a_{00} & a_{01} & \cdots & a_{0,n} & b_0 \\ a_{10} & a_{11} & \cdots & a_{1,n} & b_1 \\ \vdots & a_{i_1,j_1} & \ddots & \vdots & \vdots \\ a_{n-1,0} & a_{n-1,1} & \cdots & a_{n-1,n-1} & b_{n-1} \end{bmatrix} \tag{7-3}$$

全选主元消去就在这个 B 矩阵上进行。整个过程分为如下两个步骤。

(1) 第一步,消去过程。

对于 k 从 0 开始到 $n-2$ 结束,进行以下 3 步。

① 首先,从系数矩阵 A 的 k 行 k 列开始的子矩阵中选取绝对值最大的元素作为主元素。例如:

$$|a_{i_1,j_1}| = \max_{\substack{k \leqslant i < n \\ k \leqslant j < n}} |a_{ij}| \neq 0 \tag{7-4}$$

然后交换 B 的第 k 行与第 i_1 行,第 k 列与第 j_1 列,这样,这个子矩阵中具有最大绝对值的元素被交换到 k 行 k 列的位置上。

② 其次,进行归一化计算。计算方法为:

$$\begin{cases} a_{kj} = a_{kj}/a_{kk}, & j = k+1, \cdots, n-1 \\ b_k = b_k/a_{kk} \end{cases} \tag{7-5}$$

③ 最后进行消去计算:

$$\begin{cases} a_{ij} = a_{ij} - a_{ik}a_{kj}, & j, i = k+1, \cdots, n-1 \\ b_i = b_i - a_{ik}b_k, & i = k+1, \cdots, n-1 \end{cases} \tag{7-6}$$

(2) 第二步,回代过程。

$$\begin{cases} x_{n-1} = b_{n-1}/a_{n-1,n-1} \\ x_i = b_i - \sum_{j=i+1}^{n-1} a_{ij}x_j, & i = n-2, \cdots, 1, 0 \end{cases} \tag{7-7}$$

在这里,只是简要地给出了全选主元高斯消去法的算法步骤,具体推导及详细过程请读者参看数值计算方面的有关资料。

7.6.2 程序设计分析

从上面的算法分析可以看到,本例面临的计算问题的关键是矩阵运算。可以定义一个矩阵类 Matrix 作为基类,然后由矩阵类派生出线性方程组类 LinearEqu。矩阵类 Matrix 只处理 $n \times n$ 型的方阵,方阵用一个一维数组来存放;矩阵类 Matrix 的数据成员包括数组的首地址和 n;矩阵类 Matrix 的功能有设置矩阵的值 setMatrix() 和显示矩阵 printMatrix() 等。

从问题的需求来看,线性方程组类 LinearEqu 的数据除了由矩阵类 Matrix 继承过来用于存放系数矩阵 A 的成员之外,还应该包括存放解向量 x 和方程右端向量 b 的数组的首地址。线性方程组类 LinearEqu 的主要操作有方程组设置 setLinearEqu()、显示 printLinearEqu()、求解 solve() 及输出方程的解 printSolution()。可以通过定义线性方程组类 LinearEqu 的新增成员函数来实现这些针对方程组求解的功能。

矩阵类 Matrix 和线性方程组类 LinearEqu 的组成及相互关系如图 7-9 所示。

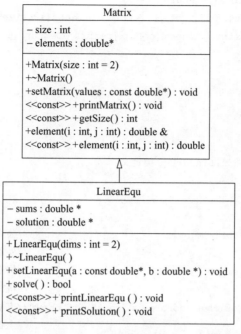

图 7-9　Matrix 类和 LinearEqu 类的派生关系的 UML 图形表示

在线性方程组求解过程中,在线性方程组类 LinearEqu 的成员函数 solve 中需要访问基类矩阵类 Matrix 的数据成员。我们利用公有继承方式派生,同时将 Matrix 类中的数据成员的访问控制设置为保护类型。这样,经过公有派生之后,基类的保护成员在派生类中依然是保护成员,可以被派生类的成员函数访问。

7.6.3　源程序及说明

例 7-9　全选主元高斯消去法解线性方程组。

整个程序分为 5 个独立的文件,Matrix.h 文件中包括矩阵类 Matrix 的定义,Matrix.cpp 文件中包括该类成员函数的实现,LinearEqu.h 文件中包括线性方程组类 LinearEqu 的定义,LinearEqu.cpp 文件中包括该类的成员函数实现文件;7_9.cpp 文件包括程序的主函数,主函数中定义了一个类 LinearEqu 的对象,通过这个对象求解一个四元线性方程组。各源程序代码如下:

```
//Matrix.h 文件一,Matrix 类定义
#ifndef _MATRIX_H
#define _MATRIX_H
class Matrix {                           //基类 Matrix 定义
public:                                  //外部接口
    Matrix(int size=2);                  //构造函数
    ~Matrix();                           //析构函数
    void setMatrix(const double * values); //矩阵赋初值
```

```
        void printMatrix() const;                           //显示矩阵
        int getSize() const {return size;}                  //得到矩阵大小
        double &element(int i, int j){return elements[i * size+j];}
        double element(int i, int j) const {return elements[i * size+j];}
private:                                                     //保护数据成员
        int size;                                           //矩阵的大小
        double * elements;                                  //矩阵存放数组首地址
};
#endif                                                       // _MATRIX_H


//LinearEqu.h   文件二,LinearEqu 类定义
#ifndef _LINEAR_EQU_H
#define _LINEAR_EQU_H
#include "Matrix.h"
class LinearEqu: public Matrix {                            //公有派生类 LinearEqu 定义
public:                                                      //外部接口
        LinearEqu(int size=2);                              //构造函数
        ~LinearEqu();                                       //析构函数
        void setLinearEqu(const double * a, const double * b);//方程赋值
        bool solve();                                       //全选主元高斯消去法求解方程
        void printLinearEqu() const;                        //显示方程
        void printSolution() const;                         //显示方程的解
private:                                                     //私有数据
        double * sums;                                      //方程右端项
        double * solution;                                  //方程的解
};
#endif                                                       // _LINEAR_EQU_H
```

经过公有派生,LinearEqu 类获得了除构造函数、析构函数之外的 Matrix 类的全部成员。由于基类的成员是公有和保护类型,因此在派生类中的成员函数中,基类继承来的成员全部可以访问,而对于建立 LinearEqu 类对象的外部模块来讲,基类的保护成员是无法访问的。通过保护访问类型和公有的继承方式,就实现了基类 Matrix 的数据的有效共享和可靠保护。在程序中,方程的系数矩阵、解以及右端项全部采用动态内存分配技术,这些工作都是在基类、派生类的构造函数中完成,它们的清理工作在析构函数中完成。

```
//Matrix.cpp   文件三,Matrix 类实现
#include "Matrix.h"                                          //包含类的定义头文件
#include <iostream>
using namespace std;

void Matrix::setMatrix(const double * values){               //设置矩阵
    for (int i=0; i<size * size; i++)
        elements[i]=values[i];                               //矩阵成员赋初值
    }
```

```cpp
Matrix::Matrix(int size/* =2* /) : size(size){     //矩阵 Matrix 类的构造函数
    elements=new double[size * size];              //动态内存分配
}


Matrix::~Matrix(){                                 //矩阵 Matrix 类的析构函数
    delete[] elements;                             //内存释放
}


void Matrix::printMatrix() const {                 //显示矩阵的元素
    cout<<"The Matrix is:"<<endl;
    for(int i=0; i<size; i++){
        for(int j=0; j<size; j++)
            cout<<element(i, j)<<" ";
        cout<<endl;
    }
}


//LinearEqu.cpp   文件四,LinearEqu 类实现
#include "LinearEqu.h"                             //包含类的定义头文件
#include <iostream>
#include <cmath>
using namespace std;

LinearEqu::LinearEqu(int size/* =2* /): Matrix(size){   //用 size 调用基类构造函数
    sums=new double[size];                              //动态内存分配
    solution=new double[size];
}


LinearEqu::~LinearEqu(){                           //派生类 LinearEqu 的析构函数
    delete[] sums;                                 //释放内存
    delete[] solution;
    //会自动调用基类析构函数
}


void LinearEqu::setLinearEqu(const double * a, const double * b){   //设置线性方程组
    setMatrix(a);                                  //调用基类函数
    for(int i=0; i<getSize(); i++)
        sums[i]=b[i];
}


void LinearEqu::printLinearEqu() const {   //显示线性方程组
    cout<<"The Line eqution is:"<<endl;
    for (int i=0; i<getSize(); i++){
```

```
        for (int j=0; j<getSize(); j++)
            cout<<element(i, j)<<" ";
            cout<<"     "<<sums[i]<<endl;
        }
}

void LinearEqu::printSolution() const {        //输出方程的解
    cout<<"The Result is: "<<endl;
    for (int i=0; i<getSize(); i++)
        cout<<"x["<<i<<"]="<<solution[i]<<endl;
}

inline void swap(double &v1, double &v2){      //交换两个实数
    double temp=v1;
    v1=v2;
    v2=temp;
}

bool LinearEqu::solve(){                        //全选主元素高斯消去法求解方程
    int * js=new int[getSize()];                //存储主元素所在列号的数组
    for (int k=0; k<getSize()-1; k++)      {
                                                //选主元素
                                                //主元素所在行号
        int is;                                 //所有元素的最大值
        double max=0;
        for (int i=k; i<getSize(); i++)
            for (int j=k; j<getSize(); j++){
                double t=fabs(element(i, j));
                if (t>max){
                    max=t;
                    js[k]=j;
                    is=i;
                }
            }
        if (max==0){
            delete[] js;
            return false;
        } else {
            //通过行列交换,把主元素交换到第 k 行第 k 列
            if (js[k]!=k)
                for (int i=0; i<getSize(); i++)
                    swap(element(i, k), element(i, js[k]));
            if (is!=k){
                for (int j=k; j<getSize(); j++)
                    swap(element(k, j), element(is, j));
```

```
            swap(sums[k], sums[is]);
        }
    }
                                        //消去过程
    double major=element(k, k);
    for (int j=k+1; j<getSize(); j++)
        element(k, j) /=major;
    sums[k] /=major;
    for (int i=k+1; i<getSize(); i++){
        for (int j=k+1; j<getSize(); j++)
            element(i, j)-=element(i, k) * element(k, j);
        sums[i] -=element(i, k) * sums[k];
    }
}
//判断剩下的一个元素是否等于 0
double d=element(getSize()-1, getSize()-1);
if (fabs(d)<1e-15){
    delete[] js;
    return false;
}
//回代过程
solution[getSize()-1]=sums[getSize()-1]/d;
for (int i=getSize()-2; i>=0; i--){
    double t=0.0;
    for (int j=i+1; j<=getSize()-1; j++)
        t+=element(i, j) * solution[j];
    solution[i]=sums[i]-t;
}
js[getSize()-1]=getSize()-1;
for (int k=getSize()-1; k>=0; k--)
    if (js[k]!=k) swap(solution[k], solution[js[k]]);
delete[] js;
return true;
}
```

在类的成员函数实现过程中,派生类的构造函数使用参数调用了基类的构造函数,为矩阵动态分配了内存空间。而派生类的析构函数同样也调用了基类的析构函数,只是整个调用过程中完全是由系统内部完成。基类的保护数据成员,经过公有派生之后,在派生类中是以保护成员的身份出现的,派生类的成员函数可以自由地进行访问。

全选主元高斯消去法求解函数返回值为整型,正常完成之后,返回值为1,非正常结束后,返回值为0,根据函数的返回值,就可以判断求解过程的完成情况。

```
//7_9.cpp  文件五,主函数
#include "LinearEqu.h"                        //类定义头文件
```

```
# include <iostream>
using namespace std;

int main(){                                    //主函数
    double a[]=    {                           //方程系数矩阵
        0.2368, 0.2471, 0.2568, 1.2671,        //第一行
        0.1968, 0.2071, 1.2168, 0.2271,        //第二行
        0.1581, 1.1675, 0.1768, 0.1871,        //第三行
        1.1161, 0.1254, 0.1397, 0.1490};       //第四行
    double b[]={1.8471, 1.7471, 1.6471, 1.5471};  //方程右端项
    LinearEqu equ(4);                          //定义一个四元方程组对象
    equ.setLinearEqu(a,b);                     //设置方程组
    equ.printLinearEqu();                      //输出方程组
    if (equ.solve())                           //求解方程组
        equ.printSolution();                   //输出方程组的解
    else
        cout<<"Fail"<<endl;
    return 0;
}
```

在程序的主函数部分,选择了一个四元方程组作为一个实际例子来验证算法。方程组的系数及右端项数据都使用一维数组来存储。首先定义一个四元方程组对象 equ,在定义过程中调用派生类的构造函数,通过派生类的构造函数,又调用了基类的构造函数,对进一步求解动态分配了内存。接着给方程组的系数和右端项赋初值,把我们选定的方程组输入到新定义的方程组对象 equ1 中。对象成员函数 printLinearEqu,solve 和 printSolution 分别完成了输出方程组、求解方程组和输出求解结果的任务。

7.6.4　运行结果与分析

程序运行结果为:

```
The Line eqution is:                           //方程组
0.2368 0.2471 0.2568 1.2671      1.8471
0.1968 0.2071 1.2168 0.2271      1.7471
0.1581 1.1675 0.1768 0.1871      1.6471
1.1161 0.1254 0.1397 0.149       1.5471
The Result is:                                 //方程组的解
X[0]=1.04058
X[1]=0.987051
X[2]=0.93504
X[3]=0.881282
```

本例的方程组来自徐士良先生的著作《C 常用算法程序集》,计算结果与原著完全吻合。所选的方程是:

$$\begin{cases} 0.2368x_0 + 0.2471x_1 + 0.2568x_2 + 1.2671x_3 = 1.8471 \\ 0.1968x_0 + 0.2071x_1 + 1.2168x_2 + 0.2271x_3 = 1.7471 \\ 0.1581x_0 + 1.1675x_1 + 0.1768x_2 + 0.1871x_3 = 1.6471 \\ 1.1161x_0 + 0.1254x_1 + 0.1397x_2 + 0.1490x_3 = 1.5471 \end{cases} \tag{7-8}$$

整个程序中矩阵的存储采用的是一维数组和动态内存分配方式。

提示　该例中对动态数组的应用比较简单、有规律,因此动态数组可以胜任。其实该例中的所有动态数组也可以替换成 6.4 节介绍过的 vector。例如,Matrix 类中的 elements 成员的定义可以改为:

```
std::vector<double>element;
```

然后 Matrix 的构造函数需要改为:

```
Matrix::Matrix(int size/ * =2 * /) : size(size), element(size){}
```

这样 Matrix 可以不显式声明析构函数了。LinearEqu 类中的 sums 和 solution 两个成员以及 LinearEqu::solve 函数中的 js 也都可以做类似修改,读者可以自己尝试修改,作为对 vector 使用的练习。

这是一个使用类的派生层次结构来解决实际问题的例子。基类是专门处理矩阵的类,公有派生类 LinearEqu 是针对线性方程组而设计的,除了继承基类的基本特征之外,结合问题的实际需要,增加了很多线性方程组所特有的成员,使基类 Matrix 进一步具体化、特殊化,达到对问题的有效描述和处理。

程序的访问控制也是根据问题的需要而设计的。基类的数据成员存储、维护着矩阵数据,这正是派生类方程组的系数矩阵,是派生类解方程成员函数必须要访问的。我们利用保护成员的特性,将基类数据成员的访问控制属性设置为保护型,在公有派生类 LinearEqu 中就可以访问到由基类继承下来的保护成员;而对于类外的其余模块,这些数据无法访问。这样,我们就在数据的共享与隐蔽之间寻找到一个较为恰当的结合点。

在派生过程中,基类的构造函数和析构函数无法继承下来,因此在派生类中需要添加构造函数、析构函数来完成派生类的初始化和最后的清理工作。派生类的构造函数通过调用基类的构造函数来对基类数据进行初始化,在本例子中,派生类 LinearEqu 的构造函数调用了基类 Matrix 的构造函数并传递必需的初始化参数。派生类析构函数也会首先调用执行基类的析构函数,共同完成清理任务。

7.7　综合实例——个人银行账户管理程序

本节以个人银行账户管理程序为例,说明类的派生过程。

7.7.1　问题的提出

在 7.1.1 节,曾提出了需要在第 4～6 章个人银行账户管理程序中增加信用账户,同时给出了使用继承和派生的解决方案。本节将讨论具体的设计和实现方案。

　　在给出类的设计之前,必须明确信用账户的需求。信用账户的最大特点是允许透支,每个信用账户都有一定的信用额度,总的透支金额应在这个额度之内。如果向信用账户中存钱,不会有利息,但使用信用账户透支则需要支付利息。信用账户的利率一般以日为单位,现实生活中信用账户一般有一定的免息期,但为了简单起见,我们不去考虑这个免息期,即认为从透支那一天起就开始计算利息。与储蓄账户每年结算一次利息不同的是,信用账户每月进行一次结算,我们假定结算日是每月的 1 日。此外,信用账户每年需要交一次年费,在本例中我们认为在每年 1 月 1 日结算的时候扣缴年费。

7.7.2　类设计

　　根据上述需求,设计一个基类 Account 用来描述所有账户的共性,然后将SavingsAccount 类变为其派生类,此外再从中派生出用来表示信用账户的类 CreditAccount。

　　在基类 Account 中,需要保留的数据成员是表示账号的 id、表示余额的 balance 和表示账户总金额的静态数据成员 total,以及用于读取它们的成员函数和用来输出账户信息的 show 函数。原有的 record 和 error 成员函数的访问控制权限修改为 protected,因为派生类需要访问它们,此外,需要为它设置一个保护的构造函数,供派生类调用。

　　用来处理存款的成员函数 deposit、用来处理取款的成员函数 withdraw、用来处理结算的成员函数 settle 都被放到了各个派生类中,原因是两类不同账户存取款的具体处理方式不尽相同。此外,储蓄账户用来表示年利率的 rate、信用账户用来表示信用额度的 credit、表示日利率的 rate、表示年费的 fee 以及用来获取它们的成员函数都作为相应派生类的成员。此外,虽然 Account 中存在用来输出账户信息的 show 函数,但对于信用账户而言,我们希望在输出账户信息的时候,除输出账号和余额外,将可用信用额度一并输出,因此为 CreditAccount 类定义了同名的 show 函数,而该类的 getAvailableCredit 函数就用来计算可用的信用额度。

　　两类账户的利息计算具有很大的差异,无论是计息的对象还是计息的周期都存在差异,因此计息的任务也不能由基类 Account 完成。然而,两类账户在计算利息时都需要将某个数值(余额或欠款金额)按日累加,为了避免编写重复的代码,有如下两种可行的解决方案。

　　(1) 在基类 Account 中设立几个保护的成员函数来协助利息计算,类似于第 6 章的SavingsAccount 类中的成员函数 accumulate,此外还需包括修改和清除当前的按日累加值的函数,然后在派生类中通过调用这些函数来计算利息。

　　(2) 建立一个新类,由该类提供计算一项数值的按日累加之和所需的接口,在两个派生类中分别将该类实例化,通过该类的实例来计算利息。

　　由于计算一项数值的按日累加之和这项功能是与其他账户管理功能相对独立的,因此将这项功能从账户类中分离出来更好,即采用第(2)种解决方案。这样做可以降低账户类的复杂性,提高计算数值按日累加之和的代码的可复用性,也就是说日后如果需要计算某个其他数值的按日累加之和,可以直接将这个类拿来用。我们将这个类命名为Accumulator,该类包括 3 个数据成员——表示被累加数值上次变更日期的 lastDate、被累加数值当前值 value 以及到上次变更被累加数值为止的按日累加总和 sum,该类包括

4 个成员函数——构造函数、用来计算到指定日期的累加结果的函数 getSum、用来在指定日期更改数值的 change 以及用来将累加器清零并重新设定初始日期和数值的 reset。

第 6 章中引入的 Date 类保持不变。类图设计如图 7-10 所示。

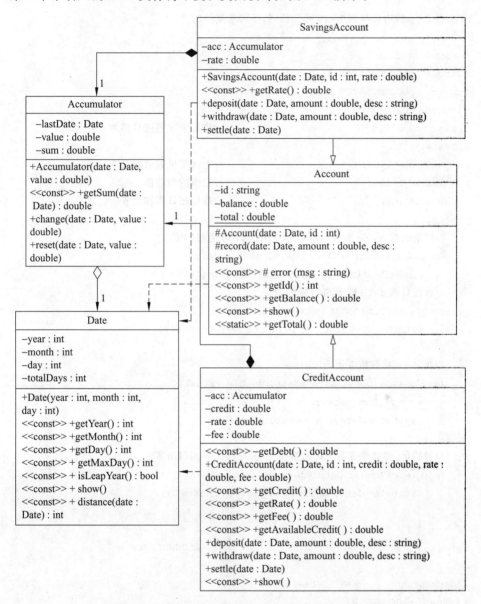

图 7-10 个人银行账户管理程序的 UML 类图

7.7.3 源程序及说明

例 7-10 个人银行账户管理程序。

整个程序分为 6 个文件：date.h 是日期类头文件，date.cpp 是日期类实现文件，accumulator.h 为按日将数值累加的 Accumulator 类的头文件，account.h 是各个储蓄账户类定义头文件,account.cpp 是各个储蓄账户类实现文件,7_10.cpp 是主函数文件。

```cpp
//date.h 的内容与例 6-25 完全相同,不再重复给出

//date.cpp 的内容与例 6-25 完全相同,不再重复给出

//accumulator.h
#ifndef __ACCUMULATOR_H__
#define __ACCUMULATOR_H__
#include "date.h"
class Accumulator {                         //将某个数值按日累加
private:
    Date lastDate;                          //上次变更数值的日期
    double value;                           //数值的当前值
    double sum;                             //数值按日累加之和
public:
    //构造函数,date 为开始累加的日期,value 为初始值
    Accumulator(const Date &date, double value)
        : lastDate(date), value(value), sum(0){}
    //获得日期 date 的累加结果
    double getSum(const Date &date) const {
        return sum+value * date.distance(lastDate);
    }
    //在 date 将数值变更为 value
    void change(const Date &date, double value){
        sum=getSum(date);
        lastDate=date; this->value=value;
    }
    //初始化,将日期变为 date,数值变为 value,累加器清零
    void reset(const Date &date, double value){
        lastDate=date; this->value=value; sum=0;
    }
};
#endif                                      //__ACCUMULATOR_H__

//account.h
#ifndef __ACCOUNT_H__
#define __ACCOUNT_H__
#include "date.h"
#include "accumulator.h"
#include <string>
class Account {                             //账户类
private:
    std::string id;                         //账号
```

```
        double balance;                                  //余额
        static double total;                             //所有账户的总金额
    protected:
        //供派生类调用的构造函数,id 为账户
        Account(const Date &date, const std::string &id);
        //记录一笔账,date 为日期,amount 为金额,desc 为说明
        void record(const Date &date, double amount, const std::string &desc);
        //报告错误信息
        void error(const std::string &msg) const;
    public:
        const std::string &getId() const {return id;}
        double getBalance() const {return balance;}
        static double getTotal(){return total;}
        //显示账户信息
        void show() const;
    };
    class SavingsAccount : public Account {              //储蓄账户类
    private:
        Accumulator acc;                                 //辅助计算利息的累加器
        double rate;                                     //存款的年利率
    public:
        //构造函数
        SavingsAccount(const Date &date, const std::string &id, double rate);
        double getRate() const {return rate;}
        //存入现金
        void deposit(const Date &date, double amount, const std::string &desc);
        //取出现金
        void withdraw(const Date &date, double amount, const std::string &desc);
        void settle(const Date &date);          //结算利息,每年 1 月 1 日调用一次该函数
    };
    class CreditAccount : public Account {               //信用账户类
    private:
        Accumulator acc;                                 //辅助计算利息的累加器
        double credit;                                   //信用额度
        double rate;                                     //欠款的日利率
        double fee;                                      //信用卡年费
        double getDebt() const {                         //获得欠款额
            double balance=getBalance();
            return (balance<0 ? balance : 0);
        }
    public:
        //构造函数
        CreditAccount(const Date &date, const std::string &id, double credit, double
    rate, double fee);
```

```cpp
        double getCredit() const {return credit;}
        double getRate() const {return rate;}
        double getFee() const {return fee;}
        double getAvailableCredit() const {              //获得可用信用额度
            if (getBalance()<0)
                return credit+getBalance();
            else
                return credit;
        }
        //存入现金
        void deposit(const Date &date, double amount, const std::string &desc);
        //取出现金
        void withdraw(const Date &date, double amount, const std::string &desc);
        void settle(const Date &date);          //结算利息和年费,每月 1 日调用一次该函数
        void show() const;
};
#endif//__ACCOUNT_H__


//account.cpp
#include "account.h"
#include <cmath>
#include <iostream>
using namespace std;
double Account::total=0;
//Account 类的实现
Account::Account(const Date &date, const string &id)
    : id(id), balance(0){
    date.show(); cout<<"\t#"<<id<<" created"<<endl;
}
void Account::record(const Date &date, double amount, const string &desc){
    amount=floor(amount * 100+0.5)/100;                    //保留小数点后两位
    balance+=amount; total+=amount;
    date.show();
    cout<<"\t#"<<id<<"\t"<<amount<<"\t"<<balance<<"\t"<<desc<<endl;
}
void Account::show() const {cout<<id<<"\tBalance: "<<balance;}
void Account::error(const string &msg) const {
    cout<<"Error(#"<<id<<"): "<<msg<<endl;
}
//SavingsAccount 类相关成员函数的实现
SavingsAccount::SavingsAccount(const Date &date, const string &id, double rate)
    : Account(date, id), rate(rate), acc(date, 0){}
void SavingsAccount::deposit(const Date &date, double amount, const string &desc){
    record(date, amount, desc);
```

```
        acc.change(date, getBalance());
    }
void SavingsAccount::withdraw(const Date &date, double amount, const string &desc){
    if (amount>getBalance()){
        error("not enough money");
    } else {
        record(date, -amount, desc);
        acc.change(date, getBalance());
    }
}
void SavingsAccount::settle(const Date &date){
    double interest=acc.getSum(date) * rate              //计算年息
        / date.distance(Date(date.getYear()-1, 1, 1));
    if (interest!=0) record(date, interest, "interest");
    acc.reset(date, getBalance());
}
//CreditAccount 类相关成员函数的实现
CreditAccount::CreditAccount(const Date& date, const string& id, double credit,
double rate, double fee)
    : Account(date, id), credit(credit), rate(rate), fee(fee), acc(date, 0){}
void CreditAccount::deposit(const Date &date, double amount, const string &desc)
{
    record(date, amount, desc);
    acc.change(date, getDebt());
}
void CreditAccount::withdraw(const Date &date, double amount, const string &desc){
    if (amount-getBalance()>credit){
        error("not enough credit");
    } else {
        record(date, -amount, desc);
        acc.change(date, getDebt());
    }
}
void CreditAccount::settle(const Date &date){
    double interest=acc.getSum(date) * rate;
    if (interest!=0) record(date, interest, "interest");
    if (date.getMonth()==1)
        record(date, -fee, "annual fee");
    acc.reset(date, getDebt());
}
void CreditAccount::show() const {
    Account::show();
    cout<<"\tAvailable credit:"<<getAvailableCredit();
}
```

```
//7_10.cpp
#include "account.h"
#include <iostream>
using namespace std;
int main(){
    Date date(2008, 11, 1);                    //起始日期
    //建立几个账户
    SavingsAccount sa1(date, "S3755217", 0.015);
    SavingsAccount sa2(date, "02342342", 0.015);
    CreditAccount ca(date, "C5392394", 10000, 0.0005, 50);
    //11月份的几笔账目
    sa1.deposit(Date(2008, 11, 5), 5000, "salary");
    ca.withdraw(Date(2008, 11, 15), 2000, "buy a cell");
    sa2.deposit(Date(2008, 11, 25), 10000, "sell stock 0323");
    //结算信用卡
    ca.settle(Date(2008, 12, 1));
    //12月份的几笔账目
    ca.deposit(Date(2008, 12, 1), 2016, "repay the credit");
    sa1.deposit(Date(2008, 12, 5), 5500, "salary");
    //结算所有账户
    sa1.settle(Date(2009, 1, 1));
    sa2.settle(Date(2009, 1, 1));
    ca.settle(Date(2009, 1, 1));
    //输出各个账户信息
    cout<<endl;
    sa1.show(); cout<<endl;
    sa2.show(); cout<<endl;
    ca.show(); cout<<endl;
    cout<< "Total: "<<Account::getTotal()<<endl;
    return 0;
}
```

7.7.4　运行结果与分析

运行结果：

```
2008-11-1    #S3755217 created
2008-11-1    #02342342 created
2008-11-1    #C5392394 created
2008-11-5    #S3755217   5000      5000      salary
2008-11-15   #C5392394   -2000     -2000     buy a cell
2008-11-25   #02342342   10000     10000     sell stock 0323
2008-12-1    #C5392394   -16       -2016     interest
2008-12-1    #C5392394   2016      0         repay the credit
```

```
2008-12-5    #S3755217    5500      10500      salary
2009-1-1     #S3755217    17.77     10517.8    interest
2009-1-1     #02342342    15.16     10015.2    interest
2009-1-1     #C5392394    -50       -50        annual fee

S3755217     Balance: 10517.8
02342342     Balance: 10015.2
C5392394     Balance: -50    Available credit:9950
Total: 20482.9
```

在上述程序中,每个派生类都将基类的成员原样继承过来,因此无须为每个派生类重复定义数据成员 id,balance 和相应的获取函数。另外,基类将 record 函数设为 protected 函数,使得派生类处理每一笔具体账目时可以调用该函数来改变余额并输出账目信息。基类的 show 函数也被派生类继承了下来,但由于 CreditAccount 在 show 函数中需要输出额外的信息,因此该类重新定义了一个同名的函数,该函数首先通过 Account∷show 的方式调用了基类的 show 函数,然后再将额外的信息输出。

派生类的构造函数只需直接初始化本类的新增成员。在建立派生类对象时,系统首先调用基类的构造函数来初始化从基类继承的成员,然后再根据派生类构造函数的初始化列表将派生类新增成员初始化,最后再执行派生类构造函数的函数体。

第 6 章的综合实例中,已经将各个账户放在了一个数组中,但本章又将其作为独立的对象来声明,这是因为它们是不同派生类的实例,不能用一种统一类型的数组来存储它们。这导致了对这些对象必须分别操作,例如最后在输出各个账户信息时,只能分别调用它们的 show 函数,而不能像第 6 章那样通过循环来进行。

此外,这个程序还有一个不足,两个派生类 SavingsAccount 和 CreditAccount 虽然具有相同的成员函数 deposit,withdraw 和 settle,但由于其实现不同,只能在派生类中给出它们的实现,因而它们是彼此独立的函数。即使在基类中添加具有同样名称、参数和返回值的函数,也无法将它们与派生类中的相应函数建立起真正的联系,因为它们仍然是彼此独立的函数,只是原型相同而已。正因为这样的原因,只有明确知道一个对象的具体类型之后才能够调用它的 deposit,withdraw 或 settle 函数,这正是不能将 3 个账户放在一个数组中进行操作的内在原因。

这些问题可以通过第 8 章介绍的虚函数来解决。

7.8　小结

本章首先介绍了类的继承。类的继承允许程序员在保持原有类特性的基础上,进行更具体、更详细的类的定义。新的类由原有的类所产生,可以说新类继承了原有类的特征,或者原有类派生出新类。派生新类的过程一般包括吸收已有类的成员、改造已有类成员和添加新的成员 3 个步骤。围绕派生过程,着重讨论不同继承方式下的基类成员的访问控制问题、添加构造函数和析构函数。接着讨论了在较为复杂的继承关系中,派生类成员的唯一标识和访问问题。最后讨论派生类对象的使用场合和范围问题。用全选主元高斯消去法求解线性方程组和人员信息管理的例子,是对本章内容的回顾与总结。

继承就是从先辈处得到特性和特征。类的继承,是新的类从已有类那里得到已有的特性,而从已有类产生新类的过程就是类的派生。派生类同样也可以作为基类派生新的类,这样就形成了类的层次结构。类的派生实际是一种演化、发展过程,即通过扩展、更改和特殊化,从一个已知类出发建立一个新类。类的派生通过建立具有共同关键特征的对象家族,从而实现代码的重用。这种继承和派生的机制,对于已有程序的发展和改进,是极为有利的。

在类的层次结构中,最高层是抽象程度最高的,是最具有普遍和一般意义的概念,下层具有了上层的特性,同时加入了自己的新特征,而最下层是最为具体的。在这个层次结构中,由上到下,是一个具体化、特殊化的过程,由下到上,是一个抽象化的过程。

派生新类的过程包括 3 个步骤:吸收基类成员、改造基类成员和添加新的成员。C++类继承中,派生类包含了它所有基类的除构造、析构函数之外的所有成员。对基类成员的改造包括两个方面,第一个是基类成员的访问控制问题,依靠派生类定义时的继承方式来控制。第二个是对基类数据或函数成员的隐藏,对基类的功能进行改造。派生类新成员的加入是继承与派生机制的核心,是保证派生类在功能上有所发展的关键。可以根据实际情况的需要给派生类添加适当的数据和函数成员,来实现必要的新增功能。同时,在派生过程中,基类的构造函数和析构函数是不能被继承下来的,一些特别的初始化和扫尾清理工作,需要加入新的构造和析构函数。

派生过程完成之后,我们讨论了派生类及其对象的成员(包括了基类中继承来的部分和新增的部分)标识和访问问题。访问过程中,实际上有两个问题需要解决,第一是唯一标识问题,第二个问题是成员本身的属性问题,也就是可见性问题。为了解决成员的唯一标识问题,我们介绍了同名隐藏原则、作用域分辨符和虚基类等方法。

类型兼容规则,实际就是派生类对象的使用场合问题。基类经过公有派生产生的派生类,具有了基类的全部功能,凡是能够使用基类的地方,都可以由公有派生类来代替。这一特性,为第 8 章要学习的类的多态性(动态联编)奠定了基础。

习 题

7-1 比较类的 3 种继承方式 public(公有继承)、protected(保护继承)、private(私有继承)之间的差别。

7-2 派生类构造函数执行的次序是怎样的?

7-3 如果派生类 B 已经重载了基类 A 的一个成员函数 fn1(),没有重载基类的成员函数 fn2(),如何在派生类的函数中调用基类的成员函数 fn1(),fn2()?

7-4 什么叫做虚基类?它有何作用?

7-5 定义一个基类 Shape,在此基础上派生出 Rectangle 和 Circle,二者都有 getArea()函数计算对象的面积。使用 Rectangle 类创建一个派生类 Square。

7-6 定义一个哺乳动物类 Mammal,再由此派生出狗类 Dog,定义一个 Dog 类的对象,观察基类与派生类的构造函数和析构函数的调用顺序。

7-7 定义一个基类及其派生类,在构造函数中输出提示信息,构造派生类的对象,观察构造函数的执行情况。

7-8 定义一个 Document 类,有数据成员 name,从 Document 派生出 Book 类,增加数据成员 pageCount。

7-9 定义一个基类 Base,有两个公有成员函数 fn1(),fn2(),私有派生出 Derived 类,如何通过 Derived 类的对象调用基类的函数 fn1()?

7-10 定义一个 Object 类,有数据成员 weight 及相应的操作函数,由此派生出 Box 类,增加数据成员 height 和 width 及相应的操作函数,声明一个 Box 对象,观察构造函数与析构函数的调用顺序。

7-11 定义一个基类 BaseClass,从它派生出类 DerivedClass。BaseClass 有成员函数 fn1(),fn2(),DerivedClass 也有成员函数 fn1(),fn2()。在主函数中声明一个 DerivedClass 的对象,分别用 DerivedClass 的对象以及 BaseClass 和 DerivedClass 的指针来调用 fn1(),fn2(),观察运行结果。

7-12 组合与继承有什么共同点和差异? 通过组合生成的类与被组合的类之间的逻辑关系是什么? 继承呢?

7-13 思考例 7-6 和例 7-8 中 Derived 类的各个数据成员在 Derived 对象中存放的位置,编写程序输出它们各自的地址来验证自己的推断。

7-14 基类与派生类的对象、指针或引用之间,哪些情况下可以隐含转换,哪些情况下可以显示转换? 在涉及多重继承或虚继承的情况下,在转换时会面临哪些新问题?

7-15 下面的程序能得到预期的结果吗? 如何避免类似问题的发生?

```cpp
#include <iostream>
using namespace std;
struct Base1 {int x;};
struct Base2 {float y;};
struct Derived : Base1, Base2 {};
int main(){
    Derived * pd=new Derived;
    pd->x=1; pd->y=2.0f;
    void * pv=pd;
    Base2 * pb=static_cast<Base2 * > (pv);
    cout<<pd->y<< " "<<pb->y<<endl;
    delete pb;
    return 0;
}
```

第8章

多态性

面向对象程序设计的真正优势不仅仅在于继承,还在于将派生类对象当基类对象一样处理的功能。支持这种功能的机制就是多态和动态绑定。

8.1 多态性概述

多态是指同样的消息被不同类型的对象接收时导致不同的行为。所谓消息是指对类的成员函数的调用,不同的行为是指不同的实现,也就是调用了不同的函数。事实上,在程序设计中经常在使用多态的特性。最简单的例子就是运算符,使用同样的加号"+",就可以实现整型数之间、浮点数之间、双精度浮点数之间的加法,以及这几种数据类型混合的加法运算。同样的消息——相加,被不同类型的对象——变量接收后,不同类型的变量采用不同的方式进行加法运算。如果是不同类型的变量相加,例如浮点数和整型数,则要先将整型数转换为浮点数,然后再进行加法运算,这就是典型的多态现象。

8.1.1 多态的类型

面向对象的多态性可以分为4类:重载多态、强制多态、包含多态和参数多态。前面两种统称为专用多态,而后面两种称为通用多态。之前学习过的普通函数及类的成员函数的重载都属于重载多态。本章还将讲述运算符重载,上述加法运算分别使用于浮点数、整型数之间就是重载的实例。强制多态是指将一个变元的类型加以变化,以符合一个函数或者操作的要求,前面所讲的加法运算符在进行浮点数与整型数相加时,首先进行类型强制转换,把整型数变为浮点数再相加的情况,就是强制多态的实例。

包含多态是类族中定义于不同类中的同名成员函数的多态行为,主要是通过虚函数来实现。参数多态与类模板(将在第9章中介绍)相关联,在使用时必须赋予实际的类型才可以实例化。这样,由类模板实例化的各个类都具有相同的操作,而操作对象的类型却各不相同。

本章介绍的重点是重载和包含两种多态类型,函数重载在第3章和第4章曾做过详细的介绍,这里主要介绍运算符重载。虚函数是介绍包含多态时的关键内容。

8.1.2 多态的实现

多态从实现的角度来讲可以划分为两类:**编译时的多态和运行时的多态**。前者是在编译的过程中确定了同名操作的具体操作对象,而后者则是在程序运行过程中才动态地确定操作所针对的具体对象。这种确定操作的具体对象的过程就是**绑定**（binding）。**绑定是指计算机程序自身彼此关联的过程**，也就是把一个标识符名和一个存储地址联系在一起的过程；用面向对象的术语讲，**就是把一条消息和一个对象的方法相结合的过程**。按照绑定进行的阶段的不同，可以分为两种不同的绑定方法：静态绑定和动态绑定，这两种绑定过程中分别对应着多态的两种实现方式。

绑定工作在编译连接阶段完成的情况称为静态绑定。因为绑定过程是在程序开始执行之前进行的，因此有时也称为早期绑定或前绑定。在编译、连接过程中，系统就可以根据类型匹配等特征确定程序中操作调用与执行该操作代码的关系，即确定了某一个同名标识到底是要调用哪一段程序代码。有些多态类型，其同名操作的具体对象能够在编译、连接阶段确定，通过静态绑定解决，比如重载、强制和参数多态。

和静态绑定相对应，**绑定工作在程序运行阶段完成的情况称为动态绑定**，也称为晚期绑定或后绑定。在编译、连接过程中无法解决的绑定问题，要等到程序开始运行之后再来确定。包含多态操作对象的确定就是通过动态绑定完成的。

8.2 运算符重载

C++ 中预定义的运算符的操作对象只能是基本数据类型。实际上，对于很多用户自定义类型（比如类），也需要有类似的运算操作。例如，下面的程序段定义了一个复数类：

```
class Complex {                                              //复数类定义
public:
    Complex(double r=0.0, double i=0.0) : real(r), imag(i){}  //构造函数
    void display() const;                                   //显示复数的值
private:
    double real;
    double imag;
};
```

于是可以这样声明复数类的对象：

```
Complex a(10, 20), b(5, 8);
```

接下来，如果需要对 a 和 b 进行加法运算，该如何实现呢？我们当然希望能使用"＋"运算符，写出表达式"a＋b"，但是编译的时候却会出错，因为编译器不知道该如何完成这个加法。这时候就需要自己编写程序来说明"＋"在作用于 Complex 类对象时，该实现什么样的功能，这就是运算符重载。**运算符重载是对已有的运算符赋予多重含义，使同一个运算符作用于不同类型的数据时导致不同的行为。**

运算符重载的实质就是函数重载。在实现过程中，首先把指定的运算表达式转化为对运算符函数的调用，将运算对象转化为运算符函数的实参，然后根据实参的类型来确定需要调用的函数，这个过程是在编译过程中完成的。

8.2.1　运算符重载的规则

运算符重载的规则如下。

(1) C++ 中的运算符除了少数几个之外,全部可以重载,而且只能重载 C++ 中已经有的运算符。

(2) 重载之后运算符的优先级和结合性都不会改变。

(3) 运算符重载是针对新类型数据的实际需要,对原有运算符进行适当的改造。一般来讲,重载的功能应当与原有功能相类似,不能改变原运算符的操作对象个数,同时至少要有一个操作对象是自定义类型。

C++ 标准规定,有些操作符是不能重载的,它们是类属关系运算符“.”、成员指针运算符“.*”、作用域分辨符“::”和三目运算符“?:”。前面两个运算符保证了 C++ 中访问成员功能的含义不被改变。作用域分辨符的操作数是类型,而不是普通的表达式,也不具备重载的特征。

运算符的重载形式有两种,即重载为类的非静态成员函数和重载为非成员函数。运算符重载为类的成员函数的一般语法形式为:

返回类型 operator 运算符(形参表)
{
　　函数体
}

运算符重载为非成员函数的一般语法形式为:

返回类型 operator 运算符(形参表)
{
　　函数体
}

返回类型指定了重载运算符的返回值类型,也就是运算结果类型;**operator** 是定义运算符重载函数的关键字;**运算符**即是要重载的运算符名称,必须是 C++ 中可重载的运算符,比如要重载加法运算符,这里就写“+”;**形参表**中给出重载运算符所需要的参数和类型。

提示　当以非成员函数形式重载运算符时,有时需要访问运算符参数所涉及类的私有成员,这时可以把该函数声明为类的友元函数。

当运算符重载为类的成员函数时,函数的参数个数比原来的操作数个数要少一个(后置“++”,“--”除外);当重载为非成员函数时,参数个数与原操作数个数相同。两种情况的参数个数有所差异的原因是,重载为类的成员函数时,第一个操作数会被作为函数调用的目的对象,因此无须出现在参数表中,函数体中可以直接访问第一个操作数的成员;而重载为非成员函数时,运算符的所有操作数必须显式通过参数传递。

运算符重载的主要优点就是可以改变现有运算符的操作方式,以用于类类型,使得程序看起来更加直观。

8.2.2 运算符重载为成员函数

运算符重载实质上就是函数重载,重载为成员函数,它就可以自由地访问本类的数据成员。实际使用时,总是通过该类的某个对象来访问重载的运算符。如果是双目运算符,左操作数是对象本身的数据,由 this 指针指出,右操作数则需要通过运算符重载函数的参数表来传递;如果是单目运算符,操作数由对象的 this 指针给出,就不再需要任何参数。下面分别介绍这两种情况。

对于双目运算符 B,如果要重载为类的成员函数,使之能够实现表达式 **oprd1 B oprd2**,其中 oprd1 为 A 类的对象,则应当把 **B 重载为 A 类的成员函数,该函数只有一个形参,形参的类型是 oprd2 所属的类型**。经过重载之后,表达式 oprd1 B oprd2 就相当于函数调用 oprd1. operator B(oprd2)。

对于前置单目运算符 U,如"-"(负号)等,如果要重载为类的成员函数,用来实现表达式 U oprd,其中 oprd 为 A 类的对象,则 U 应当重载为 A 类的成员函数,函数没有形参。经过重载之后,表达式 U oprd 相当于函数调用 oprd. operator U()。

再来看后置运算符"++"和"--",如果要将它们重载为类的成员函数,用来实现表达式 **oprd++ 或 oprd--**,其中 oprd 为 A 类的对象,那么运算符就应当**重载为 A 类的成员函数**,这时函数要带有一个整型(**int**)形参。重载之后,表达式 oprd++ 和 oprd-- 就相当于函数调用 oprd. operator++(0) 和 oprd. operator--(0)。这里的 int 类型参数在运算中不起任何作用,只是用于区别后置++、--与前置++、--。

在 UML 语言中,重载的运算符表示方法与其他成员函数类似,其形式为"operator 运算符(形参表):函数类型"。

例 8-1 复数类加减法运算重载为成员函数形式。

这个例子是重载复数加减法运算,是一个双目运算符重载为成员函数的实例。复数的加减法所遵循的规则是实部和虚部分别相加减,运算符的两个操作数都是复数类的对象。因此,可以把"+","-"运算重载为复数类的成员函数,重载函数只有一个形参,类型同样也是复数类对象。在该实例中,带有加减法运算符重载的复数类的 UML 图形表示如图 8-1 所示。

Complex
− real : double
− imag : double
+ complex(r : double = 0.0, i : double = 0.0)
<<const>> + operator +(c2 : const Complex &) : Complex
<<const>> + operator − (c2 : const Complex &) : Complex
<<const>> + display( ) : void

图 8-1 带有加减法运算符重载的复数类的 UML 图形表示

源程序:

```
//8_1.cpp
#include <iostream>
```

```
using namespace std;

class Complex {                                              //复数类定义
public:                                                      //外部接口
    Complex(double r=0.0, double i=0.0): real(r), imag(i){}   //构造函数
    Complex operator+ (const Complex &c2) const;             //运算符+重载成员函数
    Complex operator- (const Complex &c2) const;             //运算符-重载成员函数
    void display() const;                                    //输出复数
private:                                                     //私有数据成员
    double real;                                             //复数实部
    double imag;                                             //复数虚部
};


Complex Complex::operator+ (const Complex &c2) const {       //重载运算符函数实现
    return Complex(real+c2.real, imag+c2.imag); //创建一个临时无名对象作为返回值
}

Complex Complex::operator- (const Complex &c2) const {       //重载运算符函数实现
    return Complex(real-c2.real, imag-c2.imag); //创建一个临时无名对象作为返回值
}

void Complex::display() const {
    cout<<"("<<real<<", "<<imag<<")"<<endl;
}


int main(){                                                  //主函数
    Complex c1(5, 4), c2(2, 10), c3;                         //定义复数类的对象
    cout<<"c1="; c1.display();
    cout<<"c2="; c2.display();
    c3=c1-c2;                                                //使用重载运算符完成复数减法
    cout<<"c3=c1-c2="; c3.display();
    c3=c1+c2;                                                //使用重载运算符完成复数加法
    cout<<"c3=c1+c2="; c3.display();
    return 0;
}
```

在本例中,将复数的加减法这样的运算重载为复数类的成员函数,可以看出,除了在函数声明及实现的时候使用了关键字 operator 之外,运算符重载成员函数与类的普通成员函数没有什么区别。在使用的时候,可以直接通过运算符、操作数的方式来完成函数调用。这时,运算符"＋","－"原有的功能都不改变,对整型数、浮点数等基本类型数据的运算仍然遵循 C++ 预定义的规则,同时添加了新的针对复数运算的功能。"＋"这个运算符,作用于不同的对象上,就会导致完全不同的操作行为,具有了更广泛的多态特征。

本例重载的"＋","－"函数中,都是创建一个临时的无名对象作为返回值。以加法

为例：

```
return Complex(real+c2.real, imag+c2.imag);
```

这是临时对象语法，它的含义是：调用 Complex 构造函数创建一个临时对象并返回它。当然，也可以按如下形式返回函数值：

```
Complex Complex::operator+ (const Complex &c2) const {        //重载运算符函数实现
    Complex c(real+c2.real, imag+c2.imag);
    return c;
}
```

程序输出的结果为：

```
c1=(5, 4)
c2=(2, 10)
c3=c1-c2=(3, -6)
c3=c1+c2=(7, 14)
```

例 8-2　将单目运算符"++"重载为成员函数形式。

本例是将单目运算符重载为类的成员函数。在这里仍然使用时钟类的例子，单目运算符前置++和后置++的操作数是时钟类的对象，可以把这些运算符重载为时钟类的成员函数。对于前置单目运算符，重载函数没有形参，对于后置单目运算符，重载函数有一个 int 型形参。源程序代码如下：

```
//8_2.cpp
#include <iostream>
using namespace std;
class Clock {                              //时钟类定义
public:                                    //外部接口
    Clock(int hour=0, int minute=0, int second=0);
    void showTime() const;
    Clock& operator++ ();                  //前置单目运算符重载
    Clock operator++ (int);                //后置单目运算符重载
private:                                   //私有数据成员
    int hour, minute, second;
};

Clock::Clock(int hour/*=0*/, int minute/*=0*/, int second/*=0*/){
    if (0<=hour && hour<24 && 0<=minute && minute<60
        && 0<=second && second<60){
        this->hour=hour;
        this->minute=minute;
        this->second=second;
    } else
        cout<<"Time error!"<<endl;
```

```
    }

void Clock::showTime() const {                    //显示时间函数
    cout<<hour<<":"<<minute<<":"<< second<<endl;
}


Clock & Clock::operator++() {                      //前置单目运算符重载函数
    second++;
    if (second>=60){
        second-=60;
        minute++;
        if (minute>=60){
            minute-=60;
            hour=(hour+1)%24;
        }
    }
    return *this;
}


Clock Clock::operator++(int){                      //后置单目运算符重载
    //注意形参表中的整型参数
    Clock old= *this;
    ++(*this);                                     //调用前置"++"运算符
    return old;
}


int main(){
    Clock myClock(23, 59, 59);
    cout<<"First time output: ";
    myClock.showTime();
    cout<<"Show myClock++:    ";
    (myClock++).showTime();
    cout<<"Show++myClock:    ";
    (++myClock).showTime();
    return 0;
}
```

程序运行结果为：

```
First time output: 23:59:59
Show myClock++:    23:59:59
Show++myClock:     0:0:1
```

在本例中，把时间自增前置＋＋和后置＋＋运算重载为时钟类的成员函数，前置单目运算符和后置单目运算符的重载最主要的区别就在于重载函数的形参。语法规定，前置单目运算符重载为成员函数时没有形参,而后置单目运算符重载为成员函数时需要有一个 int 型形参。

细节 对于函数参数表中并未使用的参数,C++ 允许不给出参数名。本例中重载的后置＋＋运算符的 int 型参数在函数体中并未使用,纯粹是用来区别前置与后置,因此参数表中可以只给出类型名,没有参数名。

8.2.3 运算符重载为非成员函数

运算符也可以重载为非成员函数。这时,运算所需要的操作数都需要通过函数的形参表来传递,在形参表中形参从左到右的顺序就是运算符操作数的顺序。如果需要访问运算符参数对象的私有成员,可以将该函数声明为类的友元函数。

提示 不要机械地将重载运算符的非成员函数声明为类的友元函数,仅在需要访问类的私有成员或保护成员时再这样做。如果不将其声明为友元函数,该函数仅依赖于类的接口,只要类的接口不变化,该函数的实现就无须变化;如果将其声明为友元函数,该函数会依赖于类的实现,即使类的接口不变化,只要类的私有数据成员的设置发生了变化,该函数的实现就需要变化。

对于双目运算符 **B**,如果要实现 **oprd1 B oprd2**,其中 **oprd1** 和 **oprd2** 中只要有一个具有自定义类型,就可以将 **B** 重载为非成员函数,函数的形参为 **oprd1** 和 **oprd2**。经过重载之后,表达式 oprd1 B oprd2 就相当于函数调用 operator B(oprd1,oprd2)。

对于前置单目运算符 **U**,如"一"(负号)等,如果要实现表达式 **U oprd**,其中 **oprd** 具有自定义类型,就可以将 **U** 重载为非成员函数,函数的形参为 **oprd**。经过重载之后,表达式 U oprd 相当于函数调用 operator U(oprd)。

对于后置运算符＋＋和－－,如果要实现表达式 **oprd ＋＋**或 **oprd －－**,其中 **oprd** 为自定义类型,那么运算符就可以重载为非成员函数。这时函数的形参有两个,一个是 **oprd**,另一个是 **int** 类型形参。第二个参数是用于与前置运算符函数相区别的。重载之后,表达式 oprd ＋＋ 和 oprd－－ 就相当于函数调用 operator ＋＋ (oprd,0) 和 operator －－ (oprd,0)。

例 8-3 以非成员函数形式重载 Complex 的加减法运算和"＜＜"运算符。

本例将运算符"＋","一"重载为非成员函数,并将其声明为 Complex 类的友元函数,使之实现复数加减法。本例所针对的问题和例 8-1 完全相同,运算符的两个操作数都是复数类的对象,因此重载函数有两个复数对象作为形参。

另外,本例重载了"＜＜"运算符,可以对 cout 使用"＜＜"操作符来输出一个 Complex 对象,使输出变得更加方便、直观。

该实例的 UML 图形表示如图 8-2 所示。

源程序:

```
//8_3.cpp
#include <iostream>
using namespace std;
```

Complex
− real : double − imag : double
+ Complex(r : double = 0.0, i : double = 0.0) <<friend>> + operator +(c1 : const Complex&, c2 : const Complex&) : Complex <<friend>> + operator − (c1 : const Complex&, c2 : const Complex&) : Complex <<friend>> + operator << (out : ostream&, c : const Complex &) : ostream&

图 8-2　加减法运算符和"<<"重载为非成员函数形式复数类的 UML 图形表示

```cpp
class Complex {                //复数类定义
public:                        //外部接口
    Complex(double r=0.0, double i=0.0) : real(r), imag(i){}        //构造函数
    friend Complex operator+ (const Complex &c1, const Complex &c2); //运算符+重载
    friend Complex operator- (const Complex &c1, const Complex &c2); //运算符-重载
    friend ostream & operator<< (ostream &out, const Complex &c);   //运算符<<重载
private:                                                    //私有数据成员
    double real;                                           //复数实部
    double imag;                                           //复数虚部
};

Complex operator+ (const Complex &c1, const Complex &c2){    //重载运算符函数实现
    return Complex(c1.real+c2.real, c1.imag+c2.imag);
}

Complex operator- (const Complex &c1, const Complex &c2){    //重载运算符函数实现
    return Complex(c1.real-c2.real, c1.imag-c2.imag);
}

ostream & operator<< (ostream &out, const Complex &c){       //重载运算符函数实现
    out<<"("<<c.real<<", "<<c.imag<<")";
    return out;
}

int main(){                                 //主函数
    Complex c1(5, 4), c2(2, 10), c3;        //定义复数类的对象
    cout<<"c1="<<c1<<endl;
    cout<<"c2="<<c2<<endl;
    c3=c1-c2;                               //使用重载运算符完成复数减法
    cout<<"c3=c1-c2="<<c3<<endl;
    c3=c1+c2;                               //使用重载运算符完成复数加法
    cout<<"c3=c1+c2="<<c3<<endl;
    return 0;
}
```

将运算符重载为类的非成员函数,就必须把操作数全部通过形参的方式传递给运算符重载函数。"<<"操作符的左操作数为 ostream 类型的引用,ostream 是 cout 类型的一个基类,右操作数是 Complex 类型的引用,这样在执行 cout<<c1 时,就会调用 operator<<(cout,c1)。该函数把通过第一个参数传入的 ostream 对象以引用形式返回,这是为了支持形如"cout<<c1<<c2"的连续输出,因为第二个"<<"运算符的左操作数是第一个"<<"运算符的返回结果。和例 8-1 相比,主函数中"+","−"的用法没有改动,而对 Complex 对象的输出更加直观了,程序运行的结果完全相同。

提示 运算符的两种重载形式各有千秋。成员函数的重载方式更加方便,但有时出于以下原因,需要使用非成员函数的重载方式。

(1) 要重载的操作符的第一个操作数不是可以更改的类型,例如上例中"<<"运算符的第一个操作数的类型为 ostream,是标准库的类型,无法向其中添加成员函数。

(2) 以非成员函数形式重载,支持更灵活的类型转换。例如例 8-3 中,可以直接使用 $5.0+c1$,因为 Complex 的构造函数使得实数可以被隐含转换为 Complex 类型。这样 $5.0+c1$ 就会以 operator+(Complex(5.0),c1) 的方式来执行,c1+5.0 也一样,从而支持了实数和复数的相加,很方便也很直观;而以成员函数重载时,左操作数必须具有 Complex 类型,不能是实数(因为调用成员函数的目的对象不会被隐含转换),只有右操作数可以是实数(因为右操作数是函数的参数,可以隐含转换)。

这里,只介绍了几个简单运算符的重载,还有一些运算符,如"[]"、"="、类型转换等,进行重载时有一些与众不同的情况。考虑到对于初学者而言,难以一下子接受太多新内容,所以暂且不讲。这些内容将在第 9 章中,结合"安全数组类模板"的例子进行介绍,可能更容易理解一些。

8.3 虚函数

在 7.7 节中介绍了一个个人银行账户管理的简单程序,其中遗留了一个问题:如何利用一个循环结构依次处理同一类族中不同类的对象。现在将例 7-10 中的主函数改写为如下形式,看看运行时会出现什么情况。

```cpp
#include "account.h"
#include <iostream>
using namespace std;
int main(){
    Date date(2008, 11, 1);                          //起始日期
    //建立几个账户
    SavingsAccount sa1(date, "S3755217", 0.015);
    SavingsAccount sa2(date, "02342342", 0.015);
    CreditAccount ca(date, "C5392394", 10000, 0.0005, 50);
    Account * accounts[]={&sa1, &sa2, &ca};
    const int n=sizeof(accounts)/sizeof(Account * );   //账户总数
    for (int i=0; i<n; i++){
```

```
        accounts[i]->show();
        cout<<endl;
    }
    return 0;
}
```

运行结果为：

```
2008-11-1   #S3755217 created
2008-11-1   #02342342 created
2008-11-1   #C5392394 created
S3755217    Balance: 0
02342342    Balance: 0
C5392394    Balance: 0
```

从 show 函数的输出结果可以看出，无论 accounts[i]指向的是哪种类型的实例，通过 accounts[i]—>show()调用的函数都是 Account 类中定义的 show 函数。而我们希望根据 accounts[i]所指向的实例类型决定哪个 show 函数被调用，当 i==2 时被调用的应当是 CreditAccount 类中定义的 show 函数。这一问题如何解决呢？这就要应用虚函数来实现多态性。

虚函数是动态绑定的基础。虚函数必须是非静态的成员函数。虚函数经过派生之后，在类族中就可以实现运行过程中的多态。

根据赋值兼容规则，可以使用派生类的对象代替基类对象。如果用基类类型的指针指向派生类对象，就可以通过这个指针来访问该对象，问题是访问到的只是从基类继承来的同名成员。解决这一问题的办法是：如果需要通过基类的指针指向派生类的对象，并访问某个与基类同名的成员，那么首先在基类中将这个同名函数说明为虚函数。这样，通过基类类型的指针，就可以使属于不同派生类的不同对象产生不同的行为，从而实现运行过程的多态。

8.3.1 一般虚函数成员

一般虚函数成员的声明语法是：

virtual 函数类型 函数名(形参表);

这实际上就是在类的定义中使用 virtual 关键字来限定成员函数，**虚函数声明只能出现在类定义中的函数原型声明中，而不能在成员函数实现的时候。**

运行过程中的多态需要满足 3 个条件，第一是类之间满足**赋值兼容规则**，第二是要声明**虚函数**，第三是要**由成员函数来调用或者是通过指针、引用来访问虚函数**。如果是使用对象名来访问虚函数，则绑定在编译过程中就可以进行（静态绑定），而无须在运行过程中进行。

习惯　虚函数一般不声明为内联函数，因为对虚函数的调用需要动态绑定，而对内联函数的处理是静态的，所以虚函数一般不能以内联函数处理。但将虚函数声明为内联函数也不会引起错误。

在 UML 语言中,一般的虚函数是通过在成员函数前添加<<virtual>>构造型来表示。

例 8-4 虚函数成员。

这个程序是由例 7-3"类型兼容规则实例"改进而来。在基类 Base1 中将原有成员 display()声明为虚函数,其他部分都没有做任何修改。与例 7-3 不同的是,在使用基类类型的指针时,它指向哪个派生类的对象,就可以通过它访问那个对象的同名虚成员函数。类的派生关系的 UML 图形表示如图 8-3 所示,其中 Base1 类包含虚成员函数 display()。

源程序:

图 8-3 包含虚成员函数的 Base1 类及派生关系的 UML 图形表示

```cpp
//8_4.cpp
#include <iostream>
using namespace std;

class Base1 {                    //基类 Base1 定义
public:
    virtual void display() const;            //虚函数
};
void Base1::display() const {
    cout<< "Base1::display()"<<endl;
}

class Base2: public Base1 {                  //公有派生类 Base2 定义
public:
    void display() const;                    //覆盖基类的虚函数
};
void Base2::display() const {
    cout<< "Base2::display()"<<endl;
}

class Derived: public Base2 {                //公有派生类 Derived 定义
public:
    void display() const;                    //覆盖基类的虚函数
};
void Derived::display() const {
    cout<< "Derived::display()"<<endl;
}

void fun(Base1 * ptr){                       //参数为指向基类对象的指针
    ptr->display();                          //"对象指针->成员名"
}
```

```
int main(){                          //主函数
    Base1 base1;                     //定义 Base1 类对象
    Base2 base2;                     //定义 Base2 类对象
    Derived derived;                 //定义 Derived 类对象
    fun(&base1);                     //用 Base1 对象的指针调用 fun 函数
    fun(&base2);                     //用 Base2 对象的指针调用 fun 函数
    fun(&derived);                   //用 Derived 对象的指针调用 fun 函数
    return 0;
}
```

程序的运行结果为：

```
Base1::display()
Base2::display()
Derived::display()
```

程序中类 Base1,Base2 和 Derived 属于同一个类族,而且是通过公有派生而来,因此满足赋值兼容规则。同时,基类 Base1 的函数成员 display()声明为虚函数,程序中使用对象指针来访问函数成员。这样绑定过程就是在运行中完成,实现了运行中的多态。通过基类类型的指针就可以访问到正在指向的对象的成员,这样,能够对同一类族中的对象进行统一的处理,抽象程度更高,程序更简洁、更高效。

在本程序中,派生类并没有显式给出虚函数声明,这时系统就会遵循以下规则来判断派生类的一个函数成员是不是虚函数。

- 该函数是否与基类的虚函数有相同的名称。
- 该函数是否与基类的虚函数有相同的参数个数及相同的对应参数类型。
- 该函数是否与基类的虚函数有相同的返回值或者满足赋值兼容规则的指针、引用型的返回值。

如果从名称、参数及返回值 3 个方面检查之后,派生类的函数满足了上述条件,就会自动确定为虚函数。这时,派生类的虚函数便**覆盖**了基类的虚函数。不仅如此,派生类中的虚函数还会**隐藏**基类中同名函数的所有其他重载形式。

细节　用指向派生类对象的指针仍然可以调用基类中被派生类覆盖的成员函数,方法是使用“∷”进行限定。例如,例 8-4 中如果把 fun 函数中的 ptr－＞display()改为 ptr－＞Base1::display(),无论 ptr 所指向对象的动态类型是什么,最终被调用的总是 Base1 类的 display()函数。在派生类的函数中,有时需要先调用基类被覆盖的函数,再执行派生类特有的操作,这时就可以用“基类名∷函数名(…)”来调用基类中被覆盖的函数。

习惯　派生类覆盖基类的成员函数时,既可以使用 virtual 关键字,也可以不使用,二者没有差别。很多人习惯于在派生类的函数中也使用 virtual 关键字,因为这样可以清楚地提示这是一个虚函数。

当基类构造函数调用虚函数时,不会调用派生类的虚函数。假设有基类 Base 和派生类 Derived,两个类中有**虚成员函数** virt(),在执行派生类 Derived 的构造函数时,需要首先调用

Base 类的构造函数。如果 Base::Base()调用了虚函数 virt(),则被调用的是 Base::virt(),而不是 Derived::virt()。这是因为当基类被构造时,对象还不是一个派生类的对象。

同样,当基类被析构时,对象已经不再是一个派生类对象了,所以如果 Base::~Base()调用了 virt(),则被调用的是 Base::virt(),而不是 Derived::virt()。

只有虚函数是动态绑定的,如果派生类需要修改基类的行为(即重写与基类函数同名的函数),就应该在基类中将相应的函数声明为虚函数。而基类中声明的非虚函数,通常代表那些不希望被派生类改变的功能,也是不能实现多态的。一般不要重写继承而来的非虚函数(虽然语法对此没有强行限制),因为那会导致通过基类指针和派生类的指针或对象调用同名函数时,产生不同的结果,从而引起混乱。

注意 在重写继承来的虚函数时,如果函数有默认形参值,不要重新定义不同的值。原因是:虽然虚函数是动态绑定的,但默认形参值是静态绑定的。也就是说,通过一个指向派生类对象的基类指针,可以访问到派生类的虚函数,但默认形参值却只能来自基类的定义。

最后,需强调的是,只有通过基类的指针或引用调用虚函数时,才会发生动态绑定。例如,如果将例 8-4 中的 fun 函数的参数类型设定为 Base1 而非 Base1 * ,那么 3 次 fun 函数的调用中,被执行的函数都会是 Base1::display()。这是因为,基类的指针可以指向派生类的对象,基类的引用可以作为派生类对象的别名,但基类的对象却不能表示派生类的对象。例如:

```
Derived d;           //定义派生类对象
Base * ptr=&d;       //基类指针 ptr 可以指向派生类对象
Base &ref=d;         //基类引用 ref 可以作为派生类对象的别名
Base b=d;            //调用 Base1 的复制构造函数用 d 构造 b,b 的类型是 Base 而非 Derived
```

这里,Base b=d 会用 Derived 类型的对象 d 为 Base 类型的对象 b 初始化,初始化时使用的是 Base 的复制构造函数。由于复制构造函数接收的是 Base 类型的常引用,Derived 类型的 d 符合类型兼容性规则,可以作为参数传递给它。由于执行的是 Base 的复制构造函数,只有 Base 类型的成员会被复制,Derived 类中新增的数据成员既不会被复制,也没有空间去存储,因此生成对象是基类 Base 的对象。这种用派生类对象复制构造基类对象的行为称做**对象切片**。这时,如果用 b 调用 Base 类的虚函数,调用的目的对象是对象切片后得到的 Base 对象,与 Derived 类型的 d 对象全无关系,对象的类型很明确,因此无须动态绑定。

8.3.2 虚析构函数

在 C++ 中,不能声明虚构造函数,但是可以声明虚析构函数。析构函数没有类型,也没有参数,和普通成员函数相比,虚析构函数情况略为简单些。

虚析构函数的声明语法为:

```
virtual ~类名();
```

如果一个类的析构函数是虚函数,那么由它派生而来的所有子类的析构函数也是虚函数。析构函数设置为虚函数之后,在使用指针引用时可以动态绑定,实现运行时的多态,保证使用基类类型的指针就能够调用适当的析构函数针对不同的对象进行清理工作。

简单来说,如果有可能通过基类指针调用对象的析构函数(通过 delete),就需要让基类的析构函数成为虚函数,否则会产生不确定的后果。

例 8-5　虚析构函数举例。

首先,请看一个没有使用虚析构函数的程序。

```cpp
//8_5.cpp
#include <iostream>
using namespace std;

class Base {
public:
    ~Base();
};
Base::~Base(){
    cout<<"Base destructor"<<endl;
}

class Derived: public Base {
public:
    Derived();
    ~Derived();
private:
    int * p;
};
Derived::Derived(){
    p=new int(0);
}
Derived::~Derived(){
    cout<<"Derived destructor"<<endl;
    delete p;
}

void fun(Base * b){
    delete b;
}

int main(){
    Base * b=new Derived();
    fun(b);
    return 0;
}
```

运行时输出信息为：

```
Base destructor
```

这说明，通过基类指针删除派生类对象时调用的是基类的析构函数，派生类的析构函数没有被执行，因此派生类对象中动态分配的内存空间没有得到释放，造成了内存泄漏。也就是说派生类对象成员 p 所指向的内存空间，在对象消失后既不能被本程序继续使用也没有被释放。对于内存需求量较大、长期连续运行的程序来说，如果持续发生这样的错误是很危险的，最终将导致因内存不足而引起程序终止。

避免上述错误的有效方法就是将析构函数声明为虚函数：

```
class Base {
public:
    virtual ~Base();
};
```

这时运行时的输出信息为：

```
Derived destructor
Base destructor
```

这说明派生类的析构函数被调用了，派生类对象中动态申请的内存空间被正确地释放了。这是由于使用了虚析构函数，实现了多态。

8.4 纯虚函数与抽象类

抽象类是一种特殊的类，它为一个类族提供统一的操作界面。抽象类是为了抽象和设计的目的而建立的。可以说，建立抽象类，就是为了通过它多态地使用其中的成员函数。抽象类处于类层次的上层，一个抽象类自身无法实例化，也就是说我们无法定义一个抽象类的对象，只能通过继承机制，生成抽象类的非抽象派生类，然后再实例化。

抽象类是带有纯虚函数的类。为了学习抽象类，下面先来了解纯虚函数。

8.4.1 纯虚函数

在 7.7 节中介绍的个人银行账户管理程序中遗留的另一个问题是，如何将不同派生类中的 deposit，withdraw 和 settle 这些用来执行相同类型操作的函数之间建立起联系。通过 8.3 节的学习，会很容易想到在基类 Account 中也声明几个具有相同原型的函数，并且将它们作为虚函数，这样派生类中的这几个函数就是对基类相应函数的覆盖，通过基类的指针调用这些函数时，派生类的相应函数将被实际调用。然而，基类并不知道该如何处理 deposit，withdraw 和 settle 这些操作，无法给出有意义的实现。对于这种在基类中无法实现的函数，能否在基类中只说明函数原型用来规定整个类族的统一接口形式，而在派生类中再给出函数的具体实现呢？ 在 C++ 中提供了纯虚函数来实现这一功能。

纯虚函数是一个在基类中声明的虚函数，它在该基类中没有定义具体的操作内容，要求各派生类根据实际需要给出各自的定义。纯虚函数的声明格式为：

```
virtual 函数类型 函数名(参数表)=0;
```

实际上，它与一般虚函数成员的原型在书写格式上的不同就在于后面加了"＝ 0"。**声明为纯虚函数之后，基类中就可以不再给出函数的实现部分**。纯虚函数的函数体由派生类给出。

    细节   基类中仍然允许对纯虚函数给出实现，但即使给出实现，也必须由派生类覆盖，否则无法实例化。在基类中对纯虚函数定义的函数体的调用，必须通过"基类名::函数名(参数表)"的形式。如果将析构函数声明为纯虚函数，必须给出它的实现，因为派生类的析构函数体执行完后需要调用基类的纯虚函数。

    在 UML 语言中，纯虚函数也称为抽象函数，它是通过书写斜体函数名称并在前面添加<>构造型来表示。

    注意   纯虚函数不同于函数体为空的虚函数：纯虚函数根本就没有函数体，而空的虚函数的函数体为空；前者所在的类是抽象类，不能直接进行实例化，而后者所在的类是可以实例化的。它们共同的特点是都可以派生出新的类，然后在新类中给出虚函数新的实现，而且这种新的实现可以具有多态特征。

8.4.2　抽象类

    带有纯虚函数的类是抽象类。抽象类的主要作用是通过它为一个类族建立一个公共的接口，使它们能够更有效地发挥多态特性。抽象类声明了一个类族派生类的共同接口，而接口的完整实现，即纯虚函数的函数体，要由派生类自己定义。

    抽象类派生出新的类之后，如果派生类给出所有纯虚函数的函数实现，这个派生类就可以定义自己的对象，因而不再是抽象类；反之，如果派生类没有给出全部纯虚函数的实现，这时的派生类仍然是一个抽象类。

    抽象类不能实例化，即不能定义一个抽象类的对象，但是可以定义一个抽象类的指针和引用。通过指针或引用，就可以指向并访问派生类的对象，进而访问派生类的成员，这种访问是具有多态特征的。

    在 UML 语言中，抽象类是通过书写斜体类名称来表示的。

    例 8-6   抽象类举例。

    这个程序是由例 8-4 改进而来。在基类 Base1 中将成员 display()声明为纯虚函数，这样，基类 Base1 就是一个抽象类。我们无法定义 Base1 类的对象，但是可以定义 Base1 类的指针和引用。Base1 类经过公有派生产生了 Base2 类，Base2 类作为新的基类又派生出Derived 类。使用抽象基类 Base1 类型的指针，当它指向某个派生类的对象时，就可以通过它访问该对象的虚成员函数。关于本例中介绍的抽象类和纯虚函数的UML 图形表示如图 8-4 所示。

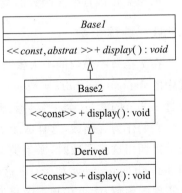

图 8-4　抽象类和纯虚函数的
UML 图形表示

源程序：

```cpp
//8_6.cpp
#include <iostream>
using namespace std;

class Base1 {                              //基类 Base1 定义
public:
    virtual void display() const=0;        //纯虚函数
};

class Base2: public Base1 {                //公有派生类 Base2 定义
public:
    void display() const;                  //覆盖基类的虚函数
};
void Base2::display() const {
    cout<<"Base2::display()"<<endl;
}

class Derived: public Base2 {              //公有派生类 Derived 定义
public:
    void display() const;                  //覆盖基类的虚函数
};
void Derived::display() const {
    cout<<"Derived::display()"<<endl;
}

void fun(Base1 * ptr){                     //参数为指向基类对象的指针
    ptr->display();                        //"对象指针->成员名"
}

int main(){                                //主函数
    Base2 base2;                           //定义 Base2 类对象
    Derived derived;                       //定义 Derived 类对象
    fun(&base2);                           //用 Base2 对象的指针调用 fun 函数
    fun(&derived);                         //用 Derived 对象的指针调用 fun 函数
    return 0;
}
```

程序的运行结果为：

```
Base2::display()
Derived::display()
```

程序中类 Base1，Base2 和 Derived 属于同一个类族，抽象类 Base1 通过纯虚函数为整个类族提供了通用的外部接口语义。通过公有派生而来的子类给出了纯虚函数的具体实现,因此是非抽象类,可以定义派生类的对象,同时根据赋值兼容规则,抽象类 Base1 类型的指针也可以指向任何一个派生类的对象。在 fun 函数中通过基类 Base1 的指针 ptr 就可以访问到 ptr 指向的派生类 Base2 和 Derived 类对象的成员。这样就实现了对同一类族中的对象进行统一的多态处理。

而且,程序中派生类的虚函数并没有用关键字 virtual 显式说明,因为它们与基类的纯虚函数具有相同的名称、参数及返回值,由系统自动判断确定其为虚函数。在派生类的 display 函数原型声明中使用 virtual 也是没有错的。

8.5　程序实例——变步长梯形积分算法求解函数的定积分

在实际工程应用中,许多定积分的求值都是通过计算机用数值计算的方法近似得到。原因是很多情况下,函数本身只有离散值,或函数的积分无法用初等函数表示。在这个例子中,将介绍最基本的变步长梯形法求解函数的定积分。

8.5.1　算法基本原理

我们只考虑最简单的情况,设被积函数是一个一元函数,定积分表达式为:

$$I = \int_a^b f(x)\,\mathrm{d}x \tag{8-1}$$

积分表示的意义是一元函数 $f(x)$ 在区间 a 到 b 之间与 x 轴所夹的面积,如图 8-5 所示。

图 8-5　梯形积分原理示意图

如果上述积分可积,对于任意整数 n,取 $h = (b-a)/n$,记为

$$x_k = a + kh$$

$$I_k = \int_{x_{k-1}}^{x_k} f(x)\,\mathrm{d}x$$

则有:

$$I = \sum_{k=1}^n I_k$$

在小区间 $[x_{k-1}, x_k]$ 上,取 I_k 的某种近似,就可以求得 I 的近似值。

在区间 $[x_{k-1}, x_k]$ 上取 $I_k = [f(x_{k-1}) + f(x_k)]h/2$,就是梯形积分。梯形法积分的一个简单理解就是,把原积分区间划分为一系列小区间,在每个小区间上都用小的梯形面积来近似原函数的积分,当小区间足够小时,就可以得到原来积分的近似值。这时,整个积

分结果可以近似表示为

$$T_n = \sum_{k=0}^{n-1} \frac{h}{2} [f(x_k) + f(x_{k+1})] \tag{8-2}$$

在使用这个积分公式之前必须给出合适的步长 h,步长太大精度难以保证,而步长太小会导致计算量的增加。因此,实际计算往往采用变步长的方法,即在步长逐次减半(步长二分)的过程中,反复利用上述求积分公式进行计算,直到所求得的积分结果满足要求的精度为止。

把积分区间 $[a, b]$ 分成 n 等份,就得到 $n+1$ 个分点,按照公式(8-2)计算积分值 T_n,需要计算 $n+1$ 次函数值。如果积分区间再二分一次,则分点增加到 $2n+1$ 个,我们把二分前后的积分值联系起来考察,分析它们的递推关系。

在二分之后,每一个积分子区间 $[x_k, x_{k+1}]$ 经过二分后只增加了一个分点 $x_{k+1/2} = (x_k + x_{k+1})/2$,二分之后这个区间的积分值为

$$\frac{h}{4} [f(x_k) + 2f(x_{k+\frac{1}{2}}) + f(x_{k+1})] \tag{8-3}$$

注意,这里的 $h = (b-a)/n$,还是二分之前的步长。把每个区间的积分值相加,就得到二分之后的积分结果:

$$T_{2n} = \frac{h}{4} \sum_{k=0}^{n-1} [f(x_k) + f(x_{k+1})] + \frac{h}{2} \sum_{k=0}^{n-1} f(x_{k+\frac{1}{2}}) \tag{8-4}$$

利用二分前的积分结果公式(8-2),就可以得到递推公式

$$T_{2n} = \frac{1}{2} T_n + \frac{h}{2} \sum_{k=0}^{n-1} f(x_{k+\frac{1}{2}}) \tag{8-5}$$

对于实际问题,通常采取的一般步骤如下。

第一步,取 $n=1$,利用公式(8-2)计算积分值。

第二步,进行二分,利用递推公式(8-5)计算新的积分值。

第三步,进行判断,如果两次计算积分值的差在给定的误差范围之内,二分后的积分值就是所需的结果,计算结束。如果两次计算积分结果之差在误差范围之外,返回第二步,继续运行。

值得注意的一点是:这种积分方法对被积函数有一定的要求。设想如果一个函数刚好在积分边界 a,b 和中心点 $(a+b)/2$ 处取值都为 0,而在其他地方的某一段取值不为 0。则第一步计算结果为 0,第二步计算结果仍然是 0,就得出积分结果为 0 的结论,这显然是错误的。

8.5.2 程序设计分析

从上面的算法分析可以看到,我们面临的主要问题有两个,一是被积函数值的计算,每次计算积分值,都要在小的积分区间上计算函数的值;二是变步长梯形积分的实现。

程序中定义两个抽象类:函数类 Function 和积分类 Integration。它们所包含的纯虚函数为:

```
virtual double operator () (double x) const=0;        //纯虚函数重载运算符()
```

```
virtual double operator () (double a, double b, double eps) const=0;
```

它们都重载了运算符"()",前者是计算函数在 x 点处的值,后者是计算被积函数在区间 $[a,b]$ 之间,误差小于 eps 的积分值。具体的函数实现由它们的派生类给出。这样做的好处是当派生类给出不同的函数实现时,通过这两个重载运算符,就可以计算不同被积函数的值或给出不同的求积分方法(本例只给出变步长梯形法,还可以通过派生新类,加入新的积分算法)。图 8-6 通过 UML 图形表示说明了我们设计的类及其相互关系。

图 8-6　变步长梯形积分类的关系的 UML 图形表示

积分计算过程中,在梯形积分类 Trapz 的成员函数中需要访问函数类 Fun 的函数成员,在 Trapz 类中加入了所有数据成员 f(F 类的引用),利用虚函数的特性和赋值兼容规则,通过这个指针,就可以访问到它正在指向 F 类派生类对象的成员函数。

8.5.3　源程序及说明

例 8-7　变步长梯形积分法求解函数的定积分。

整个程序分为 3 个独立的文件,Trapzint.h 文件包括类的定义,Trapzint.cpp 文件包括类的成员函数实现。文件 8_7.cpp 是程序的主函数,主函数中定义了函数类 Fun 和梯形积分类 Trapz 的对象。通过这些对象,求一个测试函数在某给定区间的积分值,对整个程序进行了测试,误差 eps 为 10^{-7}。公式如下:

$$I = \int_1^2 \frac{\log(1+x)}{1+x^2}\mathrm{d}x \tag{8-6}$$

源程序:

```
//Trapzint.h   文件一,类定义
```

```
class Function {                                    //抽象类 Function 的定义
public:
    virtual double operator () (double x) const=0;   //纯虚函数重载运算符()
    virtual ~Function(){}
};


class MyFunction: public Function {                 //公有派生类 MyFunction 定义
public:
    virtual double operator()(double x) const;       //覆盖虚函数
};


class Integration {                                 //抽象类 Integration 定义
public:
    virtual double operator () (double a, double b, double eps) const=0;
    virtual ~Integration(){}
};


class Trapz: public Integration    {               //公有派生类 Trapz 定义
public:
    Trapz(const Function &f) : f(f){}                //构造函数
    virtual double operator () (double a, double b,double eps) const;
private:
    const Function &f;                              //私有成员,Function 类对象的指针
};
```

经过公有派生,MyFunction 类获得了除构造函数、析构函数之外的 Function 类的全部成员。由于基类包含一个纯虚函数,是抽象类,因此在派生类中的成员函数中,给出从基类继承来的纯虚函数成员的具体实现,即表达式(8-6)中的被积函数

$$f(x) = \frac{\log(1+x)}{1+x^2} \tag{8-7}$$

如果求另外一个函数的积分,只要从基类 Function 中重新派生一个类,比如 MyFunction2,把函数写为 MyFunction2 的纯虚函数的实现即可。

公有派生之后,梯形积分类 Trapz 继承了积分类 Integration 的成员。基类 Integration 是抽象类,在派生类中的成员函数中给出从基类继承来的纯虚函数成员的具体实现,实现中使用了变步长梯形积分算法。变步长梯形积分算法和被积函数的实现部分是都在文件 Trapzint.cpp 中给出。

```
//Trapzint.cpp  文件二,类实现
# include "Trapzint.h"                    //包含类的定义头文件
# include <cmath>

//被积函数
double MyFunction::operator () (double x) const {
    return log(1.0+x)/(1.0+x*x);
```

```
}

//积分运算过程,重载为运算符()
double Trapz::operator () (double a,double b,double eps) const {
    bool done=false;              //是 Trapz 类的虚函数成员
    int n=1;
    double h=b-a;
    double tn=h*(f(a)+f(b))/2;    //计算 n=1 时的积分值
    double t2n;
    do {
        double sum=0;
        for(int k=0; k<n; k++){
        double x=a+(k+0.5)*h;
        sum+=f(x);
        }
        t2n=(tn+h*sum)/2.0;       //变步长梯形法计算
        if (fabs(t2n-tn)<eps)
            done=true;            //判断积分误差
        else {                    //进行下一步计算
            tn=t2n;
            n*=2;
            h/=2;
        }
    } while (!done);
    return t2n;
}
```

上述第一个函数以运算符"()"重载的方式给出了被积函数 $f(x)$ 的计算方法,而第二个函数用来求函数 f 在区间 $[a,b]$ 上的积分结果,积分计算误差由 eps 来控制。函数 f 是抽象类 Function 的引用,其具体实现由 Function 的派生类 MyFunction 给出,返回值是积分结果。

```
//8_7.cpp   文件三,主函数
#include "Trapzint.h"          //类定义头文件
#include <iostream>
#include <iomanip>
using namespace std;

int main(){                    //主函数
    MyFunction f;              //定义 MyFunction 类的对象
    Trapz trapz(f);            //定义 Trapz 类的对象
    //计算并输出积分结果
    cout<<"TRAPZ Int: "<<setprecision(7)<<trapz(0, 2, 1e-7)<<endl;
    return 0;
```

}

在程序的主函数部分,定义了 MyFunction 类的对象 f 和梯形积分类 Trapz 的对象 trapz,并用 MyFunction 类的对象来初始化对象 trapz。这时,梯形积分类 Trapz 数据成员抽象类 Function 的引用就成为 MyFunction 类对象 f 的别名。在对象 trapz 中对基类 F 引用的操作,就是对 MyFunction 类对象 f 进行的。通过对象 trapz 调用重载的运算符 "()",就完成了函数在区间[0,2]之间,误差在 10^{-7} 的积分计算。

8.5.4 运行结果与分析

程序运行结果为:

```
TRAPZ Int: 0.5548952
```

如果要求其他函数的积分,可在本程序的基础上修改。首先从 MyFunction 类派生出新的类,覆盖 Function 类的虚函数从而给出被积函数的原型,用新类的对象为主函数中的 trapz 对象初始化,然后在主函数输出语句的 trapz 对象调用重载运算符 "()" 时给定积分区间 a 和 b 以及积分误差控制 eps 的值。如果要使用其他积分算法,比如变步长辛普生(Simpson)算法等,就需要重新派生一个新类。比如名为 Simpson 的类,将该类中运算符 "()" 重载函数改写为辛普生算法,同时,在主函数中定义一个 Simpson 类的对象来计算积分值。

这是一个使用类来解决稍微复杂一些的实际问题的例子,涉及面向对象编程的几乎全部核心内容,类的继承、运算符重载、抽象类等,尤其是利用抽象类来实现多态部分,需要认真学习、理解,当然最好是自己上机调试、运行一遍。

8.6 综合实例——对个人银行账户管理程序的改进

在第 7 章中,以一个个人银行账户管理程序为例,说明了类的派生过程。但是例 7-10 的程序存在两个不足,如下所述。

(1)各个账户对象无法通过数组来访问,使得需要分别对每个对象执行某个操作时,只能分别写出针对各对象的代码,无法用循环来完成。

(2)不同派生类的 deposit,withdraw,settle 等函数彼此独立,只有知道一个实例的具体类型后才能够调用这些函数。

本节中,将应用虚函数和抽象类对该程序进行改进,解决上述不足。

本例在例 7-10 的基础上,对 Account 类做了如下改进。

(1)将 show 函数声明为虚函数,因此通过指向 CreditAccount 类实例的 Account 类型的指针来调用 show 函数时,被实际调用的将是为 CreditAccount 类定义的 show 函数。这样,如果创建一个 Account 指针类型的数组,使各个元素分别指向各个账户对象,就可以通过一个循环来调用它们的 show 函数。

(2)在 Account 类中添加 deposit,withdraw,settle 这 3 个函数的声明,且将它们都声明为纯虚函数,这使得通过基类的指针可以调用派生类的相应函数,而且无须给出它们在基类中的实现。经过这一改动之后,Account 类就变成了抽象类。

　　需要注意的是,虽然这几个函数在两个派生类中的原型相同,但两个派生类的 settle 函数的对外接口存在着隐式的差异。原因是储蓄账户一年结算一次,SavingsAccount 函数的 settle 函数接收的参数应该是每年 1 月 1 日,而信用账户一月结算一次,CreditAccount 函数的 settle 函数接收的参数应该是每月 1 日。而使用基类 Account 的指针来调用 settle 函数时,事先并不知道该指针所指向对象的具体类型,无法决定采用何种方式调用 settle 函数,因此只能将二者允许接收的参数统一为每月 1 日。同时对活期储蓄账户的 settle 函数进行修改,使它在结算利息之前先判断是否为 1 月,只有参数所给的日期是 1 月时才进行结算。

　　经过以上修改之后,由于对账户所做的各种操作都可以通过基类的指针来调用,因此可以把各账户对象的指针都放在一个数组中,只要给出数组索引就能够对几个账户对象进行操作。从本节开始,将综合实例的主函数改为由用户输入账户编号、对账户的操作类型和操作的参数,以增加程序的灵活性。

　　此外,我们使用 8.2 节介绍的运算符重载,对 Date 类进行了一个小修改——将原先用来计算两日期相差天数的 distance 函数改为“-”运算符,使得计算两日期相差天数的写法更加直观,增加程序的可读性。

　　修改后的 UML 类图如图 8-7 所示。

　　例 8-8　个人银行账户管理程序。

　　与例 7-10 一样,程序分为 6 个文件:date.h 是日期类头文件,date.cpp 是日期类实现文件,accumulator.h 为按日将数值累加的 Accumulator 类的头文件,account.h 是各个储蓄账户类定义头文件,account.cpp 是各个储蓄账户类实现文件,8_8.cpp 是主函数文件。

```cpp
//date.h
#ifndef __DATE_H__
#define __DATE_H__
class Date {                              //日期类
private:
    int year;                             //年
    int month;                            //月
    int day;                              //日
    int totalDays;                        //该日期是从公元元年 1 月 1 日开始的第几天
public:
    Date(int year, int month, int day);   //用年、月、日构造日期
    int getYear() const {return year;}
    int getMonth() const {return month;}
    int getDay() const {return day;}
    int getMaxDay() const;                //获得当月有多少天
    bool isLeapYear() const {             //判断当年是否为闰年
        return year%4==0 && year%100!=0 || year%400==0;
```

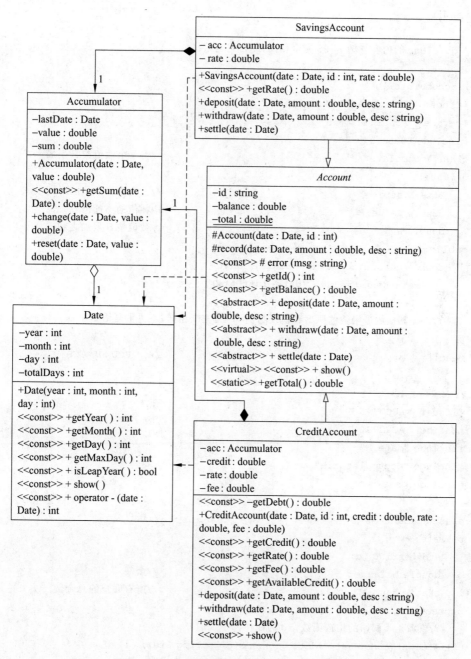

图 8-7 个人银行账户管理程序的 UML 类图

```
    }
    void show() const;                          //输出当前日期
    int operator- (const Date& date) const {    //计算两个日期之间差多少天
        return totalDays-date.totalDays;
    }
};
```

```cpp
#endif                                          //__DATE_H__
```

//date.cpp 的内容与例 6-25 完全相同,不再重复给出

```cpp
//accumulator.h
#ifndef __ACCUMULATOR_H__
#define __ACCUMULATOR_H__
#include "date.h"
class Accumulator {                             //将某个数值按日累加
private:
    Date lastDate;                              //上次变更数值的时期
    double value;                               //数值的当前值
    double sum;                                 //数值按日累加之和
public:
    double getSum(const Date &date) const {
        return sum+value * (date-lastDate);
    }
    //该类其他成员函数的原型和实现与例 7-10 完全相同,不再重复给出
};
#endif                                          //__ACCUMULATOR_H__
```

```cpp
//account.h
#ifndef __ACCOUNT_H__
#define __ACCOUNT_H__
#include "date.h"
#include "accumulator.h"
#include <string>

class Account {                                 //账户类
private:
    std::string id;                             //账号
    double balance;                             //余额
    static double total;                        //所有账户的总金额
protected:
    //供派生类调用的构造函数,id 为账户
    Account(const Date &date, const std::string &id);
    //记录一笔账,date 为日期,amount 为金额,desc 为说明
    void record(const Date &date, double amount, const std::string &desc);
    //报告错误信息
    void error(const std::string &msg) const;
public:
    const std::string &getId() const {return id;}
    double getBalance() const {return balance;}
    static double getTotal(){return total;}
```

```
//存入现金,date 为日期,amount 为金额,desc 为款项说明
virtual void deposit(const Date &date, double amount, const std::string &desc)=0;
//取出现金,date 为日期,amount 为金额,desc 为款项说明
virtual void withdraw(const Date &date, double amount, const std::string &desc)=0;
//结算(计算利息、年费等),每月结算一次,date 为结算日期
virtual void settle(const Date &date)=0;
//显示账户信息
virtual void show() const;
};
//SavingsAccount 和 CreditAccount 两个类的定义与例 7-10 完全相同,不再重复给出
#endif                                              //__ACCOUNT_H__


//account.cpp
//仅下面的函数定义与例 7-10 不同,其他皆相同,不再重复给出
void SavingsAccount::settle(const Date &date){
    if (date.getMonth()==1){                        //每年的 1 月计算一次利息
        double interest=acc.getSum(date) * rate
            / (date-Date(date.getYear()-1, 1, 1));
        if (interest!=0)
            record(date, interest, "interest");
        acc.reset(date, getBalance());
    }
}


//8_8.cpp
#include "account.h"
#include <iostream>
using namespace std;
int main(){
    Date date(2008, 11, 1);                         //起始日期
    //建立几个账户
    SavingsAccount sa1(date, "S3755217", 0.015);
    SavingsAccount sa2(date, "02342342", 0.015);
    CreditAccount ca(date, "C5392394", 10000, 0.0005, 50);
    Account * accounts[]={&sa1, &sa2, &ca};
    const int n=sizeof(accounts)/sizeof(Account * );  //账户总数
    cout<<" (d)deposit (w)withdraw (s)show (c)change day (n)next month (e)
exit"<<endl;
    char cmd;
    do {
                                                    //显示日期和总金额
        date.show();
        cout<<"\tTotal: "<<Account::getTotal()<<"\tcommand>";
        int index, day;
```

```cpp
        double amount;
        string desc;
        cin>>cmd;
        switch (cmd){
        case 'd':                                          //存入现金
            cin>>index>>amount;
            getline(cin, desc);
            accounts[index]->deposit(date, amount, desc);
            break;
        case 'w':                                          //取出现金
            cin>>index>>amount;
            getline(cin, desc);
            accounts[index]->withdraw(date, amount, desc);
            break;
        case 's':                                          //查询各账户信息
            for (int i=0; i<n; i++){
                cout<<"["<<i<<"] ";
                accounts[i]->show();
                cout<<endl;
            }
            break;
        case 'c':                                          //改变日期
            cin>>day;
            if (day<date.getDay())
                cout<<"You cannot specify a previous day";
            else if (day>date.getMaxDay())
                cout<<"Invalid day";
            else
                date=Date(date.getYear(), date.getMonth(), day);
            break;
        case 'n':                                          //进入下个月
            if (date.getMonth()==12)
                date=Date(date.getYear()+1, 1, 1);
            else
                date=Date(date.getYear(), date.getMonth()+1, 1);
            for (int i=0; i<n; i++)
                accounts[i]->settle(date);
            break;
        }
    } while (cmd!='e');
    return 0;
}
```

运行结果：

```
2008-11-1      #S3755217 created
2008-11-1      #02342342 created
2008-11-1      #C5392394 created
(d)deposit (w)withdraw (s)show (c)change day (n)next month (e)exit
2008-11-1      Total: 0        command>c 5
2008-11-5      Total: 0        command>d 0 5000 salary
2008-11-5      #S3755217    5000      5000     salary
2008-11-5      Total: 5000     command>c 15
2008-11-15     Total: 5000     command>w 2 2000 buy a cell
2008-11-15     #C5392394    -2000    -2000      buy a cell
2008-11-15     Total: 3000     command>c 25
2008-11-25     Total: 3000     command>d 1 10000 sell stock 0323
2008-11-25     #02342342   10000    10000      sell stock 0323
2008-11-25     Total: 13000    command>n
2008-12-1      #C5392394    -16      -2016      interest
2008-12-1      Total: 12984    command>d 2 2016 repay the credit
2008-12-1      #C5392394    2016       0        repay the credit
2008-12-1      Total: 15000    command>c 5
2008-12-5      Total: 15000    command>d 0 5500 salary
2008-12-5      #S3755217    5500     10500     salary
2008-12-5      Total: 20500    command>n
2009-1-1       #S3755217    17.77    10517.8 interest
2009-1-1       #02342342    15.16    10015.2 interest
2009-1-1       #C5392394    -50       -50      annual fee
2009-1-1       Total: 20482.9 command>s
[0] S3755217   Balance: 10517.8
[1] 02342342   Balance: 10015.2
[2] C5392394   Balance: -50      Available credit:9950
2009-1-1       Total: 20482.9 command>e
```

可以看到,本例的运行结果中对几个账户所执行的操作与例 7-10 完全一样。于是在基类 Account 中将账户的公共操作皆声明为虚函数,因此可以通过基类的指针来执行各种操作,因而各种类型的账户对象都可以通过一个基类指针的数组来访问。这提供了极大的便利,使得我们可以通过统一的方式来操作各个账户,因而从 cin 输入所需执行的操作就变得非常方便了。

8.7 小结

本章介绍了类的多态特性。多态是指同样的消息被不同类型的对象接收时导致完全不同的行为,是对类的特定成员函数的再抽象。这里的消息是指对类的成员函数的调用,不同的行为是指不同的实现,也就是调用了不同的函数。

C++ 支持的多态又可以分为 4 类:重载多态、强制多态、包含多态和参数多态。前面两种统称为专用多态,而后面两种称为通用多态。我们学习过的普通函数及类的成员函数的重载都属于重载多态。重载指的是同一个函数、过程可以操作于不同类型的对象。强制多态是通过语义操作把一个变元的类型加以变化,以符合一个函数或者操作的要求。包含多态是研究类族中定义于不同类中的同名成员函数的多态行为,主要是通过虚函数来实现。参数多态与类属相关联,类属是一个可以参数化的模板,其中包含的操作所涉及的类型必须用类型参数实例化。这样,由类属实例化的各类都具有相同的操作,而操作对象的类型却各不相同。本章主要介绍重载和包含两种多态类型,其中运算符重载、虚函数是学习的重点。

多态从实现的角度来讲可以划分为两类,即编译时的多态和运行时的多态。前者是在编译的过程中确定了同名操作的具体操作对象,而后者则是在程序运行过程中才动态地确定操作所针对的具体对象。这种确定操作的具体对象的过程就是绑定(binding),也有的文献称为联编、束定或绑定。

运算符重载是对已有的运算符赋予多重含义,使用已有运算符对用户自定义类型(比如类)进行操作。运算符重载的实质就是函数重载,在实现过程中,首先把指定的运算表达式转化为对运算符函数的调用,运算对象转化为运算符函数的实参,然后根据实参的类型来确定需要调用的函数,这个过程是在编译过程中完成的。

虚函数是用 virtual 关键字声明的非静态成员函数。根据赋值兼容规则,可以用基类类型的指针指向派生类对象,如果这个对象的成员函数是普通的成员函数,通过基类类型指针访问到的只能是基类的同名成员。若将基类的同名函数设置为虚函数,使用基类类型指针就可以访问到该指针正在指向的派生类的同名函数。这样,通过基类类型的指针,就可以导致属于不同派生类的不同对象产生不同的行为,从而实现了运行过程的多态。

变步长梯形法是求解函数的定积分的基本方法。在实际工程应用中的很多情况下,函数本身只有离散值,或函数的积分无法用初等函数表示,因此许多定积分的求值都是通过计算机用数值计算的方法近似得到。在用变步长梯形法求函数定积分的例子中,利用了类的继承、运算符重载、抽象类等多方面的知识。

本章最后,仍以一个个人银行账户管理程序为例,对例 7-10 进行了改进,以此说明了虚函数的作用和使用方法。

习　题

8-1　什么叫做多态性? 在 C++ 中是如何实现多态的?

8-2　什么叫做抽象类? 抽象类有何作用? 抽象类的派生类是否一定要给出纯虚函数的实现?

8-3　在 C++ 中,能否声明虚函数? 为什么? 能否声明虚析构函数? 有何用途?

8-4　请编写一个计数器 Counter 类,对其重载运算符“+”。

8-5　编写一个哺乳动物类 Mammal,再由此派生出狗类 Dog,二者都声明 speak() 成员函数,该函数在基类中被声明为虚函数。声明一个 Dog 类的对象,通过此对象调用 speak 函数,观察运行结果。

8-6 请编写一个抽象类 Shape,在此基础上派生出类 Rectangle 和 Circle,二者都有计算对象面积的函数 getArea()、计算对象周长的函数 getPerim()。

8-7 对类 Point 重载"++"(自增)、"--"(自减)运算符,要求同时重载前缀和后缀的形式。

8-8 定义一个基类 BaseClass,从它派生出类 DerivedClass。BaseClass 有成员函数 fn1(),fn2(),fn1()是虚函数;DerivedClass 也有成员函数 fn1(),fn2()。在主函数中声明一个 DerivedClass 的对象,分别用 BaseClass 和 DerivedClass 的指针指向 DerivedClass 的对象,并通过指针调用 fn1(),fn2(),观察运行结果。

8-9 请编写程序定义一个基类 BaseClass,从它派生出类 DerivedClass。在 BaseClass 中声明虚析构函数,在主函数中将一个动态分配的 DerivedClass 的对象地址赋给一个 BaseClass 的指针,然后通过指针释放对象空间。观察程序运行过程。

8-10 编写程序定义类 Point,有数据成员 x,y,为其定义友元函数实现重载"+"。

8-11 在例 8-6 的基础上,通过继承 Rectangle 得到一个新的类 Square,然后在 Shape 中增加一个函数 int getVertexCount() const 用来获得当前图形的顶点个数。用以下几种方法分别实现,并体会各自的优劣。

(1) 使用 dynamic_cast 实现 Shape::getVertexCount 函数。

(2) 使用 typeid 实现 Shape::getVertexCount 函数。

(3) 将 Shape::getVertexCount 声明为纯虚函数,在派生类中给出具体实现。

第 9 章

流类库与输入输出

就像 C 语言一样,C++ 语言中也没有输入输出语句。但 C++ 标准库中有一个面向对象的输入输出软件包,它就是 **I/O 流类库**。流是 I/O 流类的中心概念。本章首先介绍流的概念,然后介绍流类库的结构和使用。对于流类库中类的详细说明及类成员的描述,请读者查阅 C++ 标准库的参考手册。

9.1 I/O 流的概念及流类库结构

I/O 流类库是 C 语言中 I/O 函数在面向对象的程序设计方法中的一个替换产品。

在第 2 章中曾简单介绍过,在 C++ 中,将数据从一个对象到另一个对象的流动抽象为"流"。从流中获取数据的操作称为提取操作,向流中添加数据的操作称为插入操作,数据的输入与输出就是通过 I/O 流来实现的。下面将进一步介绍流的概念。

当程序与外界环境进行信息交换时,存在着两个对象,一个是程序中的对象,另一个是文件对象。**流是一种抽象,它负责在数据的生产者和数据的消费者之间建立联系,并管理数据的流动**。程序建立一个流对象,并指定这个流对象与某个文件对象建立连接,程序操作流对象,流对象通过文件系统对所连接的文件对象产生作用。由于流对象是程序中的对象与文件对象进行交换的界面,对程序对象而言,文件对象有的特性,流对象也有,所以**程序将流对象看作是文件对象的化身**。

操作系统是将键盘、屏幕、打印机和通信端口作为扩充文件来处理的,而这种处理是通过操作系统的设备驱动程序来实现的。因此,从 C++ 程序员的角度来看,这些设备与磁盘文件是等同的,与这些设备的交互也是通过 I/O 流类来实现的。

流所涉及的范围还远不止于此,凡是数据从一个地方传输到另一个地方的操作都是流的操作。像网络数据交换、进程数据交换等都是流操作,流操作也可以针对一个字符串进行。因此,一般意义下的读操作在流数据抽象中被称为(从流中)**提取**,写操作被称为(向流中)**插入**。

I/O 流类库的基础是一组类模板,类模板提供了库中的大多数功能,而且可以作用于不同类型的元素。流的基本单位除了普通字符(char 类型)外,还可以是其他类型(例如 wchar_t,这将在深度探索中介绍),流的基本单位的数据类型就是模板的参数。使用 I/O 流时一般无须直接引用这些模板,因为 C++ 的标准头文件中已经用 typedef 为这些模板面向 char 类型的实例定义了别名。由于模板的实例和类具有相同的性质,可以直接把这些别名看作流类的类名。为简便起见,本章把这些别名所表示的模板实例称做类。

　　本章主要对这些类进行介绍，wchar_t 和面向 wchar_t 的 I/O 流将在深度探索中介绍。

　　在 I/O 流类库中，头文件 iostream 声明了 4 个预定义的流对象用来完成在标准设备上的输入输出操作：cin，cout，cerr，clog。

　　图 9-1 给出了 I/O 流类库中面向 char 类型的各个类之间的关系。表 9-1 是这些类的简要说明和使用它们时所需要包含的头文件名称。

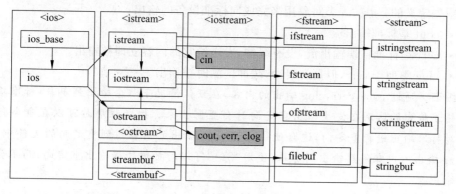

图 9-1　I/O 流类层次图

表 9-1　I/O 流类列表

类　名	说　　明	包含文件
抽象流基类		
ios	流基类	ios
输入流类		
istream	通用输入流类和其他输入流的基类	istream
ifstream	文件输入流类	fstream
istringstream	字符串输入流类	sstream
输出流类		
ostream	通用输出流类和其他输出流的基类	ostream
ofstream	文件输出流类	fstream
ostringstream	字符串输出流类	sstream
输入输出流类		
iostream	通用输入输出流类和其他输入输出流的基类	istream
fstream	文件输入输出流类	fstream
stringstream	字符串输入输出流类	sstream
流缓冲区类		
streambuf	抽象流缓冲区基类	streambuf
filebuf	磁盘文件的流缓冲区类	fstream
stringbuf	字符串的流缓冲区类	sstream

　　细节　表 9-1 列出的头文件 ios，istream，ostream，streambuf 有时不必显式地被包含在源程序中，因为其中描述的都是类层次结构中的基类，这些头文件已经被包含在其派生类所在的头文件中了。在一个文件中如果只需要这些类的前向声明，而不需要它们的定义，可以只包含头文件 iosfwd。

9.2　输出流

一个输出流对象是信息流动的目标,最重要的 3 个输出流是 ostream,ofstream 和 ostringstream。

预先定义的 ostream 类对象用来完成向标准设备的输出:

- cout 是标准输出流。
- cerr 是标准错误输出流,没有缓冲,发送给它的内容立即被输出。
- clog 类似于 cerr,但是有缓冲,缓冲区满时被输出。

细节　通过 cout,cerr,clog 输出的内容,在默认情况下都会输出到屏幕,标准输出和标准错误输出的区别在发生输出重定向时会显露出来。执行程序时可以在命令行使用">"对标准输出进行重定向,这会使得通过 cout 输出的内容写到重定向的文件中,而通过 cerr 输出的内容仍然输出到屏幕;使用"2>"可以对标准错误输出重定向,而不会影响标准输出。

ofstream 类支持磁盘文件输出。如果你需要一个只输出的磁盘文件,可以构造一个 ofstream 类的对象。在打开文件之前或之后可以指定 ofstream 对象接收二进制或文本模式数据。很多格式化选项和成员函数可以应用于 ofstream 对象,包括基类 ios 和 ostream 的所有功能。

如果在构造函数中指定一个文件名,当构造这个文件时该文件是自动打开的。否则,你可以在调用默认构造函数之后使用 open 成员函数打开文件,或者在一个由文件指示符标识的打开文件基础上构造一个 ofstream 对象。

9.2.1　构造输出流对象

如果你仅使用预先定义的 cout,cerr 或 clog 对象,就不需要构造一个输出流。例如,在本章之前的例题中,都是将信息输出到标准输出设备,使用的是 cout。如果要使用文件流将信息输出到文件,便需要使用构造函数来建立流对象。

构造文件输出流的常用方法如下。

(1) 使用默认构造函数,然后调用 open 成员函数。例如:

```
ofstream myFile;                         //定义一个静态文件输出流对象
myFile.open("filename");                 //打开文件,使流对象与文件建立联系
```

(2) 在调用构造函数时指定文件名:

```
ofstream myFile("filename");
```

(3) 也可以使用同一个流先后打开不同的文件(在同一时刻只有一个是打开的):

```
ofstream file;
file.open("FILE1");                      //打开文件 FILE1
//……　向文件 FILE1 输出
file.close();                            //关闭 FILE1
```

```
file.open("FILE2");                    //打开文件 FILE2
//……　向文件 FILE2 输出
file.close();                          //关闭 FILE2
//当对象 file 离开它的作用域时便消亡
```

本章稍后会详细介绍成员函数 open()和 close()。

9.2.2　使用插入运算符和操纵符

本节将介绍如何控制输出格式。插入("<<")运算符是所有标准 C++ 数据类型预先设计的,用于传送字节到一个输出流对象。插入运算符与预先定义的操纵符(manipulator)一起工作,可以控制输出格式。

很多操纵符都定义在 ios_base 类中(如 hex()),以及 iomanip 头文件中(如 setprecision())。

1. 输出宽度

为了调整输出,可以通过在流中放入 setw 操纵符(manipulator)或调用 width 成员函数为每个项指定输出宽度。下面的例子在一列中以至少 10 个字符宽按右对齐方式输出数值。

例 9-1　使用 width 函数控制输出宽度。

```
//9_1.cpp
#include<iostream>
using namespace std;

int main() {
    double values[]={ 1.23, 35.36, 653.7, 4358.24 };
    for(int i=0; i<4; i++) {
        cout.width(10);
        cout<<values[i]<<endl;
    }
    return 0;
}
```

其输出结果是:

```
      1.23
     35.36
     653.7
   4358.24
```

从程序的输出结果可以看到,在少于 10 个字符宽的数值前加入了引导空格。

空格是默认的填充符,当输出的数据不能充满指定的宽度时,系统会自动以空格填充,也可以指定别的字符来填充。使用 fill 成员函数可以为已经指定宽度的域设置填充字符的值。为了用星号填充数值列,可以在例 9-1 中的 for 循环前加入以下函数调用:

```
cout.fill('*');
```

其输出结果如下：

```
******1.23
*****35.36
*****653.7
***4358.24
```

如果要为同一行中输出的不同数据项分别指定宽度，也可以使用 setw 操纵符。

例 9-2　使用 setw 操纵符指定宽度。

```cpp
//9_2.cpp
#include<iostream>
#include<iomanip>
#include<string>
using namespace std;

int main() {
    double values[]={ 1.23, 35.36, 653.7, 4358.24 };
    string names[]={ "Zoot", "Jimmy", "Al", "Stan" };
    for (int i=0; i<4; i++)
        cout<<setw(6)<<names[i]<<setw(10)<<values[i]<<endl;
    return 0;
}
```

width 成员函数在 iostream 中声明了，如果带参量使用 setw 或任何其他操纵符，就必须包括 iomanip。在输出中，字符串输出在宽度为 6 的域中，整数输出在宽度为 10 的域中。

运行结果如下：

```
Zoot      1.23
Jimmy     35.36
   Al      653.7
 Stan    4358.24
```

setw 和 width 都不截断数值。如果数值位超过了指定宽度，则显示全部值，当然还要遵守该流的精度设置。setw 和 width 仅影响紧随其后的域，在一个域输出完后域宽度恢复成它的默认值（必要的宽度）。但其他流格式选项保持有效直到发生改变，例如刚刚介绍的 fill。

2. 对齐方式

输出流默认为右对齐文本，为了在例 9-2 中实现左对齐姓名和右对齐数值，可将程序修改如下。

例 9-3　设置对齐方式。

```cpp
//9_3.cpp
#include<iostream>
#include<iomanip>
```

```
#include<string>
using namespace std;

int main() {
    double values[]={ 1.23, 35.36, 653.7, 4358.24 };
    string names[]={ "Zoot", "Jimmy", "Al", "Stan" };
    for (int i=0;i<4;i++)
        cout<<setiosflags(ios_base::left)
            <<setw(6)<<names[i]
            <<resetiosflags(ios_base::left)
            <<setw(10)<<values[i]<<endl;
    return 0;
}
```

其输出结果如下：

```
Zoot    1.23
Jimmy   35.36
Al      653.7
Stan    4358.24
```

这个程序中，通过使用带参数的 setiosflags 操纵符来设置左对齐，setiosflags 定义在头文件 iomanip 中。参数 ios_base::left 是 ios_base 的静态常量，因此引用时必须包括 ios_base:: 前缀。这里需要用 resetiosflags 操纵符关闭左对齐标志。setiosflags 不同于 width 和 setw，它的影响是持久的，直到用 resetiosflags 重新恢复默认值时为止。

setiosflags 的参数是该流的格式标志值，这个值由如下位掩码指定，并可用位或（|）运算符进行组合。

- ios_base::skipws 在输入中跳过空白。
- ios_base::left 左对齐值，用填充字符填充右边。
- ios_base::right 右对齐值，用填充字符填充左边（默认对齐方式）。
- ios_base::internal 在规定的宽度内，指定前缀符号之后，数值之前，插入指定的填充字符。
- ios_base::dec 以十进制形式格式化数值（默认进制）。
- ios_base::oct 以八进制形式格式化数值。
- ios_base::hex 以十六进制形式格式化数值。
- ios_base::showbase 插入前缀符号以表明整数的数制。
- ios_base::showpoint 对浮点数值显示小数点和尾部的 0。
- ios_base::uppercase 对于十六进制数值显示大写字母 A 到 F，对于科学格式显示大写字母 E。
- ios_base::showpos 对于非负数显示正号（"+"）。
- ios_base::scientific 以科学格式显示浮点数值。
- ios_base::fixed 以定点格式显示浮点数值（没有指数部分）。

● ios_base∷unitbuf 在每次插入之后转储并清除缓冲区内容。

3. 精度

浮点数输出精度的默认值是 6,例如,数 3466.9768 显示为 3466.98。为了改变精度, 可以使用 setprecision 操纵符(定义在头文件 iomanip 中)。此外,还有两个标志会改变浮点数的输出格式,即 ios_base∷fixed 和 ios_base∷scientific。如果设置了 ios_base∷fixed,该数输出为 3466.976 800;如果设置了 ios_base∷scientific,该数输出为 3.466 977e+003。为了以 1 位有效数字显示浮点数,将例 9-3 的程序修改如下。

例 9-4 控制输出精度。

```
//9_4.cpp
#include<iostream>
#include<iomanip>
#include<string>
using namespace std;

int main() {
    double values[]={ 1.23, 35.36, 653.7, 4358.24 };
    string names[]={ "Zoot", "Jimmy", "Al", "Stan" };
    for (int i=0;i<4;i++)
       cout<<setiosflags(ios_base∷left)
           <<setw(6)<<names[i]
           <<resetiosflags(ios_base∷left)
           <<setw(10)<<setprecision(1)<<values[i]<<endl;
    return 0;
}
```

该程序的输出结果如下:

```
Zoot    1
Jimmy   4e+001
Al      7e+002
Stan    4e+003
```

如果不需要科学格式,需要在 for 循环之前插入语句:

```
cout<<setiosflags(ios_base∷fixed);
```

如果要采用定点标记,该程序用一个小数位输出的结果如下:

```
Zoot    1.2
Jimmy   35.4
Al      653.7
Stan    4358.2
```

如果改变 ios_base∷fixed 为 ios_base∷scientific,该程序的输出结果为:

```
Zoot    1.2e+000
```

```
Jimmy    3.5e+001
Al       6.5e+002
Stan     4.4e+003
```

同样,该程序在小数点后输出了一位数字,这表明如果设置了 ios_base::fixed 或 ios_base::scientific,则精度值确定了小数点之后的小数位数。如果都未设置,则精度值确定了总的有效位数。可以用 resetiosflags 操纵符清除这些标志。

4. 进制

dec,oct 和 hex 操纵符设置输入和输出的默认进制。例如,若将 hex 操纵符插入到输出流中,则以十六进制格式输出。如果 ios_base::uppercase(默认)标志已清除,该数值以 a 到 f 的数字显示;否则,以大写方式显示。默认的进制是 dec(十进制)。

9.2.3 文件输出流成员函数

输出流成员函数有如下 3 种类型。

与操纵符等价的成员函数;

执行非格式化写操作的成员函数;

其他修改流状态且不同于操纵符或插入运算符的成员函数。

对于顺序地格式化输出,可以仅使用插入运算符和操纵符。对于随机访问二进制磁盘输出,使用其他成员函数,可以使用或不使用插入运算符。

1. 输出流的 open 函数

要使用一个文件输出流(ofstream),必须在构造函数或 open 函数中把该流与一个特定的磁盘文件关联起来。在这两种情况下,描述文件的参数是相同的。

打开一个与输出流关联的文件时,可以指定一个 open_mode 标志,如表 9-2 所示。可以用按位或("|")运算符组合这些标志,它们作为枚举常量定义在 ios_base 类中。例如:

```
ofstream file("filename", ios_base::out|ios_base::binary);
```

或

```
ofstream file;
file.open("filename", ios_base::out|ios_base::binary);
```

表 9-2　文件输出流文件打开模式

标　志	功　　能
ios_base::app	打开一个输出文件用于在文件尾添加数据
ios_base::ate	打开一个现存文件(用于输入或输出)并查找到结尾
ios_base::in	打开一个输入文件,对于一个 ofstream 文件,使用 ios_base::in 作为一个 open-mode 可避免删除一个现存文件中现有的内容
ios_base::out	打开一个文件,用于输出。对于所有 ofstream 对象,此模式是隐含指定的
ios_base::trunc	打开一个文件,如果它已经存在则删除其中原有的内容。如果指定了 ios_base::out,但没有指定 ios_base::ate,ios_base::app 和 ios_base::in,则隐含为此模式
ios_base::binary	以二进制模式打开一个文件(默认是文本模式)

其中第二个表示打开模式的参数具有默认值 ios_base∷out，可以省略。

2. 输出流的 close 函数

close 成员函数关闭与一个文件输出流关联的磁盘文件。文件使用完毕后必须将其关闭以完成所有磁盘输出。虽然 ofstream 析构函数会自动完成关闭，但如果需要在同一流对象上打开另外的文件，就需要使用 close 函数。

如果构造函数或 open 成员函数打开了该文件，并且在输出流对象析构前未调用 close 函数关闭，则输出流析构函数自动关闭这个流的文件。

3. put 函数

put 函数把一个字符写到输出流中，下面两个语句默认是相同的，但第二个受该流的格式化参量的影响。

```
cout.put('A');              //精确地输出一个字符
cout<<'A';                  //输出一个字符，但此前设置的宽度和填充方式在此起作用
```

4. write 函数

write 函数把一个内存中的一块内容写到一个文件输出流中，长度参数指出写的字节数。下面的例子建立一个文件输出流并将 Date 结构的二进制值写入文件。

例 9-5 向文件输出。

```
//9_5.cpp
#include<fstream>
using namespace std;
struct Date {
    int mondy, day, year;
};
int main() {
    Date dt={ 6, 10, 92 };
    ofstream file("date.dat", ios_base∷binary);
    file.write(reinterpret_cast<char * >(&dt), sizeof(dt));
    file.close();
    return 0;
}
```

细节 由于 C++ 标准没有限定用 reinterpret_cast 转换指针时的行为，因此标准不保证以上代码总能将 dt 的全部内容输出到 date.dat 文件中。但由于用 reinterpret_cast 转换指针，一般都会被实现为对原先的地址原样复制，所以上面的代码几乎总能达到目的。关于 reinterpret_cast 的性质，可以回顾 6.7.2 节的内容。

write 函数当遇到空字符时并不停止，因此能够写入完整的类结构，该函数带两个参数：一个 char 指针（指向内存数据的起始地址）和一个所写的字节数。注意需要用 reinterpret_cast 将该对象的地址显式转换为 char * 类型。

5. seekp 和 tellp 函数

一个文件输出流保存一个内部指针指出下一次写数据的位置。seekp 成员函数设置

这个指针,因此可以以随机方式向磁盘文件输出。tellp 成员函数返回该文件位置指针值。

6. 错误处理函数

错误处理成员函数的作用是在写到一个流时进行错误处理。各函数及其功能如表 9-3 所示。

表 9-3　错误处理成员函数及其功能

函数	功能及返回值
bad	如果出现一个不可恢复的错误,则返回一个非 0 值
fail	如果出现一个不可恢复的错误或一个预期的条件,例如一个转换错误或文件未找到,则返回一个非 0 值。在用零参量调用 clear 之后,错误标记被清除
good	如果所有错误标记和文件结束标记都是清除的,则返回一个非 0 值
eof	遇到文件结尾条件,则返回一个非 0 值
clear	设置内部错误状态,如果用默认参量调用,则清除所有错误位
rdstate	返回当前错误状态

"!"运算符经过了重载,它与 fail 函数执行相同的功能,因此表达式 if(!cout)等价于 if(cout.fail())…

void * ()运算符也是经过重载的,与"!"运算符相反,因此表达式 if(cout)等价于 if(!cout.fail())…

void * ()运算符不等价于 good,因为它不检测文件结尾。

9.2.4　二进制输出文件

最初设计流的目的是用于文本,因此默认的输出模式是文本方式。在不同操作系统中,文本文件的行分隔符不大一样。例如 Linux 操作系统下的文本文件以一个换行符('\n',十进制 10)作为行分隔符,而 Windows 操作系统下的文本文件以一个换行符和一个回车符('\r',十进制 13)作为行分隔符。在以文本模式输出时,每输出一个换行符('\n'),都会将当前操作系统下的行分隔符写入文件中,这意味着在 Windows 下输出换行符后还会被自动扩充一个回车符,这种自动扩充有时可能出现问题,请看下列程序。

```
#include<fstream>
using namespace std;
int array[2]={ 99, 10 };
int main() {
    ofstream os("test.dat");
    os.write(reinterpret_cast<char * >(array), sizeof(array));
    return 0;
}
```

提示　对于 IA-32 结构的微处理器,int 型变量占据 4 个字节,低位存储在地址较小的内存单元中,因此 int 型数据 10 的连续 4 个字节内容分别为 10,0,0,0。如使用文本模式输出,则写到文件中的内容是 10,13,0,0,0。

当执行程序,向文件中输出时,10 之后会被自动添加一个 13,然而这里的转换显然不是我们需要的。要想解决这一问题,就要采用二进制模式输出。使用二进制模式输出时,其中所写的字符是不转换的。如要二进制模式输出到文件,需要在打开文件时在打开模式中设置 ios_base::binary。例如:

```
#include<fstream>
using namespace std;
int array[2]={ 99,10 };
int main() {
    ofstream os("test.dat", ios_base::out|ios_base::binary);
    os.write(reinterpret_cast<char * >(array), sizeof(array));
    return 0;
}
```

9.2.5　字符串输出流

输出流除了可以用于向屏幕或文件输出信息外,还可以用于生成字符串,这样的流叫做字符串输出流。ostringstream 类就用来表示一个字符串输出流。

ostringstream 类有两个构造函数。第一个函数有一个形参,表示流的打开模式,与文件输出流中的第二个参数功能相同,可以取表 9-2 中的值,具有默认值 ios_base::out,通常使用它的默认值。例如,可以用下列方式创建一个字符串输出流:

```
ostringstream os;
```

第二个构造函数接收两个形参。第一个形参是 string 型常对象,用来为这个字符串流的内容设置初值,第二个形参表示打开模式,与第一种构造函数的形参具有相同的意义。

既然 ostringstream 类与 ofstream 类同为 ostream 类的派生类,ofstream 类所具有的大部分功能,ostringstream 类都具有,例如插入运算符、操纵符、write 函数、各种控制格式的成员函数等,只有专用于文件操作的 open 函数和 close 函数是 ostringstream 类所不具有的。

ostringstream 类还有一个特有的函数 str,它返回一个 string 对象,表示用该输出流所生成字符串的内容。

ostringstream 类的一个典型用法是将一个数值转化为字符串,请看下面的示例。

例 9-6　用 ostringstream 将数值转换为字符串。

```
//9_6.cpp
#include<iostream>
#include<sstream>
#include<string>
using namespace std;
```

```
template<class T>
inline string toString(const T &v) {
    ostringstream os;                      //创建字符串输出流
    os<<v;                                 //将变量 v 的值写入字符串流
    return os.str();                       //返回输出流生成的字符串
}


int main() {
    string str1=toString(5);
    cout<<str1<<endl;
    string str2=toString(1.2);
    cout<<str2<<endl;
    return 0;
}
```

该程序的输出结果如下：

```
5
1.2
```

该程序的函数模板 toString 可以把各种支持"<<"插入符的类型的对象转换为字符串。

9.3　输入流

一个输入流对象是数据流出的源头,3 个最重要的输入流类是 istream,ifstream 和 istringstream。

istream 类最适合用于顺序文本模式输入。基类 ios 的所有功能都包括在 istream 中。我们很少需要从类 istream 构造对象。预先定义的 istream 对象 cin 用来完成从标准输入设备(键盘)的输入。

细节　标准输入设备也可以在命令行中重定向,重定向的方式是使用"<"。重定向后数据不再从键盘输入,而从文件读入。

ifstream 类支持磁盘文件输入。如果需要一个仅用于输入的磁盘文件,可以构造一个 ifstream 类的对象,并且可以指定使用二进制或文本模式。如果在构造函数中指定一个文件名,在构造该对象时该文件便自动打开。否则,需要在调用默认构造函数之后使用 open 函数来打开文件。很多格式化选项和成员函数都可以应用于 ifstream 对象,基类 ios 和 istream 的所有功能都包括在 ifstream 中。

9.3.1　构造输入流对象

如果仅使用 cin 对象,则不需要构造输入流对象。如果要使用文件流从文件中读取数据,就必须构造一个输入流对象。建立一个文件输入流的常用方式如下。

（1）使用默认构造函数建立对象，然后调用 open 成员函数打开文件。例如：

```
ifstream myFile;                          //建立一个文件流对象
myFile.open("filename");                  //打开文件 filename
```

（2）在调用构造函数建立文件流对象时指定文件名和模式，在构造过程中打开该文件。例如：

```
ifstream myFile("filename");
```

9.3.2　使用提取运算符

提取（extraction）运算符（"＞＞"）对于所有标准 C++ 数据类型都是预先设计好的，它是从一个输入流对象获取字节最容易的方法。

提取运算符（"＞＞"）是用于格式化文本输入的，在提取数据时，以空白符为分隔。如果要输入一段包含空白符的文本，用提取运算符就很不方便。在这种情况下，可以选择使用非格式化输入成员函数 getline，这样就可以读一个包含有空格的文本块，然后再对其进行分析。

前面介绍的输出流错误处理函数同样可应用于输入流。在提取中测试错误是很重要的。

9.3.3　输入流操纵符

定义在 ios_base 类中和 iomanip 头文件中的操纵符可以应用于输入流。但是只有少数几个操纵符对输入流对象具有实际影响，其中最重要的是进制操纵符 dec, oct 和 hex。

在提取中，hex 操纵符可以接收处理各种输入流格式，例如 c, C, 0xc, 0xC, 0Xc 和 0XC 都被解释为十进制数 12。任何除 0 到 9、A 到 F、a 到 f 和 X 之外的字符都引起数值变换终止。例如，序列 124n5 将变换成数值 124，并且使 fail 函数返回 true。

9.3.4　输入流相关函数

1. 输入流的 open 函数

如果要使用一个文件输入流（ifstream），必须在构造函数中或者使用 open 函数把该流与一个特定磁盘文件关联起来。无论用哪种方式，参数是相同的。

当打开与一个输入流关联的文件时，通常要指定一个模式标志。模式标志如表 9-4 所示，该标志可以用按位或（"|"）运算符进行组合。用 ifstream 打开文件时，模式的默认值是 ios_base::in。

表 9-4　文件输入流文件打开模式

ios_base::in	打开文件用于输入（默认）
ios_base::binary	以二进制模式（默认模式是文本模式）打开文件

2. 输入流的 close 函数

close 成员函数关闭与一个文件输入流关联的磁盘文件。

虽然 ifstream 类的析构函数可以自动关闭文件,但是如果需要使用同一流对象打开另一文件,则首先要用 close 函数关闭当前文件。

3. get 函数

非格式化 get 函数的功能与提取运算符("＞＞")很相像,主要的不同点是 get 函数在读入数据时包括空白字符,而提取运算符在默认情况下拒绝接收空白字符。

例 9-7　get 函数应用举例。

```
//9_7.cpp
#include<iostream>
using namespace std;
int main() {
    char ch;
    while ((ch=cin.get())!=EOF)
        cout.put(ch);
    return 0;
}
```

运行时如果输入:

```
abc xyz 123
```

则输出:

```
abc xyz 123
```

当按下 Ctrl＋Z 及回车键时,程序读入的值是 EOF,程序结束。

4. getline 函数

istream 类具有成员函数 getline,其功能是允许从输入流中读取多个字符,并且允许指定输入终止字符(默认值是换行字符),在读取完成后,从读取的内容中删除该终止字符。然而该成员函数只能将输入结果存在字符数组中,字符数组的大小是不能自动扩展的,造成了使用上的不便。非成员函数 getline 能够完成相同的功能,但可以将结果保存在 string 类型的对象中,更加方便。这一函数可以接收两个参数,前两个分别表示输入流和保存结果的 string 对象,第三个参数可选,表示终止字符。使用非成员的 getline 函数的声明在 string 头文件中。

例 9-8　为输入流指定一个终止字符。

本程序连续读入一串字符,直到遇到字符't'时停止,字符个数最多不超过 99 个。

```
//9_8.cpp
#include<iostream>
#include<string>
using namespace std;
int main() {
    string line;
    cout<<"Type a line terminated by 't' "<<endl;
    getline(cin, line, 't');
```

```
        cout<<line<<endl;
        return 0;
    }
```

5. read 函数

read 成员函数从一个文件读字节到一个指定的存储器区域,由长度参数确定要读的字节数。如果给出长度参数,当遇到文件结束或者在文本模式文件中遇到文件结束标记字符时读结束。

例 9-9　从一个 payroll 文件读一个二进制记录到一个结构中。

```cpp
//9_9.cpp
#include<iostream>
#include<fstream>
#include<cstring>
using namespace std;

struct SalaryInfo {
    unsigned id;
    double salary;
};

int main() {
    SalaryInfo employee1={ 600001, 8000 };
    ofstream os("payroll", ios_base::out|ios_base::binary);
    os.write(reinterpret_cast<char*>(&employee1), sizeof(employee1));
    os.close();

    ifstream is("payroll", ios_base::in|ios_base::binary);
    if (is) {
        SalaryInfo employee2;
        is.read(reinterpret_cast<char*>(&employee2), sizeof(employee2));
        cout<<employee2.id<<" "<<employee2.salary<<endl;
    } else {
        cout<<"ERROR: Cannot open file 'payroll'."<<endl;
    }
    is.close();

    return 0;
}
```

这里的数据记录是通过指定的结构严格格式化的,并且设有终止的回车符或换行字符。

运行结果:

```
600001 8000
```

6. seekg 和 tellg 函数

在文件输入流中,保留着一个指向文件中下一个将读数据的位置的内部指针,可以用 seekg 函数来设置这个指针。

例 9-10　用 seekg 函数设置位置指针。

```cpp
//9_10.cpp
#include<iostream>
#include<fstream>
using namespace std;

int main() {
    int values[]={ 3, 7, 0, 5, 4 };
    ofstream os("integers", ios_base::out|ios_base::binary);
    os.write(reinterpret_cast<char*>(values), sizeof(values));
    os.close();

    ifstream is("integers", ios_base::in|ios_base::binary);
    if (is) {
        is.seekg(3*sizeof(int));
        int v;
        is.read(reinterpret_cast<char*>(&v), sizeof(int));
        cout<<"The 4th integer in the file 'integers' is "<<v<<endl;
    } else {
        cout<<"ERROR: Cannot open file 'integers'."<<endl;
    }

    return 0;
}
```

使用 seekg 可以实现面向记录的数据管理系统,用固定长度的记录尺寸乘以记录号便得到相对于文件末尾的字节位置,然后使用 get 读这个记录。

tellg 成员函数返回当前文件读指针的位置,这个值是 streampos 类型。

例 9-11　读一个文件并显示出其中 0 元素的位置。

```cpp
//9_11.cpp
#include<iostream>
#include<fstream>
using namespace std;

int main() {
    ifstream file("integers", ios_base::in|ios_base::binary);
    if (file) {
        while (file) {
            streampos here=file.tellg();
```

```
            int v;
            file.read(reinterpret_cast<char*>(&v), sizeof(int));
            if (file && v==0)
                cout<<"Position "<<here<<" is 0"<<endl;
        }
    } else {
        cout<<"ERROR: Cannot open file 'integers'."<<endl;
    }
    file.close();
    return 0;
}
```

9.3.5　字符串输入流

字符串输入流提供了与字符串输出流相对应的功能,它可以从一个字符串中读取数据。istringstream 类就用来表示一个字符串输入流。

istringstream 类有两个构造函数,最常用的那个构造函数接收两个参数,分别表示要输入的 string 对象和流的打开模式。打开模式具有默认值 ios_base::in,通常使用这个默认值。例如,可以用下列方式创建一个字符串输出流:

```
string str=…;
istringstream is(str);
```

ifstream 类所具有的大部分功能,istringstream 类都具有,例如提取运算符、操纵符、read 函数、getline 函数等,因为这些功能都是针对它们共同的基类 istream 的。只有专用于文件操作的 open 函数和 close 函数是 istringstream 类所不具有的。

istringstream 类的一个典型用法是将一个字符串转换为数值,请看下面的示例。

例 9-12　用 ostringstream 将字符串转换为数值。

```
//9_12.cpp
#include<iostream>
#include<sstream>
#include<string>
using namespace std;

template<class T>
inline T fromString(const string &str) {
    istringstream is(str);              //创建字符串输入流
    T v;
    is>>v;                              //从字符串输入流中读取变量 v
    return v;                           //返回变量 v
}

int main() {
```

```
        int v1=fromString<int>("5");
        cout<<v1<<endl;
        double v2=fromString<double>("1.2");
        cout<<v2<<endl;
        return 0;
    }
```

该程序的输出结果如下：

```
5
1.2
```

该程序的函数模板 fromString 可以把各种支持“＞＞”提取符的类型的字符串表示形式转换为该类型的数据。

9.4　输入输出流

一个 iostream 对象可以是数据的源或目的。有两个重要的 I/O 流类都是从 iostream 派生的，它们是 fstream 和 stringstream。这些类继承了前面描述的 istream 和 ostream 类的功能。

fstream 类支持磁盘文件输入和输出。如果需要在同一个程序中从一个特定磁盘文件读并写到该磁盘文件，可以构造一个 fstream 对象。一个 fstream 对象是有两个逻辑子流的单个流，两个子流一个用于输入，另一个用于输出。

stringstream 类支持面向字符串的输入和输出，可以用于对同一个字符串的内容交替读写，同样是由两个逻辑子流构成。

详细说明请读者参考 C++ 标准库参考手册或联机帮助。

9.5　综合实例——对个人银行账户管理程序的改进

在前几章的个人银行账户管理程序中，相关信息始终只存放于内存中，因此当程序结束时账户的信息也将随之消失，下次启动程序后还需要重新输入数据。如何将这些信息保存下来，使得下次启动程序时能够恢复上次的数据呢？这就要用到文件。

我们可以在程序结束时将每个账户的当前状态和过往的账目列表写入文件，下次运行时再读出来，但这样由于需保存信息的种类较多，程序会比较繁琐。另一个思路是将用户输入的存款、取款、结算等各种命令保存下来，下次启动程序时将这些命令读出并执行，这样各个账户就能够恢复到上次退出程序时的状态了。

在接收用户输入的命令时，本程序将以字符串的形式读入整条命令，这样在需要将命令写入文件时，只要向文件输出整个字符串就可以了。本程序以输入的字符串为基础建立字符串输入流，使用字符串输入流来解析命令的参数。

修改后的程序，在读取文件时和接收用户输入时都需要对命令进行处理，因此本程序不再将处理命令的代码直接写在主函数中，而是对之进行模块化，建立了一个 Controller

类,用于保存账户列表、当前日期和处理指定命令。在主函数中将该类实例化,在需要处理命令的地方调用该类的成员函数即可。在 Controller 类中增加了一条用来添加账户的 a 指令。

另外,在解析命令时需要从字符串输入流来读取日期。为此,我们对 Date 类重载 "＞＞"运算符,使得可以从任何输入流中读取日期,下面是重载函数的原型:

```
std::istream & operator>>(std::istream &in, Date &date);
```

由于各种输入流都是 istream 的派生类,因此以上的重载允许各种输入流用"＞＞"运算符来读取日期。另一方面,之前的程序,输入日期和账户信息时都是通过调用 show 函数进行的,我们可以重载"＜＜"运算符使得日期和账户信息可以更加方便地输出:

```
std::ostream & operator<<(std::ostream &out, const Date &date);
std::ostream & operator<<(std::ostream &out, const Account &account);
```

提示　　重载"＜＜"和"＞＞"时,由于在程序中"＜＜"和"＞＞"经常连续使用,因此运算符需要将输入流或输出流的引用返回。例如,表达式 cout＜＜a＜＜b 的执行过程相当于:

```
operator<<(operator<<(cout, a), b);
```

下面给出修改后的程序。

例 9-13　个人银行账户管理程序。

程序分为 6 个文件:date. h 是日期类头文件, date. cpp 是日期类实现文件, accumulator. h 为按日将数值累加的 Accumulator 类的头文件, account. h 是各个储蓄账户类定义头文件, account. cpp 是各个储蓄账户类实现文件, 9_13. cpp 是主函数文件。

```
//date.h
#ifndef __DATE_H__
#define __DATE_H__
#include<iostream>
class Date {      //日期类
...
//Date 类中不再有静态成员函数 read,其他内容与例 8-8 完全相同
};
std::ostream & operator<<(std::ostream &out, const Date &date);
#endif //__DATE_H__

//date.cpp 在例 8-8 的基础上增加了下面函数的定义
ostream & operator<<(ostream &out, const Date &date) {
    out<<date.getYear()<<"-"<<date.getMonth()<<"-"<<date.getDay();
    return out;
}

//accumulator.h 的内容与例 8-8 完全相同,不再重复给出
```

```
//account.h
#ifndef __ACCOUNT_H__
#define __ACCOUNT_H__
#include "date.h"
#include "accumulator.h"
#include<string>
#include<map>
#include<istream>
class Account {                                        //账户类
...
```

//Account 类中为以下函数增加了一个参数,其他成员与例 8-8 完全相同

```
    virtual void show(std::ostream &out) const;
};
inline std::ostream & operator<<(std::ostream &out, const Account &account){
    account.show(out);
    return out;
}
class CreditAccount : public Account {                  //信用账户类
...
```

//CreditAccount 类中为以下函数增加了一个参数,其他成员与例 8-8 完全相同

```
    virtual void show(std::ostream &out) const;
};
```
//account.h 中其他类的定义与例 8-8 完全一样
```
#endif                                                  //__ACCOUNT_H__
```

//account.cpp 中,只有以下几个成员函数的实现有所改变,其他内容与例 8-8 完全相同
```
Account::Account(const Date &date, const string &id) : id(id), balance(0) {
    cout<<date<<"\t#"<<id<<" created"<<endl;
}
void Account::show(ostream &out) const {
    out<<id<<"\tBalance: "<<balance;
}
void CreditAccount::show(ostream &out) const {
    Account::show(out);
    out<<"\tAvailable credit:"<<getAvailableCredit();
}


//9_13.cpp
#include "account.h"
#include<iostream>
#include<fstream>
#include<sstream>
#include<string>
```

```cpp
using namespace std;
class Controller {                          //控制器,用来存储账户列表和处理命令
private:
    Coust static int MAX_ACCOUNTS=10
    Date date;                              //当前日期
    vector<Account * >accounts;             //账户列表
    bool end;                               //用户是否输入了退出命令
    int num_accounts;
    Account * accounts[MAX_ACCOUNTS];
public:
    Controller(const Date &date) : date(date), end(false) { }
    ~Controller();
    const Date &getDate() const { return date; }
    bool isEnd() const { return end; }
    //执行一条命名,返回该命令是否改变了当前状态(即是否需要保存该命令)
    bool runCommand(const string &cmdLine);
};
Controller::~Controller() {
    for(int i=0; i<num_accounts; i++) delete accounts[i];
}
bool Controller::runCommand(const string &cmdLine) {
    istringstream str(cmdLine);
    char cmd, type;
    int index, day;
    double amount, credit, rate, fee;
    string id, desc;
    Account * account;
    Date date1, date2;
    str>>cmd;
    switch (cmd) {
    case 'a':                               //增加账户
        if (num_accounts>=MAX_ACCOUNTS){
            cout<<"This program cannot deal with more than "<<num_accounts<<
"accounts!"<<endl;
            return false;
        }
        str>>type>>id;
        if (type=='s'){
            str>>rate;
            account=new SavingsAccount(date,id,rate);
        }else{
            str>>credit>>rate>>fee;
            account=new CreditAccount(date,id,credit,rate,fee);
        }
```

```
        accounts[num_accounts++]=account;
        return true;
    case 'd':                         //存入现金
        ...
```

//对 d(存款)、w(取款)、s(查询账户信息)、c(改变日期)、
//n(进入下个月)的处理,与例 8-8 基本相同,只是把读入参数的输入流由 cin 改为
//str,并且在每种情况后直接 return,其中对 s 命令返回 false,其他皆返回 true
//篇幅所限,不再详细给出这几种情况的代码

```
    case 'e':                         //退出
        end=true;
        return false;
    }
    cout<<"Invalid command: "<<cmdLine<<endl;
    return false;
}
int main() {
    Date date(2008, 11, 1);           //起始日期
    Controller controller(date);
    string cmdLine;
    const char * FILE_NAME="commands.txt";
    ifstream fileIn(FILE_NAME);        //以读模式打开文件
    if (fileIn) {                      //如果正常打开,就执行文件中的每一条命令
        while (getline(fileIn, cmdLine))
            controller.runCommand(cmdLine);
        fileIn.close();                //关闭文件
    }
    ofstream fileOut(FILE_NAME, ios_base::app);    //以追加模式打开文件
    cout<<"(a)add account (d)deposit (w)withdraw (s)show (c)change day (n)next
month (e)exit"<<endl;
    while (! controller.isEnd()) {     //从标准输入读入命令并执行,直到退出
        cout<<controller.getDate()<<"\tTotal: "<<Account::getTotal()
            <<"\tcommand>";
        string cmdLine;
        getline(cin, cmdLine);
        if (controller.runCommand(cmdLine))
            fileOut<<cmdLine<<endl;      //将命令写入文件
    }
    return 0;
}
```

第一次运行结果:

```
(a)add account (d)deposit (w)withdraw (s)show (c)change day (n)next month (e)exit
2008-11-1    Total: 0            command>a s S3755217 0.015
2008-11-1    #S3755217 created
```

```
2008-11-1      Total: 0           command>a s 02342342 0.015
2008-11-1      #02342342 created
2008-11-1      Total: 0           command>a c C5392394 10000 0.0005 50
2008-11-1      #C5392394 created
2008-11-1      Total: 0           command>c 5
2008-11-5      Total: 0           command>d 0 5000 salary
2008-11-5      #S3755217          5000       5000       salary
2008-11-5      Total: 5000        command>c 15
2008-11-15     Total: 5000        command>w 2 2000 buy a cell
2008-11-15     #C5392394          -2000      -2000      buy a cell
2008-11-15     Total: 3000        command>c 25
2008-11-25     Total: 3000        command>d 1 10000 sell stock 0323
2008-11-25     #02342342          10000      10000      sell stock 0323
2008-11-25     Total: 13000       command>n
2008-12-1      #C5392394          -16        -2016      interest
2008-12-1      Total: 12984       command>d 2 2016 repay the credit
2008-12-1      #C5392394          2016       0          repay the credit
2008-12-1      Total: 15000       command>c 5
2008-12-5      Total: 15000       command>d 0 5500 salary
2008-12-5      #S3755217          5500       10500      salary
2008-12-5      Total: 20500       command>n
2009-1-1       #S3755217          17.77      10517.8    interest
2009-1-1       #02342342          15.16      10015.2    interest
2009-1-1       #C5392394          -50        -50        annual fee
2009-1-1       Total: 20482.9     command>s
[0] S3755217   Balance: 10517.8
[1] 02342342   Balance: 10015.2
[2] C5392394   Balance: -50       Available credit:9950
2009-1-1       Total: 20482.9     command>e
```

第二次运行结果：

```
2008-11-1      #S3755217 created
2008-11-1      #02342342 created
2008-11-1      #C5392394 created
2008-11-5      #S3755217          5000       5000       salary
2008-11-15     #C5392394          -2000      -2000      buy a cell
2008-11-25     #02342342          10000      10000      sell stock 0323
2008-12-1      #C5392394          -16        -2016      interest
2008-12-1      #C5392394          2016       0          repay the credit
2008-12-5      #S3755217          5500       10500      salary
2009-1-1       #S3755217          17.77      10517.8    interest
2009-1-1       #02342342          15.16      10015.2    interest
2009-1-1       #C5392394          -50        -50        annual fee
(a)add account (d)deposit (w)withdraw (s)show (c)change day (n)next month (q)exit
```

```
2009-1-1      Total: 20482.9     command>c 15
2009-1-15     Total: 20482.9     command>w 2 1500 buy a television
2009-1-15     #C5392394          -1500      -1550     buy a television
2009-1-15     Total: 18982.9     command>e
```

可见,第二次执行程序时,第一次输入的数据完全被恢复了。

文件输入流和文件输出流在析构的时候会自动关闭文件。在主函数中,之所以需要手工关闭输入文件流 fileIn,是为了保证在针对同一个文件的输出流 fileOut 建立前该文件被关闭。

9.6　小结

本章首先介绍流的概念,然后介绍了流类库的结构和使用。C++ 语言中没有输入输出语句。但 C++ 编译系统带有一个面向对象的 I/O 软件包,它就是 I/O 流类库。流是 I/O 流类的中心概念。流是一种抽象,它负责在数据的生产者和数据的消费者之间建立联系,并管理数据的流动。程序将流对象看作是文件对象的化身。

一个输出流对象是信息流动的目标,最重要的 3 个输出流是 ostream,ofstream 和 ostringstream。

一个输入流对象是数据流出的源头,3 个最重要的输入流类是 istream,ifstream 和 istringstream。

一个 iostream 对象可以是数据的源或目的。两个重要的 I/O 流类都是从 iostream 派生的,它们是 fstream 和 stringstream。

本章只介绍了流类库的概念和简单应用,关于流类库的详细说明,还需要参阅类库参考手册或联机帮助。

习　　题

9-1　什么叫做流? 流的提取和插入是指什么? I/O 流在 C++ 中起着怎样的作用?

9-2　cout,cerr 和 clog 有何区别?

9-3　使用 I/O 流以文本方式建立一个文件 test1.txt,写入字符"已成功写入文件!",用其他字处理程序(例如 Windows 的记事本程序 Notepad)打开,看看是否正确写入。

9-4　使用 I/O 流以文本方式打开 9-3 题建立的文件 test1.txt,读出其内容并显示出来,看看是否正确。

9-5　使用 I/O 流以文本方式打开 9-3 题建立的文件 test1.txt,在文件后面添加字符"已成功添加字符!",然后读出整个文件的内容显示出来,看看是否正确。

9-6　定义一个 Dog 类,包含体重和年龄两个成员变量及相应的成员函数。声明一个实例 dog1,体重为 5,年龄为 10,使用 I/O 流把 dog1 的状态写入磁盘文件。再声明另一个实例 dog2,通过读文件把 dog1 的状态赋给 dog2。分别使用文本方式和二进制方式操作文件,看看结果有何不同;再看看磁盘文件的 ASCII 码有何不同。

9-7 观察下面的程序，说明每条语句的作用，写出程序执行的结果。

```cpp
#include<iostream>
using namespace std;
int main() {
    ios_base::fmtflags original_flags=cout.flags();        //1
    cout<<812<<'|';
    cout.setf(ios_base::left,ios_base::adjustfield);       //2
    cout.width(10);                                         //3
    cout<<813<<815<<'\n';
    cout.unsetf(ios_base::adjustfield);                    //4
    cout.precision(2);
    cout.setf(ios_base::uppercase|ios_base::scientific);   //5
    cout<<831.0;
    cout.flags(original_flags);                            //6
    return 0;
}
```

9-8 编写程序提示用户输入一个十进制整数，分别用十进制、八进制和十六进制形式输出。

9-9 编写程序实现如下功能：打开指定的一个文本文件，在每一行前加行号后将其输出到另一个文本文件中。

9-10 使用宽输入流从一个有中文字符的文本文件中读入所有字符，统计每个字符出现的次数，将统计结果用宽输出流输出到另一个文本文件中。

9-11 修改本章的综合实例，不再在文件中保存用户输入的命令，而是在每次程序结束前使用 boost 的 Serialization 程序库将当前状态保存到文件中，程序启动后再从文件中将状态恢复。

第10章

异常处理

在编写应用软件时,不仅要保证软件的正确性,而且应该具有容错能力。也就是说,不仅在正确的环境条件下、在用户正确操作时要运行正确,而且在环境条件出现意外或用户使用操作不当的情况下,也应该有正确合理的处理办法,不能轻易出现死机,更不能出现灾难性的后果。由于环境条件和用户操作的正确性是没有百分之百保障的,所以在设计程序时,就要充分考虑到各种意外情况,并给予恰当的处理。这就是我们所说的异常处理。

10.1 异常处理的基本思想

程序运行中的有些错误是可以预料但不可避免的,例如内存空间不足、硬盘上的文件被移动、打印机未连接好等由系统运行环境造成的错误。这时要力争做到允许用户排除环境错误,继续运行程序;至少要给出适当的提示信息。这就是异常处理程序的任务。

在一个大型软件中,由于函数之间有着明确的分工和复杂的调用关系,发现错误的函数往往不具备处理错误的能力。这时它就引发一个异常,希望它的调用者能够捕获这个异常并处理这个错误。如果调用者也不能处理这个错误,还可以继续传递给上级调用者去处理,这种传播会一直继续到异常被处理为止。如果程序始终没有处理这个异常,最终它会被传到 C++ 运行系统那里,运行系统捕获异常后通常只是简单地终止这个程序。图 10-1 说明了异常的传播方向。

图 10-1 异常的传播方向

C++ 的异常处理机制使得异常的引发和处理不必在同一函数中,这样底层的函数可以着重解决具体问题,而不必过多地考虑对异常的处理。上层调用者可以在适当的位置设计对不同类型异常的处理。

10.2 C++ 异常处理的实现

C++ 语言提供对处理异常情况的内部支持。try,throw 和 catch 语句就是 C++ 语言中用于实现异常处理的机制。有了 C++ 异常处理,程序可以向更高的执行上下文传递意想不到的事件,从而使程序能更好地从这些异常事件中恢复过来。下面就来具体介绍异常处理的语法。

10.2.1　异常处理的语法

throw 表达式语法:

throw 表达式

try 块语法:

```
try
    复合语句
catch (异常声明)
    复合语句
catch (异常声明)
    复合语句
    ...
```

如果某段程序中发现了自己不能处理的异常,就可以使用 throw 表达式抛掷这个异常,将它抛掷给调用者。throw 的操作数表示异常类型语法上与 return 语句的操作数相似。如果程序中有多种要抛掷的异常,应该用不同的操作数类型来互相区别。

try 子句后的复合语句是代码的保护段。如果预料某段程序代码(或对某个函数的调用)有可能发生异常,就将它放在 try 子句之后。如果这段代码(或被调函数)运行时真的遇到异常情况,其中的 throw 表达式就会抛掷这个异常。

catch 子句后的复合语句是异常处理程序,捕获由 throw 表达式抛掷的异常。异常声明部分指明了子句处理的异常的类型和异常参数名称,它与函数的形参是类似的,可以是某个类型的值,也可以是引用。类型可以是任何有效的数据类型,包括 C++ 的类。当异常被抛掷以后,catch 子句便依次被检查,若某个 catch 子句的异常声明的类型与被抛掷的异常类型一致,则执行该段异常处理程序。如果异常类型声明是一个省略号(…),catch 子句便处理所有类型的异常,这段处理程序必须是 try 块的最后一段处理程序。

提示　异常声明的形式与函数形参的声明类似。函数形参的声明中允许只指明类型,而不给出参数名。同样地,catch 子句的异常声明中也允许不给出异常参数名称,只是在这种情况下在复合语句中就无法访问该异常对象了。

异常处理的执行过程如下。

(1) 程序通过正常的顺序执行到达 try 语句,然后执行 try 块内的保护段。

(2) 如果在保护段执行期间没有引起异常,那么跟在 try 块后的 catch 子句就不执行。程序从异常被抛掷的 try 块后跟随的最后一个 catch 子句后面的语句继续执行下去。

(3) 程序执行到一个 throw 表达式时,一个异常对象会被创建。若异常的抛出点本身在一个 try 子句内,则该 try 语句后的 catch 子句会按顺序检查异常类型是否与声明的类型匹配;若异常抛出点本身不在任何 try 子句内,或抛出的异常与各个 catch 子句所声明的类型皆不匹配,则结束当前函数的执行,回到当前函数的调用点,把调用点作为异常的抛出点,然后重复这一过程。此处理继续下去,直到异常成功被一个 catch 语句捕获。

（4）如果始终未找到与被抛掷异常匹配的 catch 子句,最终 main 函数会结束执行,则运行库函数 terminate 将被自动调用,而函数 terminate 的默认功能是终止程序。

（5）如果找到了一个匹配的 catch 子句,则 catch 子句后的复合语句会被执行。复合语句执行完毕后,当前的 try 块（包括 try 子句和一系列 catch 子句）即执行完毕。

细节　当以下条件之一成立时,抛出的异常与一个 catch 子句中声明的异常类型匹配。

（1）catch 子句中声明的异常类型就是抛出异常对象的类型或其引用。

（2）catch 子句中声明的异常类型是抛出异常对象的类型的公共基类或其引用。

（3）抛出的异常类型和 catch 子句中声明的异常类型皆为指针类型,且前者到后者可隐含转换。

例 10-1　处理除零异常。

```cpp
//10_1.cpp
#include<iostream>
using namespace std;

int divide(int x, int y) {
    if (y==0)
        throw x;
    return x/y;
}


int main() {
    try {
        cout<<"5/2="<<divide(5, 2)<<endl;
        cout<<"8/0="<<divide(8, 0)<<endl;
        cout<<"7/1="<<divide(7, 1)<<endl;
    } catch (int e) {
        cout<<e<<" is divided by zero!"<<endl;
    }
    cout<<"That is ok."<<endl;
    return 0;
}
```

程序运行结果如下:

```
5/2=2
8 is divided by zero!
That is ok.
```

从运行结果可以看出,当执行下列语句时,在函数 divide 中发生除零异常。

```
cout<<"8/0="<<divide(8, 0)<<endl;
```

异常在 divide 函数中被抛掷后,由于 divide 函数本身没有对异常的处理,divide 函数的调用中止,回到 main 函数对 divide 函数的调用点,该调用点处于一个 try 子句中,其后接收 int 类型的 catch 子句刚好能与抛出的异常类型匹配,异常在这里被捕获,异常处理程序输出有关信息后,程序继续执行主函数的最后一条语句,输出"That is ok."。而下列语句没有被执行:

```
cout<<"7/1="<<divide(7, 1)<<endl;
```

catch 处理程序的出现顺序很重要,因为在一个 try 块中,异常处理程序是按照它出现的次序被检查的。只要找到一个匹配的异常类型,后面的异常处理都将被忽略。例如,在下面的异常处理块中,首先出现的是 catch(…),它可以捕获任何异常,因此在任何情况下其他 catch 子句都不被检查,所以 catch(…)应该放在最后。

```
try {
    …
} catch (…) {
    //只在这里处理所有的异常
} catch (const char * str) {        //错误:后面的两个异常处理程序段不会被检查
    //处理 const char * 型异常
} catch (int) {
    //处理 int 型异常

}
```

10.2.2　异常接口声明

为了加强程序的可读性,使函数的用户能够方便地知道所使用的函数会抛掷哪些异常,可以在函数的声明中列出这个函数可能抛掷的所有异常类型。例如:

```
void fun() throw(A, B, C, D);
```

这表明函数 fun()能够且只能够抛掷类型 A,B,C,D 及其子类型的异常。

如果在函数的声明中没有包括异常接口声明,则此函数可以抛掷任何类型的异常。例如:

```
void fun();
```

一个不抛掷任何类型异常的函数可以进行如下形式的声明:

```
void fun() throw();
```

细节　如果一个函数抛出了它的异常接口声明所不允许抛出的异常时,unexpected 函数会被调用,该函数的默认行为是调用 terminate 函数中止程序。用户也可以定义自己的 unexpected 函数,替换默认的函数。

10.3　异常处理中的构造与析构

在程序中，找到一个匹配的 catch 异常处理后，如果 catch 子句的异常声明是一个值参数，则其初始化方式是复制被抛掷的异常对象。如果 catch 子句的异常声明是一个引用，则其初始化方式是使该引用指向异常对象。

C++ 异常处理的真正功能，不仅在于它能够处理各种不同类型的异常，还在于它具有为异常抛掷前构造的所有局部对象自动调用析构函数的能力。

异常被抛出后，从进入 try 块（与截获异常的 catch 子句相对应的那个 try 块）起，到异常被抛掷前，这期间在栈上构造（且尚未析构）的所有对象都会被自动析构，析构的顺序与构造的顺序相反。这一过程称为栈的解旋（unwinding）。

例 10-2　使用带析构语义的类的 C++ 异常处理。

```cpp
//10_2.cpp
#include<iostream>
#include<string>
using namespace std;

class MyException {
public:
    MyException(const string &message): message(message) {}
    ~MyException() {}
    const string &getMessage() const { return message; }
private:
    string message;
};

class Demo {
public:
    Demo() { cout<<"Constructor of Demo"<<endl; }
    ~Demo() { cout<<"Destructor of Demo"<<endl; }
};

void func() throw (MyException) {
    Demo d;
    cout<<"Throw MyException in func()"<<endl;
    throw MyException("exception thrown by func()");
}

int main() {
    cout<<"In main function"<<endl;
    try {
        func();
    } catch (MyException& e) {
```

```
        cout<<"Caught an exception: "<<e.getMessage()<<endl;
    }
    cout<<"Resume the execution of main()"<<endl;
    return 0;
}
```

以下是程序运行时的输出：

```
In main function
Constructor of Demo
Throw MyException in func()
Destructor of Demo
Caught an exception: exception thrown by func()
Resume the execution of main()
```

注意在此例中，catch 子句中声明了异常参数（catch 子句的参数）：

```
catch (MyException & e) {…}
```

其实，也可以不声明异常参数（e）。在很多情况下只要通知处理程序有某个特定类型的异常已经产生就足够了。但是在需要访问异常对象时就要声明参数，否则将无法访问 catch 处理程序子句中的那个对象。例如：

```
catch (MyException) {
    //在这里不能访问异常对象
}
```

用一个不带操作数的 throw 表达式可以将当前正被处理的异常再次抛掷，这样一个表达式只能出现在一个 catch 子句中或在 catch 子句内部调用的函数中。再次抛掷的异常对象是源异常对象（不是副本）。例如：

```
try {
    throw MyException("some exception");
} catch (…) {                            //处理所有异常
    //…
    throw;                               //将异常传给某个其他处理器
}
```

10.4   标准程序库异常处理

C++ 标准提供了一组标准异常类，这些类以基类 Exception 开始，标准程序库抛出的所有异常，都派生于该基类，这些类构成如图 10-2 所示的异常类的派生继承关系。该基类提供一个成员函数 what()，用于返回错误信息（返回类型为 const char ＊）。在 Exception 类中，what()函数的声明如下：

```
virtual const char * what() const throw();
```

该函数可以在派生类中重定义。

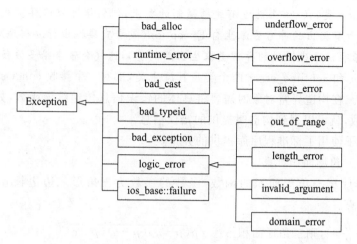

图 10-2　标准异常类的继承关系

表 10-1 列出了各个具体异常类的含义及定义它们的头文件。runtime_error 和 logic_error 是一些具体的异常类的基类，它们分别表示两大类异常。logic_error 表示那些可以在程序中被预先检测到的异常，也就是说如果小心地编写程序，这类异常能够避免；而 runtime_error 则表示那些难以被预先检测的异常。

表 10-1　C++ 标准库各种异常类所代表的异常

异常类	头文件	异常的含义
bad_alloc	exception	用 new 动态分配空间失败
bad_cast	new	执行 dynamic_cast 失败（dynamic_cast 参见 8.7.2 节）
bad_typeid	typeinfo	对某个空指针 p 执行 typeid(＊p)（typeid 参见 8.7.2 节）
bad_exception	typeinfo	当某个函数 fun() 因在执行过程中抛出了异常声明所不允许的异常而调用 unexpected() 函数时，若 unexpected() 函数又一次抛出了 fun() 的异常声明所不允许的异常，且 fun() 的异常声明列表中有 bad_exception，则会有一个 bad_exception 异常在 fun() 的调用点被抛出
ios_base::failure	ios	用来表示 C++ 的输入输出流执行过程中发生的错误
underflow_error	stdexcept	算术运算时向下溢出
overflow_error	stdexcept	算术运算时向上溢出
range_error	stdexcept	内部计算时发生作用域的错误
out_of_range	stdexcept	表示一个参数值不在允许的范围之内
length_error	stdexcept	尝试创建一个长度超过最大允许值的对象
invalid_argument	stdexcept	表示向函数传入无效参数
domain_error	stdexcept	执行一段程序所需要的先决条件不满足

习惯 一些编程语言规定只能抛掷某个类的派生类(例如 Java 中允许抛掷的类必须派生自 Exception 类),C++ 虽然没有这项强制的要求,但仍然可以这样实践。例如,在程序中可以使得所有抛出的异常皆派生自 Exception(或者直接抛出标准程序库提供的异常类型,或者从标准程序库提供的异常类派生出新的类),这样会带来很多方便。

logic_error 和 runtime_error 两个类及其派生类,都有一个接收 const string & 型参数的构造函数。在构造异常对象时需要将具体的错误信息传递给该函数,如果调用该对象的 what 函数,就可以得到构造时提供的错误信息。

下面的例子使用了标准程序库提供的异常类。

例 10-3 三角形面积计算。

编写一个计算三角形面积的函数,函数的参数为三角形三边边长 a, b, c,可以用 Heron 公式计算:

设 $p = \dfrac{a+b+c}{2}$,则三角形面积 $S = \sqrt{p(p-a)(p-b)(p-c)}$

在计算三角形面积的函数中需要判断输入的参数 a, b, c 是否构成一个三角形,若三个边长不能构成三角形,则需要抛出异常。下面是源程序:

```cpp
//10_3.cpp
#include<iostream>
#include<cmath>
#include<stdexcept>
using namespace std;

//给出三角形三边长,计算三角形面积
double area(double a, double b, double c) throw (invalid_argument) {
    //判断三角形边长是否为正
    if (a<=0||b<=0||c<=0)
        throw invalid_argument("the side length should be positive");
    //判断三边长是否满足三角不等式
    if (a+b<=c||b+c<=a||c+a<=b)
        throw invalid_argument ("the side length should fit the triangle
        inequation");
    //由 Heron 公式计算三角形面积
    double s= (a+b+c)/2;
    return sqrt(s*(s-a)*(s-b)*(s-c));
}

int main() {
    double a, b, c;                          //三角形三边长
    cout<<"Please input the side lengths of a triangle: ";
    cin>>a>>b>>c;
    try {
        double s=area(a, b, c);              //尝试计算三角形面积
```

```
        cout<<"Area: "<<s<<endl;
    } catch (exception &e) {
        cout<<"Error: "<<e.what()<<endl;
    }
    return 0;
}
```

程序运行结果 1：

```
Please input the side lengths of a triangle: 3 4 5
Area: 6
```

程序运行结果 2：

```
Please input the side lengths of a triangle: 0 5 5
Error: the side length should be positive
```

程序运行结果 3：

```
Please input the side lengths of a triangle: 1 2 4
Error: the side length should fit the triangle inequation
```

C++ 标准程序库对于异常处理做了如下保证：C++ 标准程序库在面对异常时，保证不会发生资源泄漏，也不会破坏容器的不变特性。

（1）对于以结点实现为基础的容器，如 list，set，multiset，map 和 multimap，如果结点构造失败，容器应当保持不变。同样需要保证删除结点操作不会失败。在顺序关联容器中插入多个元素时，为保证数据的有序排列，应当保证如果插入不成功，则容器元素不做任何改动。对于删除操作，确保操作成功。比如，对于列表容器，除了 remove()，remove_if()，merge()，sort() 和 unique() 之外的所有操作，要么成功，要么对容器不做任何改动。

（2）对于以数组实现为基础的容器，如 vector 和 deque，在插入或删除元素时，由于有时需要调用复制构造函数和复制赋值运算符，当这些操作失败而抛出异常时，容器的不变性不能被保证。除此以外，对于这些容器的不变特性的保证程度与以结点实现为基础的容器相同。

10.5 综合实例——对个人银行账户管理程序的改进

第 9 章的综合实例，在用户的输入完全符合要求时能够正常工作，但当用户的输入不符合要求时，就会出现一些问题。例如，如果用户在查询账户时输入了一个不合法的日期，在 Date 的构造函数中将直接终止程序，因为 Date 构造函数并不知该如何处理这个错误。再如，如果用户试图从一个账户中超额取款而失败，虽然错误信息能够输出，账户状态也不会被改变，但该条命令还是会被写到文件中，因为主函数并不知道在处理取款命令时发生了错误。

为了解决这些问题，本节将程序进行修改，使用 C++ 的异常处理机制来处理这些错误。在检测到错误的地方将异常抛出，由主函数对这些异常进行统一处理。

　　本程序中,在构造或输入一个 Date 对象时如发生了错误,直接使用标准程序库中的 runtime_error 构造异常并抛出。在账户类中如发生了错误,由于希望异常信息能够标识是哪个账户发生了错误,因此本程序中创建了一个类 AccountException,该类从 runtime_error 派生,该类中保存了一个 Account 型常指针,指向发生错误的账户。这样在主函数中,输出错误信息的同时也可以将账号输出。

　　例 10-4　个人银行账户管理程序。

　　程序分为 6 个文件：date. h 是日期类头文件,date. cpp 是日期类实现文件, accumulator. h 为按日将数值累加的 Accumulator 类的头文件,account. h 是各个储蓄账户类定义头文件,account. cpp 是各个储蓄账户类实现文件,10_4. cpp 是主函数文件。

```cpp
//date.h的内容与例 9-13 完全相同,不再重复给出


//date.cpp
#include "date.h"
#include<iostream>
#include<stdexcept>
using namespace std;
Date::Date(int year, int month, int day): year(year), month(month), day(day) {
    if (day<=0||day >getMaxDay()) throw runtime_error("Invalid date");
    int years=year-1;
    totalDays=years * 365+years/4-years/100+years/400
      +DAYS_BEFORE_MONTH[month-1]+day;
    if (isLeapYear() && month >2) totalDays++;
}
//...
//date.cpp 的其他内容与例 9-13 完全相同,不再重复给出


//accumulator.h 的内容与例 8-8 完全相同,不再重复给出


//account.h
#ifndef __ACCOUNT_H__
#define __ACCOUNT_H__
#include "date.h"
#include "accumulator.h"
#include<string>
#include<istream>
#include<stdexcept>
//...
//account.h中增加了以下类,其他各类的定义与例 9-13 完全相同,不再重复给出
class AccountException : public std::runtime_error {
private:
    const Account * account;
public:
```

```
    AccountException(const Account * account, const std::string &msg)
        :runtime_error(msg), account(account) { }
    const Account * getAccount() const { return account; }
};
#endif //__ACCOUNT_H__
```

//account.cpp 中仅以下成员函数的实现与例 9-13 不同,其他内容皆与之完全相同
//…
```
void Account::error(const string &msg) const {
    throw AccountException(this, msg);
}
```

//10_4.cpp 仅主函数的实现与 9_13.cpp 不同,其他皆与之完全相同
//与 9_13.cpp 相同部分略去
```
int main() {
    Date date(2008, 11, 1);                   //起始日期
    Controller controller(date);
    string cmdLine;
    const char * FILE_NAME="commands.txt";
    ifstream fileIn(FILE_NAME);               //以读模式打开文件
    if (fileIn) {                             //如果正常打开,就执行文件中的每一条命令
        while (getline(fileIn, cmdLine)) {
            try{
                controller.runCommand(cmdLine);
            } catch (exception &e) {
                cout<<"Bad line in "<<FILE_NAME<<": "<<cmdLine<<endl;
                cout<<"Error: "<<e.what()<<endl;
                return 1;
            }
        }
        fileIn.close();                       //关闭文件
    }
    ofstream fileOut(FILE_NAME, ios_base::app);     //以追加模式打开文件
    cout<<"(a)add account (d)deposit (w)withdraw (s)show (c)change day (n)next
month (e)exit"<<endl;
    while (!controller.isEnd()) {             //从标准输入读入命令并执行,直到退出
        cout<<controller.getDate()<<"\tTotal: "<<Account::getTotal()
            <<"\tcommand>";
        string cmdLine;
        getline(cin, cmdLine);
        try {
            if (controller.runCommand(cmdLine))
                fileOut<<cmdLine<<endl;       //将命令写入文件
        } catch (AccountException &e) {
```

```
            cout<<"Error(#"<<e.getAccount()->getId()<<"): "
                <<e.what()<<endl;
        } catch (exception &e) {
            cout<<"Error: "<<e.what()<<endl;
        }
    }
    return 0;
}
```

运行结果：

…(前面的输入和输出与例 9-13 给出的完全相同,篇幅所限,不再重复)
```
2009-1-1    Total: 20482.9    command>w 2 20000 buy a car
Error(#C5392394): not enough credit
2009-1-1    Total: 20482.9    command>w 2 1500 buy a television
2009-1-1    #C5392394       -1500      -1550      buy a television
2009-1-1    Total: 18982.9    command>e
```

10.6　小结

　　程序运行中的有些错误是可以预料但不可避免的,当出现错误时,要力争做到允许用户排除环境错误,继续运行程序,这就是异常处理程序的任务。C++ 语言提供对处理异常情况的内部支持。try,throw 和 catch 语句就是 C++ 语言中用于实现异常处理的机制。

　　为了加强程序的可读性,使用户能够方便地知道所使用的函数会抛掷哪些异常,可以在函数的声明中列出这个函数可能抛掷的所有异常类型,这就是异常接口声明。

　　C++ 异常处理的真正功能,不仅在于它能够处理各种不同类型的异常,还在于它具有在栈解旋期间为异常抛掷前构造的所有局部对象自动调用析构函数的能力。

　　最后,对 C++ 标准程序库中标准异常类及功能进行了介绍,同时介绍了 C++ 标准程序库对异常处理做的保证,即 C++ 标准程序库在面对异常时,应当保证不会发生资源泄漏,也不能破坏容器的不变特性。

习　　题

10-1　什么叫做异常？什么叫做异常处理？

10-2　C++ 的异常处理机制有何优点？

10-3　举例说明 throw,try,catch 语句的用法。

10-4　设计一个异常抽象类 Exception,在此基础上派生一个 OutOfMemory 类响应内存不足,一个 RangeError 类响应输入的数不在指定范围内,实现并测试这几个类。

10-5　练习使用 try,catch 语句,在程序中用 new 分配内存时,如果操作未成功,则用 try 语句触发一个 char 类型异常,用 catch 语句捕获此异常。

为更好地服务于教学，本书配套提供智能化的数字教学平台
——智学苑（www.izhixue.cn）

为教师提供

- 通过学科知识点体系有机整合的碎片化的多媒体教学资源——教学内容创新；

- 可画重点、做标注、跨终端无缝切换的新一代电子教材——深度学习模式；

- 学生学习情况的自动统计分析数据——个性化教学；

- 作业和习题的自动组卷和自动评判——减轻教学负担；

- 课程、学科论坛上的答疑讨论功能——教学互动；

- 群发通知、催交作业、调整作业时间、查看作业详情、发布学生答案等课程管理功能
  ——SPOC实践。

为学生提供

- 方便快捷的课程复习功能——及时巩固所学知识；

- 个性化的学习数据统计分析和激励机制——精准的自我评估；

- 智能题库和详细的习题解答——个性化学习的全过程在线辅导；

- 收藏习题功能（错题本）、在线笔记和画重点等功能——高效的考前复习。

我是教师

- 建立属于我的在线课程！

  注册教师账号并登录，在"添加教材"处输入本书附带的教材序列号（见封底），激活成功
  后即可建立包含该教材全套资源的在线课程。

我是学生

- 加入教材作者的在线课程！

  注册学生账号并登录，在"加入新课程"处输入课程编号 CPP-ZXY-0001 和报名密码
  123456，同时输入本书附带的教材序列号（见封底），即可加入教材作者的在线课程。

- 加入任课教师的在线课程！

  注册学生账号并登录，在"加入新课程"处输入课程编号和报名密码（请向您的任课教师索
  取），同时输入本书附带的教材序列号（见封底），即可加入该教师的在线课程。

建议浏览器： Google Chrome   Firefox   IE9.0

如有疑问，请联系 service@izhixue.cc 或加入清华教学服务群 213172117。